C·H·Beck
PAPERBACK

Reinhard Bingener
Markus Wehner

Die Moskau-Connection

Das Schröder-Netzwerk und Deutschlands Weg in die Abhängigkeit

C.H.Beck

1.–4. Auflage. 2023

5. Auflage. 2023

Originalausgabe

www.chbeck.de
Umschlaggestaltung: geviert.com / Michaela Kneißl
Umschlagabbildung: Daniel Pilar
Satz: C.H.Beck.Media.Solutions, Nördlingen
Druck und Bindung: Druckerei C.H.Beck, Nördlingen
Printed in Germany
ISBN 978 3 406 79941 9

myclimate

klimaneutral produziert
www.chbeck.de/nachhaltig

Inhalt

Vorwort 7

1 Hannover. Gerhard Schröder und die Entstehung seines Netzwerks 11
Der Aufsteiger 12
Die Freunde 19
Die Strukturen 30

2 Moskau. Putin, Gas und Krieg 37
Der Geheimdienst an der Macht 42
Energie als Waffe 45
Krieg von Anfang an 48

3 Entspannungspolitik. Die Ausbeutung eines sozialdemokratischen Mythos 58
Die Ostpolitik wird repressiv 61
Die Nähe zur SED 64
Antiamerikanismus in der SPD 68

4 Pipelinegeschäfte. Der treue Lieferant 73
Vom Stadtgas zum Erdgas 73
Wiedervereinigung, Liberalisierung, Energiewende 80
Der Gashahn im Kreml 86

5 Illusion einer Partnerschaft. Die Russlandpolitik 1998–2013 91
Putins Operation Schröder 91
Steinmeiers Wandel durch Verflechtung 109

Schröders Business Case 122
Merkel und die Moskau-Liebe der Union 142
Party mit Platzeck 154

6 Toxische Beziehung. Die Russlandpolitik 2013–2021 ... 166
Hannover wird wieder rot 166
Annexion? Die SPD bleibt entspannt 176
Nord Stream 2 und Deutschlands naive Gaspolitik 191
Moskau attackiert den Westen 204
Spenden, Delegationen und schöne Titel 221
Russland-Streit in der SPD und der Fall Nawalny 231
Schwesig und die Fake-Stiftung 247
Kunst, Konsuln und ein Friedensnobelpreis für Putin ... 256

7 «Er hat uns alle getäuscht». Nach dem Überfall 264

Fazit: Signale der Schwäche 274

Dank 286

Literatur 287
Anmerkungen 289
Register 295
Karte 302
Abbildungsnachweis 304

Vorwort

Neun Tage vor Beginn des russischen Überfalls auf die Ukraine fliegt Olaf Scholz nach Moskau. Die Reise am 15. Februar 2022 ist ein letzter Versuch des deutschen Kanzlers, den bevorstehenden Krieg abzuwenden. Doch das Gespräch an Putins sechs Meter langem Tisch im Kreml verläuft frostig. Auf der anschließenden Pressekonferenz wird Putin nach Gerhard Schröder gefragt, denn der ehemalige Kanzler ist kurz zuvor für einen Aufsichtsratsposten bei Gazprom nominiert worden. Putin antwortet, dass man sich «nur darüber freuen» könne, wenn Schröder in das Gremium einzieht. «Der deutsche Bürger soll in seine Geldbörse gucken», rät Putin. Die Deutschen hätten Grund, dem SPD-Politiker für ihr billiges Gas dankbar zu sein. «Denn das ist das Ergebnis seiner Arbeit. Das ist sein Ergebnis.»

Seit dem Angriff auf die Ukraine dürften die Deutschen beim Blick ins eigene Portemonnaie inzwischen zu einem anderen Urteil gelangen als Putin. Denn Deutschland zahlt für seine Abhängigkeit von russischem Gas nun auch monetär einen hohen Preis. Welche Rolle spielte Gerhard Schröder auf dem Weg in diese Abhängigkeit? Die Äußerungen Putins legen nahe, dass sein Beitrag zumindest aus Sicht des Kremls entscheidend war.

Dieses Buch will erklären, wie Deutschland in diese Abhängigkeit geriet. Und warum die deutsche Politik mit so großer Naivität auf das Herrschaftssystem Putins blickte. Die Autoren halten beides zusammengenommen für den größten Fehler der deutschen Außenpolitik seit Gründung der Bundesrepublik. Wie konnte es dazu kommen, dass Deutschland trotz der Krim-Annexion und des Krieges in der Ostukraine seine Abhängigkeit von russischem Gas noch steigerte? War die Bundesregierung von Blindheit geschlagen?

Wir wollen zeigen, dass ein einflussreiches Netzwerk an diesen Fehlern einen bedeutenden Anteil hatte, in dessen Mittelpunkt Gerhard Schröder steht. Sein Einfluss endete nicht mit seinem Auszug aus dem Kanzleramt im Jahr 2005. Denn danach konnte Schröder seine Rollen fast beliebig wechseln und politische und wirtschaftliche Belange vermischen. Er nutzte weiter seine Kontakte und seinen innerparteilichen Einfluss, um vom Rücksitz aus zu steuern. Zu seinem Netz zählten nicht nur deutsche Sozialdemokraten, sondern auch Manager, Unternehmer, ausländische Politiker sowie Personen mit dubioser Vergangenheit. Die Spanne reicht von Gipfeltreffen großer Staatenlenker bis zu diskreten Zusammenkünften, von den zweistelligen Milliardensummen, die im europäischen Gasgeschäft bewegt werden, bis zu Geldströmen mit einigen Nullen weniger, die aber trotzdem bedeutsam sind. Es geht um wichtige Ämter, politische Ideale, schöne Bilder, hochtrabende Titel und schönfärberische Bücher.

Gerhard Schröder und sein Netz waren für die Fehler der deutschen Energie- und Außenpolitik allerdings nicht allein verantwortlich. Für ein vollständiges Bild wären weitere Aspekte einzubeziehen. Die Russlandpolitik der Unionsparteien und der Bundeskanzlerin Angela Merkel werden von uns kurz behandelt. Insbesondere zu den ostdeutschen CDU-Landesverbänden sowie der CSU wäre aber noch mehr zu schreiben. Die Regulatorik der EU, der Umbau der Energieversorgung sowie die verteidigungspolitischen Fragen kommen nur kursorisch zur Sprache; alles andere würde den Rahmen dieses Buches sprengen.

Für dieses Buch haben wir zahlreiche Gespräche geführt. Wir danken den Gesprächspartnern für ihre Bereitschaft und ihre Offenheit. Nicht alle wollen namentlich genannt werden; dieses

Anliegen respektieren wir. Wir konnten uns zudem auf Recherchen für ältere Artikel stützen. Oft bilden auch die Berichte unserer Kolleginnen und Kollegen der FAZ und von Journalistinnen und Journalisten anderer Medien die Grundlage. Ihnen gilt unser ausdrücklicher Dank. Schon an dieser Stelle lässt sich sagen: In den deutschen Medien herrschte in den vergangenen 20 Jahren kein Mangel an fundierter Berichterstattung zur deutschen Russland- und Energiepolitik. Beinahe sämtliche Probleme wurden klar und frühzeitig benannt. Die Aussage, Putin habe «alle» getäuscht, ist nicht wahr. Zwei Anmerkungen: Für die bessere Lesbarkeit haben wir das Buch fast durchgehend im Präsens geschrieben, auch wenn das Geschehen in der Vergangenheit liegt. Zum heutigen Zeitpunkt können sich bestimmte, im Buch beschriebene Umstände, etwa Ämter oder Haltungen von Personen, verändert haben. Redaktionsschluss für dieses Buch war der 3. Februar 2023. Alle danach bei den Autoren eingegangenen Informationen und Erkenntnisse können erst in einer möglichen Folgeauflage berücksichtigt werden.

Die Darstellung umfasst im Kern die Zeit von 1998 bis 2022, also von der Wahl Gerhard Schröders zum Kanzler bis zum vollständigen russischen Angriff auf die Ukraine. Um die Geschehnisse besser zu verstehen, wird allerdings zunächst weiter zurückgegriffen. In den Kapiteln 1 bis 4 werden daher vier einzelne Fäden früher aufgenommen. In Kapitel 1 wird zunächst Gerhard Schröders Aufstieg beschrieben, seine politische Ideenwelt sowie die Entstehung seines Netzwerks: Der einschlägige Ort dafür ist Hannover, denn einige Strukturen der späteren Moskau-Connection sind hier schon angelegt. In Kapitel 2 wird die Entwicklung Putins und seines Herrschaftssystems beschrieben, für das Gas und Gewalt von Anbeginn eine zentrale Bedeutung haben. Kapitel 3 schildert die Geschichte der Entspannungspolitik – ein sozialdemokratischer Mythos, der in der deutschen

Öffentlichkeit noch immer starke Resonanz findet und für Schröders Russlandpolitik ausgebeutet wurde. Kapitel 4 schildert in Grundzügen die Geschichte der deutschen Gasversorgung, insbesondere die gaswirtschaftlichen Beziehungen mit Moskau. Eine wichtige Frage dabei lautet, wie das Bild eines verlässlichen Lieferanten entstand und welche Berechtigung es hat. Diese vier Fäden werden in den Kapiteln 5, 6 und 7 für die Zeit von 1998 bis 2022 zu einem Handlungsstrang verwoben.

1 Hannover

Gerhard Schröder und die Entstehung seines Netzwerks

Der SPD-Bezirk Hannover wird von manchen Sozialdemokraten aufgrund seiner Geschichte, seiner Größe und seines Einflusses als die «Erzdiözese» der Partei bezeichnet. Am Ende des Zweiten Weltkriegs hat Kurt Schumacher dort das «Büro Dr. Schumacher» eröffnet, die Keimzelle der Parteiarbeit in den westlichen Besatzungszonen. Nahe des Hannoveraner Hauptbahnhofs wird die SPD einige Zeit später auch ihre erste Bundeszentrale haben. Dort, in der Odeonstraße 15/16, sitzt bis heute der niedersächsische SPD-Landesverband. Auch der SPD-Bezirk Hannover, der SPD-Unterbezirk Hannover sowie der SPD-Stadtverband haben dort ihren Sitz. Der Stadtverband verfügt über das feinverästelte Netz der Sozialdemokraten in der niedersächsischen Landeshauptstadt, die nach dem Krieg mehr als 70 Jahre lang bis 2019 durchgehend von ihnen regiert wird. Das eigentliche Machtzentrum in der niedersächsischen Sozialdemokratie bildet aber der SPD-Bezirk Hannover. Er erstreckt sich vom südlichen Rand Hamburgs bis zur Landesgrenze zu Hessen im Süden und hat auf Parteitagen der niedersächsischen Sozialdemokraten eine beinahe erdrückende Macht.

An der Spitze des SPD-Bezirks Hannover steht fast zwei Jahrzehnte lang Egon Franke, ein traditioneller und volkstümlicher Sozialdemokrat, der zugleich die SPD auf Landesebene führt. Als Abgeordneter im Bundestag führt Franke die «Kanalarbeiter» an, einen rund 100 Abgeordnete zählenden Zusammenschluss des rechten SPD-Flügels, vergleichbar mit dem heutigen «Seeheimer Kreis». Anfang der 1970er Jahre verschiebt sich die Stimmung in der hannoverschen SPD jedoch. Der Parteilinke Peter von Oertzen löst Franke an der Spitze der Bezirks- und Landesebene ab. Auch in der Landeshauptstadt bricht eine neue Ära an: 1972 wird der 28 Jahre alte Herbert Schmalstieg zum Oberbürgermeister gewählt, der sich innerparteilich zuvor mit Unterstützung der Jusos durchgesetzt hat und 34 Jahre lang an der Spitze der 500 000-Einwohner-Stadt stehen wird.

Der Aufsteiger

In dieser Zeit des Umbruchs zieht ein junger Sozialdemokrat namens Gerhard Schröder nach Hannover, der damals vom niedersächsischen SPD-Chef Peter von Oertzen gefördert wird. Der angehende Jurist kommt aus schwierigen, heute würde man sagen: prekären Verhältnissen. Über Schröders Vater Fritz weiß man, dass er vor dem Krieg zwei Mal wegen schweren Diebstahls verurteilt und in den damaligen Gerichtsakten als wohnungsloser Landarbeiter geführt wurde. Da der Vater am 4. Oktober 1944 an der Ostfront fällt, ist der im selben Jahr geborene Sohn Gerd in der harten Zeit nach dem Krieg vornehmlich auf seine Mutter angewiesen. Sie bringt die Familie mit Hilfsarbeiten und Putzen durch. «Seine Jugend ist rauer, wilder, aber auch unbeschwerter als die vieler Gleichaltriger», wird der Spiegel-Journalist Jürgen Leinemann später über Schröder schreiben.

Die beiden Werkzeuge, mit denen Gerhard Schröder seinen Aufstieg bewerkstelligt, sind Bildung und ein SPD-Parteibuch. Im Alter von 17 Jahren verlässt Schröder nach abgeschlossener Lehre seine lippische Heimat und zieht ins niedersächsische Göttingen, wo er in die SPD eintritt. Schröder holt die Mittlere Reife nach, macht das Abitur und beginnt 1966 ein Studium der Rechtswissenschaft in Göttingen, das als südlicher Zipfel noch zum SPD-Bezirk Hannover zählt. In der Stadt rumort es zu dieser Zeit; die gediegene Universitätsstadt wandelt sich zu einer Hochburg der linksgerichteten Studentenschaft.

Damals etabliert sich der typische Karriereweg niedersächsischer Sozialdemokraten: zuerst in Göttingen entweder Jura oder Politikwissenschaften studieren und dann Karriere in der Landeshauptstadt Hannover machen. Nicht nur Gerhard Schröder hat diesen Weg beschritten, auch Sigmar Gabriel, Stephan Weil, Thomas Oppermann und viele andere, die später wichtige Ämter in der Landes- oder Bundespolitik bekleiden sollten.

Gerhard Schröder knüpft in Göttingen die erforderlichen Kontakte für seinen späteren Aufstieg und lernt das Handwerk des innerparteilichen Machterwerbs. 1969 wird Schröder zunächst zum Vorsitzenden der Göttinger Jusos gewählt. Die dortigen Jusos befinden sich zu diesem Zeitpunkt auf einem strammen marxistischen Kurs mit wenig Scheu vor linksautoritären Politikmodellen. Der junge Gerhard Schröder macht dabei keine Ausnahme. «Der Fidel und der Che», wird Schröder später erzählen, «die waren doch die Traumfiguren für uns Linke in der Zeit um 1968, als ich Politik zu lernen begann.»

Von den quälenden marxistischen Theoriedebatten hält sich Schröder allerdings instinktsicher fern, er konzentriert sich auf sein persönliches Fortkommen. Im Ringen der drei Juso-Hauptströmungen «Reformsozialisten», «Antirevisionisten» und «Stamokap» zählt er zur Mittelgruppe der «Antirevisionisten». In wechselnden ideologischen und personellen Bündnissen arbeitet Schröder sich Ebene um Ebene nach oben. 1971 folgt er Herbert Schmalstieg als Juso-Vorsitzender im Bezirk Hannover nach; 1978 lässt sich Schröder, gestützt auf ein Bündnis mit dem extrem linken «Stamokap»-Flügel, zum Bundesvorsitzenden der Jusos wählen. Sein Vorgänger Klaus Uwe Benneter war zuvor aus der Partei geworfen worden, weil er eine Zusammenarbeit mit Kommunisten nicht ausschloss.

Die Wahl zum Juso-Bundesvorsitzenden markiert in Schröders Karriere eine Zäsur. Er verfügt nun über die notwendigen Kontakte wie über die bundesweite Sichtbarkeit, um Politik zu seinem Beruf zu machen. Schröder bekennt zwar pflichtschuldig, dass er kein Mandat anstrebe. Gleichwohl nutzt er sogleich die nächste Gelegenheit im Jahr 1980, um eben dies zu tun. Er bewirbt sich mit Erfolg im Wahlkreis Hannover-Land 1 um ein Direktmandat im Bundestag. Vor seinem Wechsel ins Profi-Lager lässt Schröder ziemlich abrupt die umstürzlerischen Ideen der Jusos fallen. Er verortet sich innerhalb der SPD neu und spricht nun wohlwollender über Bundeskanzler Helmut Schmidt. Dieser Kurswechsel Schröders wird von manchen seiner vormaligen Unterstützer als Verrat empfunden. «Gewählt als Vertreter der marxistischen Kräfte bei den Jusos, hast Du Dich von diesen unseren Positionen gelöst und eine bis zur Ununterscheidbarkeit gehende Politik der Zusammenarbeit mit reformistischen Kräften» begonnen, rechnen die Göttinger Jusos mit Schröder in der FRANKFURTER RUNDSCHAU ab.

Die Wandlung Schröders sticht seinen Weggefährten vermutlich auch deshalb so scharf ins Auge, weil sie vorrangig die Wirtschafts- und Sozialpolitik betrifft, um die sich ihre eigenen, im Schatten des marxistischen Denkens geführten Debatten vornehmlich drehen. In den Zeitungsartikeln und Büchern über Schröder wird auf der Basis dieser zunächst beklagten Wandlung später das eingängige Image eines elastischen Pragmatikers entwickelt, der zwar wenig Rücksicht auf die eigenen Leute nimmt, aber dafür einen klaren Blick für die Realität besitzt und sich von ideologischen Scheuklappen frei gemacht hat.

Dieses Bild muss an einer, für dieses Buch allerdings entscheidenden, Stelle korrigiert werden: Im Bereich der Außenpolitik sind bei Schröder keine tiefgreifenden Wendungen zu erkennen. Stattdessen gibt es eine erstaunliche Kontinuität seiner Denkmuster: Schröders Sympathie und Interesse richten sich seit Anbeginn eher auf Moskau als auf Washington. Und Schröder weiß stets virtuos auf der Klaviatur des latenten Antiamerikanismus innerhalb seiner Partei sowie in der deutschen Gesellschaft zu spielen.

In die Sowjetunion reist Schröder erstmals Mitte der 1970er Jahre. 1978 vertritt er die Jusos auf dem Großkongress der sowjetischen Staatsjugend im Großen Kremlpalast. In einem Gastbeitrag für die KOMSOMOLSKAJA PRAWDA unterstützt er damals die sowjetische Kritik an den amerikanischen Rüstungsplänen in Westeuropa. Im März 1980 und im Januar 1982 unternimmt Schröder weitere Reisen nach Moskau und fällt dort ebenfalls mit einer unkritischen Nähe zu sowjetischen Positionen auf. Schröder kritisiert in dieser Zeit auch die deutsche Entscheidung, als Reaktion auf den sowjetischen Einmarsch in Afghanistan gemeinsam mit den Vereinigten Staaten die Olympischen Spiele in Moskau zu boykottieren. Als Bundestagsabgeordneter gehört er zu den Gegnern des Nato-Doppelbeschlusses, bei dessen Durchsetzung sich der damalige Kanzler Helmut Schmidt zusehends innerhalb der SPD aufreibt. Schröder rät angesichts des amerikanischen Führungsanspruchs im westlichen Militärbündnis 1981 sogar zu einer Distanzierung der Bundesrepublik von Washington und fordert gemeinsam mit 23 anderen SPD-Abgeordneten, eine Milliarde Mark aus dem Verteidigungshaushalt in die Entwicklungshilfe umzuleiten.

Nach dem erfolgreichen Misstrauensvotum gegen den geschwächten Bundeskanzler Schmidt 1982 verliert die Außenpolitik für Schröder vorübergehend an Bedeutung. Mit seinem scharfen Blick für die eigenen Karrierechancen erkennt er, dass Bonn der falsche Platz für ihn ist. Der 38 Jahre alte Abgeordnete aus Niedersachsen ist dort bloß einer unter vielen, und die SPD hat in der Opposition nur noch wenige Ämter zu vergeben. Besser scheinen die Aussichten im heimischen Hannover, denn dort muss die SPD einen Herausforderer von CDU-Ministerpräsident Ernst Albrecht aufbauen. Schröder nimmt dieses Ziel entschlossen ins Visier. Er lässt sich 1983 zwar noch einmal in den Bundestag wählen. Nach Übernahme des SPD-Bezirks Hannover im gleichen Jahr erhebt er aber sofort Anspruch auf die Spitzenkandidatur bei der Landtagswahl 1986.

Schröder rückt nun deutlich weiter nach rechts, um im Flächenland Niedersachsen mehrheitsfähig zu werden. Nach seiner Kür zum Spitzenkandidaten lässt er Plakate mit dem Slogan «Gerhard Schröder – der neue Kopf» drucken. Schröder stellt sich damit in die Tradition des ersten niedersächsischen Ministerpräsidenten Hinrich Wilhelm Kopf und damit jener volkstümlichen Form der Niedersachsen-SPD, gegen die er einige Jahre zuvor noch aufbegehrt hatte. Diese Mischung aus linker «Göttinger Blase» und traditioneller Arbeiter- und Protestantenpartei wird fortan das Signum der niedersächsischen Sozialdemokratie sein.

Die Ablösung des etablierten Ministerpräsidenten Albrecht misslingt beim ersten Anlauf 1986. Mit gerade einmal 42 Jahren hat Schröder jedoch die Zeit auf seiner Seite. Er nutzt sie, um seine innerparteiliche Position zu festigen und weiter an seinem Image zu feilen. Die Eckpfeiler seiner Strategie sind bereits damals erkennbar: Schröder präsentiert sich nach dem Vorbild von Willy Brandt mit zeitgenössischen Künstlern und Schriftstellern. Der Aufsteiger soll als Freund der Künste und der Kultur erscheinen, um die Position der SPD im bildungsorientierten und progressiven Bürgertum zu festigen. Auf ein breiteres Publikum zielt Schröders Bündnis mit dem Boulevard. Der SPD-Politiker stellt seine 1984 geschlossene dritte Ehe mit Hiltrud «Hillu»

Hampel öffentlich zur Schau, so dass zunächst Parallelen zu den Kennedys gezogen werden und später von den «Clintons von Hannover» die Rede ist.

Schröder hält mit markigen Aussagen und vertraulichen Informationen auch die Politikjournalisten bei Laune. Bald hat er eine Schar wohlwollend gestimmter publizistischer Begleiter wie Jürgen Leinemann um sich, der im SPIEGEL Kaskaden von Artikeln über den aufstrebenden Landespolitiker verfasst. Schröder versprüht mit seinem virilen Charisma offenkundig eine Abenteuerlust, die der Politikbetrieb sonst nicht ausreichend befriedigt. Leinemann darf Schröder bei dessen Reise nach Kuba im Jahr 1985 begleiten und über die Audienz des niedersächsischen SPD-Politikers beim Revolutionsführer berichten: «Sanft und milde ist Castros Gesicht dabei geblieben, die großen braunen Augen lassen Schröder kaum einmal los.»

Kurz nach seiner Reise nach Kuba bricht Schröder zu einer weiteren seiner insgesamt elf Reisen in die DDR auf. Schröder hat zuvor erfolgreich nach einem Termin bei Erich Honecker ersucht und lässt sich von einem Tross Journalisten dorthin begleiten. Der Sozialdemokrat lobt den Staatsratsvorsitzenden nicht nur für dessen Verdienste um die Entspannung. Schröder macht Honecker auch eine brisante Zusage: Im Falle seiner Wahl zum Ministerpräsidenten werde er die Zentrale Erfassungsstelle Salzgitter (ZESt) abschaffen. Die ZESt sammelt damals Hinweise auf politisches Unrecht in der DDR, um die Taten zu einem späteren Zeitpunkt verfolgen zu können. Im Lauf der 1980er Jahre geht die SPD zunehmend auf Distanz zu der einst auf Anregung von Willy Brandt eingerichteten Behörde. Die beiden SPD-geführten Länder Saarland und Nordrhein-Westfalen ziehen sich 1988 aus ihrer Finanzierung zurück. Schröders Versprechen einer Abschaffung besitzt jedoch besondere Sprengkraft, da der niedersächsische Justizminister der Dienstherr der ZESt-Staatsanwälte ist. Bei seinen Ost-Kontakten zeigt sich Schröder schon damals bereit, die Verteidigung der Bürgerrechte gegen ein besseres Verhältnis zu den dortigen Machthabern einzutauschen.

Auch sonst ist Schröders Deutschlandpolitik zwar von einer steten Reisetätigkeit, aber von wenig Weitsicht geprägt. Nach einem weiteren DDR-Besuch im Jahr 1987 greift Schröder ein Diktum Egon Bahrs auf und nennt die Hoffnung auf eine Wiedervereinigung Deutschlands eine «Lebenslüge». Und als die deutsche Einheit drei Jahre später zum Greifen nah ist, bestreitet Schröder seinen Landtagswahlkampf mit sozialpopulistischen Ressentiments gegen die Bürger der DDR. Die finanziellen Hilfen für die Menschen im Osten dürften nicht dazu führen, dass «am sozialen Netz der Bundesrepublik gerüttelt wird», fordert er; die Ostdeutschen sollten sich «selbst krummlegen». In einer Rede im Landtag fordert Schröder gar, «der Zustrom von Übersiedlern» müsse «gestoppt» werden. Und er tritt für eine Befragung der Westdeutschen zur Einheit ein, «da es nicht sein kann, dass 16 Millionen DDR-Bürger bestimmen, was die restlichen 60 Millionen zu tun haben». Am Ende gewinnt Schröder die Landtagswahl am 13. Mai 1990 mit 44,2 Prozent der Stimmen, bildet eine Koalition mit den Grünen und wird im Landtag endlich zum Ministerpräsidenten gewählt. Eine seiner ersten Entscheidungen besteht darin, dass Niedersachsen im Bundesrat als einziges Land neben dem ebenfalls sozialdemokratisch geführten Saarland gegen die Ratifizierung des ersten Staatsvertrags auf dem Weg zur Wiedervereinigung stimmt. Anders als die meisten SPD-Politiker, die wie Helmut Kohl die Chance auf eine rasche Wiederherstellung der deutschen Einheit nutzen wollen, setzt Schröder zusammen mit dem saarländischen Ministerpräsidenten Oskar Lafontaine darauf, den Prozess zu verzögern. Die erste Auslandsreise als Ministerpräsident führt ihn im Februar 1991 sogleich wieder nach Moskau, wo er kurz vor dem Fall der

Mauer im Herbst 1989 schon mit Egon Bahr war. Besonders im Fokus ist dabei die erdöl- und erdgasreiche Region Tjumen im Westen Sibiriens, mit der das Land Niedersachsen 1992 eine Partnerschaft eingeht.

Die Freunde

Der Einzug in die Staatskanzlei im Sommer 1990 markiert den eigentlichen Beginn von Schröders Netzwerk. Als Ministerpräsident des nach Einwohnerzahl viertgrößten Bundeslandes hat Schröder viel mehr Möglichkeiten als bisher, Posten zu besetzen und Karrieren zu beschleunigen. Im Umfeld des SPD-Politikers tauchen nun allmählich die Namen auf, die später für die deutsche Energie- und Russlandpolitik relevant sind. Schröder holt beispielsweise den jungen DGB-Referenten Alfred Tacke in die Staatskanzlei, der schon ein Jahr später Staatssekretär im niedersächsischen Wirtschaftsministerium wird. Beobachter der damaligen Landespolitik berichten übereinstimmend, dass in dem Ministerium dadurch nicht mehr Minister Peter Fischer der starke Mann war, sondern Tacke, denn dieser besaß den engen Draht zu Schröder.

Bedeutsam für die spätere deutsche Russlandpolitik sind zwei junge Juristen, die 1991 nach Hannover ziehen. Brigitte Zypries stammt aus der hessischen SPD und übernimmt in Schröders Staatskanzlei das Referat für Verfassungsrecht. Mit Frank-Walter Steinmeier lotst Zypries zudem einen Kommilitonen aus ihrer Gießener Studienzeit nach Niedersachsen. Zypries und Steinmeier hatten in den 1980er Jahren gemeinsam für die juristische Fachzeitschrift DEMOKRATIE UND RECHT gearbeitet, die damals vom Verfassungsschutz beobachtet wurde. Die Publikation erschien im Pahl-Rugenstein-Verlag, der maßgeblich von der DDR finanziert wurde und 1989 mit dem SED-Regime unterging. 1990 zählt Steinmeier ebenso wie Schröder zu den Gegnern eines raschen Einigungsprozesses. «Du passt zu uns», soll Schröder beim Vorstellungsgespräch zu Steinmeier gesagt haben, der wie er selbst aus dem Lippischen stammt.

In der niedersächsischen Staatskanzlei beginnt Steinmeier als Referent für Medienrecht und Medienpolitik und wird schon zwei Jahre später Büroleiter des Ministerpräsidenten. Die beiden Männer ergänzen sich: Schröder besitzt den Spürsinn für Stimmungen und hat Charisma, Steinmeier beherrscht den Umgang mit Akten und Details, die sein Chef eher vernachlässigt. Steinmeier wird zu Schröders «Machmal» und steigt an dessen Seite Stufe um Stufe auf. Nach der Landtagswahl 1994 übernimmt er die Leitung der Abteilung I. Der Jurist ist damit für Richtlinien der Politik, Ressortkoordinierung und -planung zuständig. Brigitte Zypries wird Leiterin der Abteilung II für Recht, Verwaltung und Medien. Die Kommilitonen aus Gießen besetzen damit die beiden wichtigsten Abteilungen der Staatskanzlei. Zusammen mit Schröders Büroleiterin Sigrid Krampitz und Alfred Tacke bilden sie den engsten politischen Zirkel um den Ministerpräsidenten, der Schröder später auch nach Berlin begleitet.

Es gibt noch einen weiteren Vertrauten Schröders, der 1998 von Hannover nach Berlin wechselt. Im Unterschied zu den bisher genannten Politikern taucht sein Name allerdings in keiner der einschlägigen Schröder-Biografien auf: Heino Wiese. Der 1952 geborene Sozialdemokrat lernt Schröder 1982 beim Skat und der berühmten Currywurst in der Gaststätte «Plümecke» kennen. Von 1990 bis 2003 übt Wiese eine einflussreiche Doppelfunktion in der niedersächsischen Sozialdemokratie aus. Wiese ist Geschäftsführer des SPD-Bezirks Hannover wie auch Landesgeschäftsführer der niedersächsischen SPD. Er hat damit weitgehende Kontrolle über die Parteizentrale in der Odeonstraße. Gemeinsam mit Michael Kronacher, dem Chef der nur wenige Häuser weiter befindlichen Werbeagentur «Odeon Zwo», managt Wiese von dort aus die Wahlkämpfe Schröders. Als Geschäftsführer der maßgeblichen SPD-Gliederungen verfolgt Wiese jede innerparteiliche Regung und baut sich ein einzigartig dichtes Netz innerhalb des niedersächsischen Landesverbands auf. Im Zentrum steht nach Wieses Darlegung «das Team Gerhard Schröder» mit Frank-Walter Steinmeier und Brigitte Zypries, das man sich wie eine alte Fußballmannschaft vorstellen könne. Zum Bogen der langjährigen Wiese-Vertrauten zählen neben dem Kanzler und seinen engsten Vertrauten aber auch Sigmar Gabriel, der heutige niedersächsische Ministerpräsident Stephan Weil und der SPD-Bundesvorsitzende Lars Klingbeil. Der niedersächsische FDP-Politiker Stefan Birkner wird Wiese später als den eigentlichen «Manager der Moskau-Connection» innerhalb der SPD bezeichnen.

Es reicht jedoch nicht aus, den Blick auf ehemalige oder aktive SPD-Politiker zu richten: Das hannoversche Netz von Gerhard Schröder greift weiter aus. Im Folgenden sollen diese Verbindungen, die im Lauf der Jahre entstanden sind, in ihren Grundzügen beschrieben werden – und zwar auch, wenn kein direkter Russland-Bezug besteht oder sich dieser erst auf den zweiten Blick erschließt. Es geht darum, die Entstehung, die Zusammensetzung, die Mechanismen und die Problematik von Schröders Netzwerk nachzuzeichnen. Denn neben ihren freundschaftlichen Beziehungen pflegen die Beteiligten häufig zugleich finanzielle Beziehungen untereinander. Die politischen Entscheidungen und das persönliche Engagement Schröders nützen oft seinen Freunden, und diese unterstützen wiederum den SPD-Politiker.

Den bekanntesten Kreis um Gerhard Schröder bilden die «Frogs» – die «Friends of Gerhard Schröder». Im Zentrum dieser Gruppe steht lange der Hannoveraner Rechtsanwalt Götz von Fromberg. Schröder und Fromberg sind alte Freunde und kennen sich schon aus ihrer Referendarszeit. Später wirken beide jahrelang in einer Bürogemeinschaft zusammen. Und Fromberg veranstaltet in Hannover regelmäßig bierselige «Krökelabende» unter Männern, zu denen Frauen erst ab Mitternacht Zutritt erhalten. Der Charme dieser Feiern besteht darin, dass sie nicht ausschweifenden Luxus zelebrieren, sondern die Männer bei Bouillonwürstchen und Nudelsalat gemeinsam trinken und «krökeln», wie man im Hannoverschen das Kickern am Tischfußball nennt.

Götz von Fromberg ist eine schillernde Figur: Als Rechtsanwalt vertritt er auffällig oft Mandanten aus dem Milieu, allen voran den Rockerboss Frank Hanebuth. Dessen «Hells Angels» kontrollieren ab den 1990er Jahren das Steintorviertel, den Rotlichtbezirk Hannovers. Die «Hells Angels» sind auch in anderen Regionen von Niedersachsen und darüber hinaus in die sexuelle Ausbeutung von Frauen verstrickt – ein Geschäftsmodell, das durch die weitreichende Liberalisierung der Prostitution durch die rot-grüne Bundesregierung im Jahr 2002 zumindest begünstigt worden ist. Denn die Reform, die eine Emanzipation von Prostituierten bewirken sollte, machte Deutschland in der Praxis zum «Bordell Europas» mit menschenhandelsähnlichen Strukturen, in denen vor allem ausländische Frauen ausgebeutet werden.

Zu den «Frogs» zählen ferner Manager und Unternehmer wie der AWD-Gründer Carsten Maschmeyer, der Sartorius- und spätere EnBW-Vorstandsvorsitzende Utz Claassen, VW-Vorstand Peter Hartz oder der Preussag-Vorstandsvorsitzende Michael Frenzel. Schröder und Frenzel verbindet eine wechselvolle Geschichte. Einige Monate vor der für Schröders weitere Karriere entscheidenden Landtagswahl 1998 beabsichtigt Frenzel, die Stahlsparte des in Hannover ansässigen Mischkonzerns Preussag zu verkaufen. Der Plan birgt für das Land Niedersachsen und die

Landes-SPD politische Brisanz, denn die krisengeplagte Arbeiterstadt Salzgitter hängt vom großen Stahlwerk der Preussag ab. Schröder dürfte noch aus einem anderen Grund alarmiert sein: Größter Anteilseigner der Preussag ist die WestLB mit ihrem mächtigen Vorstandsvorsitzenden Friedel Neuber, dessen Büroleiter der ehemalige Duisburger SPD-Kommunalpolitiker Frenzel zuvor war. Als «roter Baron» von der Ruhr ist Neuber wiederum mit dem nordrhein-westfälischen Ministerpräsidenten Johannes Rau sowie anderen einflussreichen Politikern der NRW-SPD verbandelt, die Schröders Ambitionen auf das Kanzleramt damals kritisch sehen. Schröder widersetzt sich dem Verkauf des Stahlwerks mit aller Macht und hat damit Erfolg. Am Ende ist es nicht ein ausländischer Konzern, sondern das Land Niedersachsen, das für mehr als eine Milliarde D-Mark die Stahlsparte der Preussag übernimmt, die fortan wieder unter ihrem früheren Namen als Salzgitter AG firmiert. Das Land Niedersachsen besitzt bis heute mehr als ein Viertel der Anteile an der Stahlfirma. Ein weiteres Viertel der Anteile liegt inzwischen bei der «GP Günter Papenburg AG». Der Bau- und Müllunternehmer Günter Papenburg zählt ebenfalls zu den langjährigen Vertrauten Schröders. Papenburg darf den Ministerpräsidenten Schröder Anfang der 1990er Jahre auf Reisen begleiten und macht seither mit seiner Unternehmensgruppe große Geschäfte im postsowjetischen Raum. Ohne diese Reisen mit Schröder «wäre ich nie nach Kasachstan oder Usbekistan gegangen», erinnert sich der Bauunternehmer. Die Salzgitter AG erhält später zudem große Aufträge für russische Pipeline-Projekte.

Nach der Herauslösung der Stahlsparte formt Frenzel aus der Preussag den Tourismus-Konzern TUI. Die Aktionäre werden an dieser abenteuerlichen Verwandlung wenig Freude haben und das Akronym schon bald in «Tränen Unter Investoren» auflösen. Als später ein norwegischer Investor bei der schlingern-

Teamgeist und Perlwein in der «G6»-Loge: Die Trikots von Papenburg, Wiese, Frenzel, Meine, «Kanzler» Schröder und «Professor» Samii bei Hannover 96

den TUI einsteigt und die Ablösung Frenzels verlangt, schaut man sich in Niedersachsen nach Hilfe um. Anfang 2008 steigt daraufhin der russische Oligarch Alexei Mordaschow ein, übertrumpft den Norweger und baut seinen Anteil an dem Unternehmen in den folgenden Jahren auf 34 Prozent aus. Bei der Vermittlung des Oligarchen spielt der Schröder-Vertraute Heino Wiese eine entscheidende Rolle.

In einer VIP-Loge bei Hannover 96 mit dem sprechenden Namen «G6» treffen sich die Herren später regelmäßig: Heino Wiese und Michael Frenzel, die über den Einstieg des Oligarchen Mordaschow bei der TUI verbunden sind. Dazu Günter Papenburg, dem der von Frenzel geführte Preussag/TUI-Konzern über Jahre die Namensrechte an seiner Arena auf dem Expo-Gelände abkauft. Scorpions-Sänger Klaus Meine, der schon in Frombergs Krökel-Keller zu den Gästen zählte. Und natürlich Gerhard Schröder, für den in die «G6»-Loge ein

«Kanzler»-Trikot gehängt wird. Der Sechste im Bunde heißt Madjid Samii; für ihn hängt ein Trikot mit der Beflockung «Professor» in der Loge.

Der Neurochirurg Samii ist in Hannover vor allem für seine Privatklinik «INI» bekannt; das Gebäude hat die Form eines menschlichen Gehirns. Die Finanzierung des gewagten Unternehmens sichert im Jahr 1998 die noch von Schröder geführte Landesregierung mit einer Bürgschaft von mehr als 80 Millionen Mark ab. Auch der damalige niedersächsische Wissenschaftsminister Thomas Oppermann zählt zu den Befürwortern des Projekts, dem der Schröder-nahe Unternehmensberater Roland Berger in einem Gutachten eine Rendite von 27 Prozent in Aussicht stellt. Tatsächlich hat das INI immer wieder finanzielle Probleme, ist ein Vierteljahrhundert später immer noch nicht in den niedersächsischen Krankenhausplan aufgenommen und macht Schlagzeilen aufgrund der engen Beziehungen seines Gründers Madjid Samii in autokratische Länder. Im Jahr 2005 wird der damalige usbekische Innenminister Sakir Almatow in der Klinik behandelt. Als Amnesty International Anzeige wegen Verbrechen gegen die Menschlichkeit gegen ihn stellt, verschwindet Almatow rasch wieder aus Hannover. Gleiches Schauspiel im Jahr 2018, als der vormals oberste iranische Richter Mahmud Haschemi Schahrudi zur Behandlung in Samiis Privatklinik kommt. Schahrudi hat etliche Todesurteile zu verantworten, darunter solche gegen Minderjährige. Auch er reist nach einer Strafanzeige wegen Verbrechen gegen die Menschlichkeit mitsamt Entourage überstürzt ab. In seine iranische Heimat pflegt Madjid Samii auch sonst gute Kontakte, errichtet in Teheran sowie in Peking weitere Klinikstandorte. Im Jahr 2009 lotst Samii seinen Freund Schröder in die iranische Hauptstadt. Im Verlauf dieser angeblich privaten Reise trifft der Bundeskanzler a. D. auf etliche führende Vertreter des Regimes wie den damaligen Staatspräsidenten und Holocaust-Leugner Mahmud Ahmadinedschad, was in Deutschland zu Empörung führt. Kurze Zeit später warnt Schröder, der seine Wirtschaftskontakte in den Nahen Osten nach seiner Kanzlerschaft intensiv nutzt, auf einer deutsch-emiratischen Konferenz in München vor einer Verschärfung der damaligen UN-Sanktionen gegen Teheran. Stattdessen ermutigt er deutsche Unternehmen zu Investitionen in Iran. An der Konferenz nehmen auch Madjid Samii, Heino Wiese und die damalige Gesundheitsministerin Ulla Schmidt von der SPD teil, deren einflussreiche Abteilungsleiter Ulrich Tilly und Franz Knieps kurze Zeit später zur Beratungsfirma von Heino Wiese wechseln und dort bis Ende 2012 als Partner tätig sind. Auch der SPD-Politiker Gerd Andres wechselt 2008 dorthin und ist zeitweilig Gesellschafter. Andres, ein ganz alter Schröder-Bekannter, war zunächst Gewerkschaftsfunktionär bei der IG BCE, dann Bundestagsabgeordneter des Wahlkreises Stadt Hannover I und Parlamentarischer Staatssekretär von Arbeitsminister Walter Riester und spezialisiert sich nach dieser Zeit geschäftlich auf Türkei-Kontakte.

Zum engeren Kreis um Schröder in Hannover zählt jahrelang auch der AWD-Chef Carsten Maschmeyer, der als sogenannter «Drückerkönig» zu Reichtum gekommen ist und ebenso wie Schröder aus schwierigen familiären Verhältnissen stammt. Die – zunächst nur indirekte – Beziehung zwischen beiden reicht ins Jahr 1998 zurück. Maschmeyer scheint Anfang des Jahres zu erkennen, dass es vom Abschneiden der niedersächsischen SPD bei der Landtagswahl am 1. März 1998 abhängt, ob der alternde Kanzler Helmut Kohl bei der im Herbst anstehenden Bundestagswahl durch Oskar Lafontaine oder durch Gerhard Schröder herausgefordert wird. Aus der Sicht eines Versicherungsunternehmers ist klar: Das deutlich bessere Szenario ist Schröder, denn der gilt zu diesem Zeitpunkt bereits als «wirtschaftsnah». Maschmeyer lässt also kurz vor der Wahl in den niedersächsischen Zeitungen über ein «Kuratorium zur Förderung von Gerhard Schröder» und damit unerkannt doppelseitige Anzeigen schalten.[1] Die Annoncen zeigen die Reihe der deutschen Kanzler seit Adenauer, jeweils mit der Unterzeile «Kein Niedersachse», und darunter in Großbuchstaben: «Der nächste Kanzler muss ein Niedersachse sein.»

Die Anzeigen passen genau zum Plan Schröders, aus der Landtagswahl einen Volksentscheid über den nächsten SPD-Kanzlerkandidaten zu machen. Und der Plan geht auf: Schröder gewinnt die Landtagswahl mit absoluter Mehrheit, und Lafontaine bleibt keine andere Wahl, als dem Konkurrenten aus Niedersachsen die Kanzlerkandidatur anzutragen. 650 000 Mark hatte sich Maschmeyer die Aktion angeblich kosten lassen.[2] Es fliegt allerdings rasch auf, dass der Versicherungsunternehmer hinter den Anzeigen steht. Vor der Bundestagswahl im Herbst gibt es eine weitere Anzeigen-Aktion. Dieses Mal werden große Anzeigen für Schröder in den überregionalen Tageszeitungen FAZ, WELT und WELT AM SONNTAG geschaltet, Kostenpunkt rund 150 000 Mark. Das ARD-Magazin «Panorama» enthüllt 2011, also viele Jahre später, einen Schriftverkehr, der darauf hindeutet, dass auch hinter diesen Anzeigen Maschmeyer stand. In einem Brief vom 13. Juli 1998 schreibt der KAPITAL-MARKT-INTERN-Chefredakteur Axel J. Prümm an die niedersächsische Staatskanzlei, dass er als «Clearingstelle» für Maschmeyer auftrete, weil dieser ein Problem damit habe, «wenn denn nun ein zweites Mal herauskäme, dass er Herrn Schröder persönlich unterstützen wollte». Maschmeyer streitet 2011 gegenüber dem SPIEGEL ab: «Ich habe niemals direkt oder indirekt an Herrn Prümm oder die Initiative Mittelstand 150 000 Mark für eine Anzeigenkampagne im Wahlkampf bezahlt.» Brisant an dem Vorgang ist ein interner Vermerk der Staatskanzlei aus dem Jahr

1998, in dem Staatskanzlei-Chef Steinmeier aufgefordert wird, die Anonymität des «Sponsors» zu wahren. Steinmeier hat diesen Vermerk abgezeichnet, obwohl sich eine Staatskanzlei aus Parteiangelegenheiten wie der Finanzierung eines Wahlkampfs strikt heraushalten muss.

Maschmeyer hat Schröder nach eigenen Angaben allerdings erst einige Jahre später erstmals persönlich getroffen. «Wir kennen uns seit einer Weihnachtsfeier 2001 unserer Hannover Connection, dazu zählen so die Macher vom Maschsee», berichtet Maschmeyer.[3] Die frühe Erkenntnis des Versicherungsunternehmers, dass Gerhard Schröder als Bundeskanzler von Vorteil für sein eigenes Geschäftsmodell sein dürfte, erweist sich jedenfalls als richtig: Während seiner Kanzlerschaft ergänzt Schröder die gesetzliche Rentenversicherung um Altersvorsorge-Konzepte wie die «Riester-Rente» und die «Rürup-Rente». Im Rückblick gelten diese Konzepte nicht zuletzt deshalb als gescheitert, weil die Renditen der Sparer zu stark durch die Gebühren der Versicherer geschmälert werden.

In diesem Zusammenhang tritt Schröders mangelnder Wille zutage, politische und private Belange klar voneinander zu trennen und Abstand zu Figuren wie Maschmeyer zu halten. Nach dem Kennenlernen zählt Maschmeyer nicht nur jahrelang zum Freundeskreis von Schröder in Hannover. In seiner Zeit als Bundeskanzler tritt Schröder 2004 auch im Berliner Hotel Estrel auf der AWD-Vertriebstagung auf und spricht dort den rund 2000 versammelten Versicherungsvertretern eine «staatsersetzende Funktion» zu.

Ein Jahr später schließen Maschmeyer und Schröder per Handschlag eine Vereinbarung, die später nur aufgrund einer Nachfrage der Finanzbehörden schriftlich fixiert wird: Der AWD-Chef kauft Schröder im Falle von dessen Abwahl für zwei Millionen Euro inklusive Umsatzsteuer die Memoiren über seine Jahre im Kanzleramt ab. Die Angaben darüber, wann genau der Deal abgeschlossen wurde, gehen auseinander: Nach den beiden Journalisten Wigbert Löer und Oliver Schröm wird die Vereinbarung schon im August 2005, also vor der Bundestagswahl, geschlossen.[4] Der Schröder-Biograf Gregor Schöllgen hingegen schreibt, es habe zu diesem Zeitpunkt lediglich Gespräche gegeben, die Vereinbarung sei erst nach dem Ausscheiden aus dem Amt getroffen worden.[5] So oder so bleibt es ein bemerkenswerter, um nicht zu sagen anrüchiger Deal. Zum einen, weil er zwischen einem Politiker und einem Unternehmer vereinbart wird, nachdem der Politiker mit seiner Regierung Entscheidungen getroffen hat, die den Unternehmer stark betreffen. Zum anderen, weil das vereinbarte Honorar in Höhe von zwei Millionen Euro in Verlagskreisen als sehr hoch gilt – so hoch, dass man es durch den Verkauf des Buches schwerlich hereinspielen kann. Der Verlag Hoffmann und Campe, bei dem das Buch dann erscheint, zahlt an Maschmeyer für die Rechte auch bloß eine Million Euro. Als Geschäftsführer des Verlags arbeitet zu dieser Zeit übrigens Manfred Bissinger. Der Schröder-Vertraute hatte den Bundeskanzler zuvor bei wichtigen Entscheidungen beraten und vor allem im Blick behalten, dass dessen imagefördernde Kontakte zu Kulturschaffenden wie Günter Grass intakt bleiben.

Auch Schröders Rentenexperte Bert Rürup macht mit Maschmeyer später Geschäfte. Zunächst wird er AWD-Chefökonom, dann gründet das SPD-Mitglied Rürup gemeinsam mit Maschmeyer die MaschmeyerRürup AG. Und auch Béla Anda, der als Journalist 1998 zunächst eine Schröder-Biografie vorgelegt hatte und kurze Zeit später als Regierungssprecher zu Schröder wechselt, zieht nach dessen Kanzlerschaft zu Maschmeyer weiter. Der ehemalige BILD-Journalist wird Kommunikationschef des AWD in Hannover. Parallel schreibt Anda wohlwollende Kolumnen über Russland: Unter der Überschrift «Russen-Polka unter den Linden» berichtet er über ein rauschendes Fest in der russischen Botschaft mit Gerhard Schröder und deutschen Konzernmanagern; in einer Betrachtung über die «Russische Seele» beklagt sich Anda über das «Einschlagen auf russische Politiker» und eine «einseitig kritische Russlandberichterstattung» in der deutschen Presse. Die Kolumnen erscheinen im Magazin CICERO, das sich zu diesem Zeitpunkt noch im Besitz des Schweizer Ringier-Verlags befindet, jenes Medienunternehmens, bei dem Schröder nach seiner Kanzlerschaft als Berater anheuert, auf Vermittlung von – Manfred Bissinger.

Die Strukturen

Solche Rollenwechsel und verwischte Grenzen wie bei Anda, Rürup oder Bissinger bilden im Umfeld des Altkanzlers nicht die Ausnahme, sondern die Regel. Auffällig ist die hohe Zahl der Wechselbeziehungen, die finanziell unterlegt sind, teils unter Verwendung von Steuergeldern. Innerhalb von Schröders Netz könnte man so vielfältige Ketten beschreiben. Ein Beispiel, allein aus den bisher beschriebenen Verflechtungen gebildet: Heino Wiese fädelt den Einstieg des Oligarchen Mordaschow bei Frenzels TUI ein, die wiederum die Arena von Papenburg sponsort; Papenburg hält Anteile an dem Stahlunternehmen Salzgitter AG, das Schröder einst als Ministerpräsident mit Steuergeldern Frenzels TUI-Vorläufer Preussag abkaufte und das später Röhren für das von Schröder beaufsichtigte Unternehmen Nord Stream 2 sowie andere Pipeline-Projekte des Kremls liefert, dessen konsularischer Vertreter in Hannover wiederum Wiese ist. Und alle genannten Personen treffen sich zeitweilig in einer gemeinsamen Loge bei Hannover 96.

Blickt man auf die strukturellen Merkmale des Schröder-Net-

And did you ever think / that we could be so close / like brothers? Schröder, Maschmeyer, von Fromberg, Frenzel, Gabriel, Hartz beim Herrenabend

zes, so fällt zunächst die weitgehende Abwesenheit von Frauen auf. Schröders Umfeld trägt männerbündische Züge. Es besteht vorwiegend aus erfolgreichen und wohlhabenden Herren, die meist ungefähr im gleichen Alter wie Schröder sind, die oft einen steilen sozialen Aufstieg geschafft haben und über ein ausgeprägtes Selbstbewusstsein sowie hohe Konfliktbereitschaft verfügen. Weniger ausgeprägt sind Schamgefühle. Drückerkolonnen und Kontakte zu kriminellen Rockern gelten ebenso wenig als Zugangshindernis wie ausgeprägte Kontakte nach Iran, nach China oder eben nach Russland. Man trinkt miteinander. Man hilft einander.

Ins Auge sticht auch die mitunter Jahrzehnte währende räumliche Nähe der Protagonisten. Schröder und sein Bekanntenkreis pflegen eine außergewöhnliche Treue zu Hannover. Die wesentlichen Interaktionen spielen sich rund um den Stadtwald Eilenriede ab, an dessen Saum die begehrten Wohnlagen der niedersächsischen Landeshauptstadt liegen. Die bevorzugte

Form der Vergesellschaftung ist der Herrenabend, auf dem man sich ungezwungen auch über Geschäfte und Karriereperspektiven austauschen kann. Hier stabilisieren sich gemeinschaftliche Überzeugungen. Dazu zählt etwa die Formel, es sei immer gut, wenn man «miteinander im Gespräch» bleibe. Zum Ethos des Netzwerks zählt nämlich, dass dem informellen Aspekt von Beziehungen großer Wert zugemessen und die Vermischung von privater und offizieller Ebene geradezu als Ziel beschrieben wird. Dieses Denken, das sich in wiederkehrenden Gesprächstechniken niederschlägt, hat Carsten Maschmeyer 2012 unter dem Titel «Selfmade» in die Form eines Buches gepresst. «Kommen Sie in die Kontakte» und «So kommunizieren Sie gewinnend» lauten die Überschriften zweier Kapitel.

Schwierig zu beantworten ist die Frage, ob die vielbeschriebene Hannover-Connection bloß zufällig in der niedersächsischen Landeshauptstadt entstand oder ob es stadtspezifische Gründe dafür gibt. Der Wahl-Hannoveraner Paul von Hindenburg hat die Eigentümlichkeit der Stadt 1920 auf die bis heute unübertroffene Formel gebracht, dass Hannover «in glücklichster Weise die Vorteile einer Großstadt nicht mit den Nachteilen einer solchen» vereine. In der Landeshauptstadt ballen sich auf überschaubarem, fußläufigem Raum die Institutionen eines großen Flächenlandes, dessen andere Städte allesamt deutlich kleiner sind. Als Bundesland mag Niedersachsen zwar ein klassischer «swing state» sein. Für die Landeshauptstadt selbst galt das bis zur Wahl eines grünen Oberbürgermeisters 2019 jedoch nicht. Dort hat sich jahrzehntelang eine SPD-Monokultur sondergleichen gehalten. Die wesentlichen Entscheidungen wurden nicht zwischen Parteien ausgehandelt, sondern innerhalb der SPD, worauf sich die meisten Unternehmer in der Stadt natürlich einstellten. In Hannover ist dadurch ein Soziotop SPD-naher Spitzensteuersatzzahler entstanden, in dem sich Schröder in den 1980er und 1990er Jahren vorzugsweise bewegt. Auch das ist ein Grund dafür, warum der parteilinke Ex-Juso später als «Genosse der Bosse» und «wirtschaftsnah» galt. Man sollte jedoch Acht geben, was der Begriff «wirtschaftsnah» genau meint. Die Parole «Privat vor Staat» mag auf die Sozialpolitik während Schröders Kanzlerschaft zutreffen. In der Wirtschafts- und Unternehmenspolitik stehen Schröder und die niedersächsische SPD hingegen für eine starke Rolle des Staates. Es geht dabei weniger um die Schaffung eines allgemein günstigen wirtschaftlichen Klimas, sondern um eine Politik zugunsten großer heimischer Unternehmen.

Diese Denkweise hat mit einem niedersächsischen Spezifikum zu tun. Über die Hannoversche Beteiligungsgesellschaft besitzt das Land Niedersachsen umfangreiche Firmenbeteiligungen und profitiert von deren Ausschüttungen. Das größte Asset ist die gesetzlich abgesicherte Sperrminorität an der Volkswagen AG. Der niedersächsische Ministerpräsident hat einen Sitz im einflussreichen VW-Aufsichtsratspräsidium und lenkt damit einen der weltgrößten Konzerne mit. Gerhard Schröder ist nicht der einzige Ministerpräsident, dessen Selbstbewusstsein dadurch zusätzlichen Auftrieb erhielt. Die «HanBG» besitzt daneben auch die unter Schröder erworbenen Anteile an der Salzgitter AG sowie an der NordLB. Hinzu kommt die Deutsche Messe AG, an der das Land Niedersachsen und die Landeshauptstadt Hannover jeweils knapp die Hälfte der Anteile halten. Insbesondere die SPD hat ein großes Geschick dabei entwickelt, diese Firmen im Bündnis mit den Gewerkschaften für die eigene «Personalentwicklung» zu nutzen.

Die Energiewirtschaft spielt anders als in Ruhrgebietsstädten wie Essen auf den ersten Blick eine untergeordnete Rolle, denn in Hannover haben keine großen Energieunternehmen ihren Sitz. Allerdings residiert die IG BCE, die Gewerkschaft für Bergbau, Chemie und Energie, dort. Und alle drei führenden Chemie-Gewerkschafter der letzten Jahrzehnte, Hermann Rappe, Hubertus Schmoldt und Michael Vassiliadis, sind Sozialdemokraten mit einer ausgeprägten Schröder-Nähe. Die IG BCE gehört bis zuletzt zu den wirkmächtigen Befürwortern von Nord Stream 2.

Wesentliche Merkmale von Schröders späterer Kumpanei mit Putin und seiner Tätigkeit für Gazprom sind also bereits in Hannover angelegt. Der Blick und das Interesse des SPD-Politikers richten sich viel stärker nach Osten als nach Westen. Er hat ein unkritisches Verhältnis gegenüber autokratischen Politikmodellen und damit verbunden ein geringes Interesse an deren Opfern.

Als Schröder nach dem Wahlsieg 1998 seinen Arbeitsplatz ins Kanzleramt verlegt, misslingt ihm allerdings die Regelung seiner Nachfolge in der Hannoveraner Staatskanzlei. Sein bisheriger Innenminister Gerhard Glogowski erweist sich rasch als Fehlgriff. Der Braunschweiger SPD-Politiker muss schon ein Jahr nach seiner Wahl zum Ministerpräsidenten zurücktreten wegen eines Reigens kleinerer Affären, in denen es vor allem um Flüge Glogowskis mit der TUI geht. Die Durchstechereien seien aus Glogowskis eigener Partei gekommen, erinnern sich Beobachter. Zumindest die Nachfolge Glogowskis lässt sich rasch klären: Sigmar Gabriel, der SPD-Fraktionsvorsitzende im Landtag, darf übernehmen. Gerhard Schröder zählt zu den Förderern Gabriels und hat sich früh lobend über «den Dicken» geäußert, der ihm in vielerlei Hinsicht so ähnelt. Gabriel ist wie Schröder ein wandlungsfähiger Aufsteiger, ein impulsiver und viriler Politikertyp, der Stimmungsveränderungen in der Bevölkerung früher als andere zu erkennen glaubt. Seinen Landtagswahlkampf im Jahr 2002 bestreitet Gabriel jedoch sehr zum Ärger von Kanzler Schröder mit der Forderung nach einer Vermögenssteuer. Die Wahl geht krachend verloren, und die SPD muss das Land Niedersachsen nach knapp 13 Jahren wieder der CDU überlassen. Und Schröder rächt sich an Gabriel, indem er ihn mit dem neugeschaffenen Amt des SPD-Popbeauftragten demütigt. Später werden beide wieder zu einem vertrauten Verhältnis zurückfinden, zumal Gabriel an etlichen Stellen in das Netz von Schröder eingebunden ist. Und ebenso wie Schröder hat Gabriel einen Hang, auf der Suche nach materiellem Wohlstand die Grenze des Schicklichen zu vergessen.

Bei Gabriel beginnt das schon 2003. Nach seiner Wahlniederlage kehrt er auf den gut dotierten Posten als Fraktionsvorsitzender zurück, zeigt dabei aber nur wenig Leidenschaft. Verärgert stellen Genossen im Landtag fest, dass ihr Chef in Hannover häufig fehlt.[6] Gabriel verfolgt nebenbei andere Pläne in Halle an der Saale: Der abgewählte Ministerpräsident steigt dort nicht nur mit einer kleinen Summe bei der PR-Firma Strunz&Friends des Ex-Fußball-Nationalspielers Thomas Strunz ein. Gabriel betreibt dort auch gemeinsam mit seinem alten Schulfreund Lutz Lehmann die Firma CoNeS («Communication, Network, Service») und hat große Pläne mit ihr. «Nach Halle wollten wir Büros in Berlin und in Brüssel eröffnen», erzählt sein Kompagnon Lehmann später dem Focus.[7] Gabriel, der zunächst 75 Prozent an der Firma hält, zieht auch einen lukrativen Auftrag an Land: Die Zwei-Mann-Firma CoNeS soll Volkswagen ab November 2003 für 10 000 Euro monatlich zur «Europäischen Industriepolitik» beraten. Insgesamt 130 000 Euro wird der Wolfsburger Konzern an die CoNeS zahlen. Der Deal hat gleich zweifach ein Geschmäckle: Unterzeichnet wurde der Auftrag von VW-Vorstand und SPD-Mitglied Peter Hartz. Der Manager zählt damals nicht nur zu Schröders Hannover-Connection. Sein Vertrag ist im November 2002 vom Aufsichtsrat gleich um fünf Jahre verlängert worden, als Gabriel noch dem Aufsichtsrat angehörte. Mit Blick auf das vergleichsweise hohe Alter des Managers ist damals von einer «Lex Hartz» die Rede. Gabriel hat seinen Anteil an der CoNes 2004 nach eigenen Angaben zunächst auf 25 Prozent reduziert und sei dann ganz ausgestiegen. «Gabriel wurde für einen Posten in der Bundesregierung gehandelt», erzählt Lehmann im Jahr 2005, «da war Schluss mit der CoNes». Viele Jahre später werden die beiden Freunde Gabriel und Lehmann ins Business der Politikberatung zurückkehren. Dann ist auch Heino Wiese an Bord, mit dem Gabriel regelmäßig zur Fastenkur fährt.

2 Moskau

Putin, Gas und Krieg

Wladimir Putin hat 1997 seine Doktorarbeit am Bergbau-Institut in St. Petersburg abgeliefert. Ob sie zu Teilen ein Plagiat ist, weil angeblich vier Fünftel des zentralen Kapitels die Übersetzung eines Werks zweier amerikanischer Professoren aus Pittsburgh sind, soll hier nicht erörtert werden, auch nicht, dass mehrfach behauptet wurde, der eigentliche Autor des Werks sei nicht Putin selbst, sondern sein Doktorvater. Interessant ist auf jeden Fall der etwas komplizierte Titel der Arbeit: «Strategische Planung bei der Nutzung der Rohstoffbasis einer Region in Zeiten der Entstehung von Marktmechanismen (St. Petersburg und Leningrader Gebiet)». In der Arbeit, die seit den skandalträchtigen Veröffentlichungen über ein mutmaßliches Plagiat unter Verschluss ist, wird dem Export von Erdgas und Erdöl eine wichtige Rolle beigemessen, um außenpolitische Ziele durchzusetzen. Dafür allerdings müsse der Energiesektor so weit wie möglich unter staatliche Kontrolle kommen, lautet die These. Was dort theoretisch dargelegt ist, wird Putin, ab Mitte 1998 Chef des Inlandsgeheimdienstes FSB, nur wenige Jahre später als Präsident in die Tat umsetzen.

Drei Jahre vor der Verteidigung der wie auch immer entstandenen Doktorarbeit nimmt Putin an einer Runde mit Politikern, Wissenschaftlern, Diplomaten und Journalisten in St. Petersburg teil. Dort findet eine Tagung der deutschen Körber-Stiftung statt. Das Thema: Russland und der Westen. Putin ist seit zwei Jahren Vizebürgermeister seiner Heimatstadt. Er hört lange zu, doch dann mischt er die Runde mit einer emotionalen Rede auf. Zwar habe niemand die Liquidierung des sowjetischen Imperiums bewusst angestrebt, das sei abwegig. Aber die kommunistische Parteiführung unter Michail Gorbatschow habe mit ihren «ungeschickten Handlungen» den Zerfall der Sowjetunion leider herbeigeführt. Die Folge sei, dass plötzlich 25 Millionen Russen im Ausland lebten. «Russland kann es sich einfach nicht leisten – allein schon im Interesse der Sicherheit in Europa –, dass diese Menschen willkürlich ihrem Schicksal überlassen bleiben», fährt Putin fort. Er appelliert an seine Zuhörer aus dem Westen: «Vergessen Sie nicht, dass Russland im Interesse der allgemeinen Sicherheit und des Friedens in Europa freiwillig riesige Territorien an die ehemaligen Republiken der Sowjetunion abgegeben hat; darunter auch solche Territorien, die historisch immer zu Russland gehört haben.» Es haben also nach Putins Ansicht nicht etwa die ehemaligen Sowjetrepubliken beschlossen, unabhängige Staaten zu werden, sondern Russland hat seine ihm zustehenden Territorien «freiwillig» an sie abgegeben. Das erinnert an spätere Reden Putins über die Ukraine. Höchst interessant sind auch die Beispiele, die Putin 1994 auf der Tagung für seine Sicht anführt: «Ich denke dabei nicht nur an die Krim oder an Nordkasachstan, sondern beispielsweise auch an das Kaliningrader Gebiet.» Schon damals beklagt Putin also, dass die Krim nicht mehr zur Russischen Föderation gehört – und dass Kaliningrad durch die Auflösung der Sowjetunion eine Exklave geworden ist, weil nun das unabhängig gewordene Litauen das Gebiet vom russischen Mutterland trennt. Die deutsche Russland-Historikerin Ingeborg Fleischhauer, die in der Runde sitzt, reagiert auf Putins Rede. Er habe die Anwesenden «mit seiner Vision einer urtümlich russischen Territorialbestimmung sicher überrascht», sagt sie. Letztlich ziele er auf eine archaische Vorstellung: «Territorien, die von russischem oder von slawischem

Blut getränkt sind, haben ein Recht darauf, für immer in slawischem Besitz zu bleiben.» An Putins Worten erkenne man, dass «diese Mentalität noch wach ist».

Es sind zwei Episoden, die zeigen, wie der Mann denkt, der wenige Jahre später russischer Präsident wird und dann das Schicksal des Landes für Jahrzehnte bestimmt. Zum einen trauert Putin der Sowjetunion nach; im Jahre 2005 nennt er ihren Zerfall die «größte geopolitische Katastrophe des 20. Jahrhunderts». Es ist nicht der Kommunismus, dem Putin nachtrauert, als vielmehr der Verlust des Imperiums. Zum anderen formuliert er schon damals den Gedanken, dass dort, wo Russen leben oder lebten, Russland ist, und der russische Staat gefordert ist, einzugreifen, wenn ihre Interessen bedroht sind. Es ist die Idee der «Russischen Welt», die Putin schon im Kopf hat. Sie begründet ein Interventionsrecht Russlands. Im Juli 2014 spricht Putin gegenüber russischen Diplomaten darüber, dass Russland auch die Interessen der Landsleute im Ausland verteidigen müsse. Es gehe nicht um die ethnische Zugehörigkeit, sondern um alle, «die sich selbst als einen Teil der großen russischen Welt fühlen». Von der Idee, das großrussische Reich wieder herzustellen, ist Putins Handeln von Anfang an bestimmt. Dieser imperiale Gedanke, vermischt mit völkischem Gedankengut, wird zur Leitidee seiner Herrschaft. Putin sieht sich schon bald in historischer Mission unterwegs, als der neue Zar, als neuer Peter der Große.

Die erste Episode zeigt wiederum, dass Putin schon früh daran denkt, dass die Rohstoffe Russlands, vor allem Erdgas und Erdöl, ein Faustpfand, ja eine Waffe sind, um Russlands Einfluss in der Welt Geltung zu verschaffen. Um diese Waffen einsetzen zu können, muss der Staat die Verfügungsgewalt über die Ressourcen haben. Auch diese Überzeugung gehört zum Programm Putins, das er als Präsident sehr schnell in Angriff nimmt.

Man könnte sagen, dass Putin von Anfang an klargemacht hat, was er vorhatte. Und ihm bloß nicht zugehört wurde. Das stimmt, aber es stimmt zugleich nicht ganz. Denn Putin ist geprägt durch den KGB und dessen geheimdienstliche Methoden. Lügen, Täuschen und Manipulieren gehören ebenso zum Werkzeugkasten des sowjetischen Geheimdiensts wie Belohnung, Schmeichelei, Erpressung, Einschüchterung, Bestrafung und Gewalt bis hin zum Mord. Es ist vor allem diese Seite an Putin, die unterschätzt worden ist.

Klar ist schon bald: Putin will die ganze Macht. Er lässt als Präsident die direkten Gouverneurswahlen durch die Bevölkerung abschaffen, die Regionen sollen wieder nach der Pfeife der Moskauer Zentralregierung tanzen. Er gräbt den Oppositionsparteien das Wasser ab, lässt nur noch Parteien der sogenannten Systemopposition zu, die das tun, was der Kreml ihnen befiehlt. Er zwingt die Oligarchen des Landes, seinen Weisungen zu folgen, wenn sie ihren Reichtum oder wenigstens Teile davon behalten wollen. So errichtet er die sogenannte Machtvertikale, in der das Zentrum wieder das Sagen hat, und eine Scheindemokratie, die verharmlosend als «gelenkte Demokratie» bezeichnet wird. Gegen innenpolitische Gegner geht er mit den Mitteln der Justiz vor, die ihre Anweisungen vom Kreml erhält, was von Putin als «Diktatur des Gesetzes» verkauft wird.

Um all das durchzusetzen und loyale Truppen hinter sich zu wissen, bringt er seine Freunde und Weggefährten in Stellung. Es sind persönliche Freunde aus der Kindheit und Jugend, aus seinem Freundeskreis in der Datschensiedlung «Osero» bei St. Petersburg und aus der Zeit als Vizebürgermeister in der Stadt an der Newa. In der Mehrzahl sind es allerdings Leute, die im KGB und seinen Nachfolgeorganisationen gedient haben. Alle diese Leute werden sich, nachdem Putin sie auf einflussreiche Posten befördert hat, auf die eine oder andere Weise schamlos bereichern. Diese Bereicherung gehört allerdings zu den Regeln des Spiels, denn Putin will seine Leute versorgen. Zugleich macht sie alle Teilnehmer abhängig und erpressbar. Der Kreml besitzt Dossiers über die Spitzenleute in Politik und Wirtschaft, mit deren Hilfe ihre politische und ökonomische Existenz sehr schnell zunichtegemacht werden kann. Die ungeheuren Summen, die Putin und seine Vertrauten sich angeeignet haben, haben dazu geführt, dass Putins Regime in vielen Aufsätzen und Büchern als Kleptokratie eingestuft wird, als Herrschaftssystem, das vor allem der persönlichen Bereicherung der Amtsträger dient. Doch das ist allenfalls die halbe Wahrheit.

Putin glaubt an seine Mission, Russland wieder groß und stark zu machen, das Imperium neu zu begründen. Diese Mission verfolgt er mit großer Beharrlichkeit. Er stützt sich dabei auf den russischen Nationalismus, den er von Anfang an entfacht und der sich immer mehr gegen den Westen richtet. Die russische Orthodoxie, traditionell antiwestlich eingestellt, nutzt er als Teil seines ideologischen Unterbaus. Die Tradition der russischen orthodoxen Kirche, die sich als das dritte und wahre Rom sieht, passt perfekt zu Putins scharfer Abgrenzung gegen den Westen. Die Kirche verfolgt zudem die Idee des dreieinigen russischen Volkes, das aus Großrussen, Kleinrussen, also Ukrainern, und Weißrussen bestehe. Zudem verurteilt die Orthodoxe Kirche Homosexualität und ächtet den politischen und gesellschaftlichen Liberalismus. Unter Putin wird der Begriff Liberalismus, in den ersten Jahren seiner Amtszeit noch gelitten, immer mehr zum Synonym für die angeblich dekadente «Gay-Kultur» des Westens. Dem gegenüber steht ein Männlichkeitskult, den Putin selbst in zahlreichen Posen als Sportler, Kraftprotz und Naturbursche zelebriert, aber auch gelegentlich in sprachlichen Wendungen durchscheinen lässt, die dem russischen kriminellen Milieu entstammen.

Putins autoritärer Kurs zeigt sich bald schon in der russischen Außenpolitik. Der russische Präsident macht keine Anstalten, die «eingefrorenen Konflikte» in den Nachbarstaaten zu lösen. Dabei geht es um die von Moskau unterstützten Separatistenregionen Abchasien und Südossetien in Georgien sowie Transnistrien in der Republik Moldau. Im Gegenteil facht Moskau diese Konflikte immer wieder an, um ein Druckmittel gegen diese Staaten zu haben. Putins außenpolitische Ziele sind klar: Er will die Länder der ehemaligen Sowjetunion dominieren, die europäischen Demokratien schwächen und die Europäische Union spalten. Er will eine neue Weltordnung etablieren, in der die Vereinigten Staaten geschwächt sind und Russland wieder den Platz einnimmt, der ihm gebührt.

Der Geheimdienst an der Macht

Durch Putin kommen die Leute aus den Geheimdiensten an die Macht. Ehemalige und aktive Geheimdienstler werden der «neue Adel» in Russland. Der KGB verstand sich als eine verschworene Gemeinschaft, als Bruderschaft, eine Art Orden, den keiner, der ihm einmal angehört hat, je wieder verlassen kann. «Einmal Tschekist, immer Tschekist», lautet die Formel, benannt nach der Tscheka, dem ersten sowjetischen Geheimdienst. Treue zum Orden gilt als oberste Tugend, Verrat als unverzeihbar. Die gemeinsame Mission ist ein Wiedererstarken Russlands, die wichtigste persönliche Eigenschaft ist Stärke. Um die Mission zu erfüllen, ist gegenüber den Feinden Russlands jedes Mittel erlaubt. Die Tschekisten wissen, wie man seine wahren Absichten verbirgt, Menschen und Organisationen manipuliert, diskreditiert, austrickst oder eliminiert. In einem Land, das er im Chaos versinken sieht, setzt Putin von Anfang an auf diese Personalreserve, der er vertraut. Glaubten manche in Putins erster Amtszeit noch, der Präsident balanciere zwischen Geheimdienstleuten und «Wirtschaftsliberalen», so wird bald klar, dass die Leute aus dem KGB, der nun FSB heißt, das Sagen haben. Hatten unter Putins Vorgänger Boris Jelzin Ärzte und Historiker, Parapsychologen und Zirkusartisten Karriere in der Politik gemacht, so werden es unter Putin die sogenannten Silowiki, die Uniformträger aus Geheimdiensten und aus dem Militär. Die Moskauer Soziologin Olga Kryschtanowskaja sezierte 2004 die Biografien von gut 1000 führenden Politikern Russlands, von den Abteilungsleitern im Kreml, Ministern, Abgeordneten beider Parlamentskammern, Leitern der Bundesbehörden und Chefs in den Regionen. Nach ihren Untersuchungen hatten 78 Prozent der Elite sich ihre Sporen beim KGB oder in der Armee verdient.[1]

Putin hat dem KGB alles zu verdanken. Er stammt aus armen Verhältnissen. Sein Großvater ist Koch auf der Datscha von Stalin. Seine Mutter ist eine einfache und wenig gebildete Frau, sein Vater arbeitet in der Fabrik. Zwei ältere Brüder sterben, der eine kurz nach der Geburt, der andere während der Blockade Leningrads durch die deutsche Wehrmacht. Auch die Mutter, die den dritten Sohn mit 41 Jahren bekommt, hatte die Blockade nur mit Glück überlebt. Der Vater kämpft während des Kriegs in einer Partisanen-Einheit, die im Rücken der Deutschen Anschläge ausübt. Von 28 Leuten kommen angeblich nur vier zurück. Danach verblutet der Vater fast bei der aussichtslosen Verteidigung einer Stellung. «Im Krieg gibt es immer Fehler. Ohne die geht es nicht. Aber man muss an den Sieg denken. Damals dachten sie an den Sieg», sagt Putin am Anfang seiner Präsidentschaft dazu. Die Putins leben ohne Bad und heißes Wasser in einer «Kommunalka», einer Gemeinschaftswohnung, in der es nicht einmal eine richtige Küche gibt. Wladimir jagt mit seinen Freunden die Ratten auf der Treppe. Er wächst im Hof auf. Die Eltern lieben den Sohn, haben aber kaum Einfluss auf ihn. Er ist, nach eigenen

Worten, ein kleiner Gauner. Doch den Lehrern fällt das gute Gedächtnis des Jungen auf. Mit Kampfsport, Judo und der Selbstverteidigungsart Sambo verschafft er sich Selbstvertrauen und Respekt. Dann will er Spion werden, Heldentaten für sein Land vollbringen. Tatsächlich schafft er es zum KGB. Als ihn ein Freund, ein Cellist, fragt, was er denn als Spion eigentlich tue, soll Putin geantwortet haben: «Ich bin ein Spezialist im Umgang mit Menschen.»

Mit 33 Jahren wird er nach Abschluss der KGB-Hochschule in Moskau zum Auslandseinsatz nach Dresden entsandt. Er steigt rasch auf, vom Hauptmann bis zum Oberstleutnant, im Februar 1988 wird er von Stasi-Chef Erich Mielke mit der Verdienstmedaille der Nationalen Volksarmee in Bronze ausgezeichnet. Putin, so erinnert sich ein Dresdner KGB-Kollege, sei «ein Meister der geheimen Kombinationen». Er sei ein Regisseur «künstlich geschaffener Situationen, in denen Menschen, die für ihn von Interesse waren, getestet wurden».

Der Zusammenbruch des Ostblocks schockiert Putin. Als die Demonstranten in Dresden das Gebäude des KGB stürmen wollen, ruft er angeblich bei den sowjetischen Streitkräften in der DDR an. Aber die teilen ihm mit: «Wir können nichts machen ohne Anweisung aus Moskau. Doch Moskau schweigt.» Für Putin ist das ein Schlüsselerlebnis. «Ich hatte das Gefühl, dass es mein Land nicht mehr gibt.» Den Demonstranten, denen er sich als Dolmetscher vorstellt, sagt er, dass er Schießbefehl habe, sollten sie auf das Gelände der KGB-Residentur vordringen. Sie ziehen daraufhin ab. Putin und seine Kollegen sind in diesen Tagen vor allem damit beschäftigt, Dokumente zu verbrennen. «Wir haben alles vernichtet, alle unsere Verbindungen, Kontakte, eine riesige Menge Materialien. Wir haben so viel verbrannt, dass der Ofen geplatzt ist», erinnert er sich.

Die Kollegen aus Putins Dresdner KGB-Zeit werden von

ihm auf hohe Stellen befördert, nachdem er Präsident geworden ist. Nikolai Tokarew macht er zum Generaldirektor von Zarubezhneft, einem Staatsunternehmen, das Öl- und Gasfelder erschließt. Einige Jahre später wird Tokarew Chef des Unternehmens Transneft, das die Erdölpipelines betreibt. Sergei Tschemesow, mit dem Putin in einem Haus in Dresden wohnte, wird Chef des staatlichen Rüstungsexportunternehmens, später ist er als Leiter des Rüstungskonzerns Rostec für die Modernisierung des Militärs zuständig.[2]

Energie als Waffe

Putin macht sich bald daran, den Energiesektor unter seine Kontrolle zu bringen. Für Gazprom interessiert er sich schon lange. Putin erkennt in dem Konzern die wichtigste Waffe seiner Außenpolitik. Der halbstaatliche Gasgigant verfügt über die weltweit größten Reserven und verkauft immer größere Mengen nach Europa. Putin baut seine Machtbasis bei Gazprom nach dem Amtsantritt als Präsident aus. Innerhalb eines Jahres werden von elf Spitzenmanagern neun durch Putin-Vertraute ersetzt. Viele der neuen Topmanager arbeiteten beim KGB oder gehören zur Petersburger «Familie». Als Aufsichtsratschef setzt Putin 2002 seinen Vertrauten Dmitri Medwedjew ein. Ihn macht Putin sechs Jahre später zu seinem Nachfolger, weil er nach der damaligen Verfassung nicht mehr als zwei Amtszeiten Präsident sein kann. Medwedjew ist aber nicht mehr als ein Statthalter, eine Marionette im Amt des Präsidenten, bevor Putin, zwischenzeitlich Ministerpräsident, 2012 ins Präsidentenamt zurückkehrt und die Verfassung nach und nach so ändert, dass er mindestens bis 2036 bleiben kann.

Seinen ehemaligen Mitarbeiter im Auswärtigen Ausschuss des Bürgermeisteramts in St. Petersburg, Alexei Miller, macht

Putin 2001 zum Chef von Gazprom. Miller gilt als Apparatschik, der keinen eigenen Gestaltungswillen besitzt. Das kommt Putin gerade recht, denn er kann sich darauf verlassen, dass er allein alle wichtigen Entscheidungen trifft. Miller wird, wie alle Putin-Vertrauten in hohen Ämtern, bald zum Multimillionär: Sein Anwesen umfasst 62 000 Quadratmeter, das Haupthaus 8500 Quadratmeter. Neben der orthodoxen Kapelle und diversen Gästehäusern gibt es einen 2000 Quadratmeter großen Pferdestall mit angeschlossener Arena, wie ein Team des Oppositionellen Alexei Nawalny festgestellt hat.

Gazprom wird unter Putin immer mächtiger, expandiert in die Ölbranche. Der Gasgigant kauft im Herbst 2005 Sibneft, das fünftgrößte Mineralölunternehmen Russlands, dem Oligarchen Roman Abramowitsch für 13,1 Milliarden Dollar ab. So geht es weiter. Der Konzern besitzt 15 Jahre später 170 000 Kilometer Pipeline, hat fast 500 000 Mitarbeiter und finanziert annähernd 40 Prozent des russischen Staatshaushalts. Er besitzt eine eigene Bank, eine Fluglinie und eine Versicherung sowie eine Konzernzentrale in Putins Heimatstadt St. Petersburg, deren Bau 1,7 Milliarden Euro gekostet hat und die 462 Meter hoch ist.

Putin setzt Gazprom schon kurz nach seinem Amtsantritt als Waffe ein, um innenpolitische Kritik auszuschalten. Der Fernsehsender NTW kritisiert Putin und seinen Krieg in Tschetschenien scharf. Wegen seiner journalistischen Qualität ist der erste russlandweite Privatsender sehr beliebt. Jede Woche werden die Mächtigen des Landes in der satirischen Sendung «Kukly» (Puppen) als Marionetten einer beißenden Kritik unterzogen. Der Sender lässt in Talkshows darüber diskutieren, ob der FSB selbst an mehreren Bombenanschlägen auf Wohnhäuser in Moskau beteiligt war. Sie sind der Ausgangspunkt für Putins rücksichtslosen Feldzug gegen Tschetschenien. Zudem berichtet NTW im Sommer 2000 kritisch über das offizielle Vorgehen nach dem

Untergang des U-Boots Kursk in der Barentssee. In der Havarie sterben alle 118 Seeleute, 23 überlebten aber zunächst. Sie kamen möglicherweise ums Leben, weil Putin die Hilfe durch ausländische Spezialisten ablehnte. Der Sender NTW gehört dem Medienmagnaten Wladimir Gussinski, und Putin will ihn wegen der kritischen Berichterstattung so schnell wie möglich schließen lassen. Er setzt die Steuerpolizei und die Justiz auf NTW an und lässt Gussinski verhaften. Um der Haft zu entkommen, muss der Magnat einen Vertrag unterschreiben, mit dem er alle Aktien seines Konzerns für 300 Millionen Dollar an Gazprom verkauft. Gussinski, der Präsident des Russischen Jüdischen Kongresses ist, flieht zunächst nach Spanien und übersiedelt dann nach Israel. Mit der kritischen Sicht auf den Kreml ist es nach der Übernahme durch Gazprom bei NTW vorbei.

Ein anderer Geschäftsmann, der Anteile an Fernsehsendern und mehreren Zeitungen besitzt, ist der zwielichtige Boris Beresowski, ein Oligarch, der lange als graue Eminenz hinter Präsident Jelzin galt. Auch er kritisiert Putin, nachdem er erkannt hat, dass der neue Präsident mit ihm keine Geschäfte machen will. Nachdem mehrere juristische Verfahren gegen ihn angestrengt werden, geht Beresowski im Jahr 2000 nach Großbritannien. Dort ist der Geschäftsmann weiter gegen Putin aktiv; 2013 wird er tot in seinem schwer bewachten Haus aufgefunden – ob er sich aufhängte oder aber erdrosselt wurde, wird nie aufgeklärt. Das Fernsehen in Russland ist damit schon 2001 weitgehend gleichgeschaltet. Der Moskauer Radiosender Echo Moskwy kann sich noch weiter mit einem kritischen Programm halten, doch dessen Grenzen sind schon dadurch gezogen, dass Gazprom-Media, eine Tochter der Gazprombank, zwei Drittel der Anteile an dem Sender hält.

Ungelöst bleibt zunächst die Frage nach einem staatlichen Ölkonzern – der Ölmarkt ist in den 1990er Jahren völlig in private

Hände gelangt. Ganz so rasch kann Putin nicht alle Oligarchen ausbooten, die in diesem Jahrzehnt auf oft krummen, kriminellen Wegen zu ihrem Reichtum gekommen sind. Der größte Ölkonzern ist Jukos, sein Besitzer Michail Chodorkowski ist der reichste Mann des Landes. Chodorkowski hat politische Ambitionen, er unterstützt politische Parteien finanziell, er prangert bei einem Treffen Putins mit den Oligarchen die allgegenwärtige Korruption in Russland öffentlich an. Und er plant, mit dem amerikanischen Ölmulti Exxon ein Gemeinschaftsunternehmen zu gründen. Chodorkowski hat damit Pläne, die Putins Strategie mehrfach durchkreuzen würden und auf die der Präsident mit maximaler Härte reagiert. Er beschließt, Jukos zu zerschlagen, nutzt dafür wiederum die Justiz und die Steuerbehörden als Instrumente. Die ganze Operation plant sein Vertrauter Igor Setschin, ein KGB-Mann und früherer Büroleiter von Putin während dessen Zeit in der Petersburger Stadtverwaltung. Der Ölmilliardär Chodorkowski wird 2003 verhaftet, in Schauprozessen abgeurteilt und verschwindet für zehn Jahre in sibirischer Lagerhaft.

Nun ist der Weg frei, um einen staatlichen Ölkonzern aus der Taufe zu heben. Rosneft, eigentlich eine Resterampe der sowjetischen Ölindustrie, die nun von Setschin geleitet wird, bekommt die Filetstücke nach der Zerschlagung von Chodorkowskis Unternehmen zu einem Preis weit unter dem Marktwert. Es steigt binnen kürzester Zeit zu Russlands Ölproduzenten Nummer eins auf.

Krieg von Anfang an

Von Beginn an setzt Putin zudem auf Krieg. Seine Bereitschaft, mit militärischer Gewalt gegen die abtrünnige Kaukasusrepublik Tschetschenien loszuschlagen, macht ihn, den zunächst weitgehend unbekannten und blassen neuen Ministerpräsidenten, in der zweiten Hälfte des Jahres 1999 schlagartig populär. Eigentlich hatten die Russen nach dem verheerenden Waffengang der Jahre 1994 bis 1996 in Tschetschenien unter Boris Jelzin keine Lust auf einen weiteren Krieg, denn der erste Tschetschenienfeldzug endete mit einer schmählichen Niederlage gegen die kleine Kaukasusrepublik. Doch die dramatischen Ereignisse im September 1999 ändern diese Stimmung. Durch mehrere Bombenanschläge auf Wohnblocks in Moskau und zwei anderen Orten werden binnen weniger Tage mehr als 360 Menschen getötet. Die Ermittlungen des FSB richten sich umgehend gegen tschetschenische Täter. In der Teilrepublik im Nordkaukasus war in den Jahren ihrer De-facto-Unabhängigkeit eine Willkürherrschaft militärischer Clanführer entstanden, bewaffnete Gruppen verbreiteten Angst und Schrecken, die Zahl der Entführungen von Russen und Ausländern, von denen Geld erpresst wurde, ging in die Hunderte. Wut und Entrüstung sind entsprechend groß. Nun gelten die Tschetschenen als die Bombenleger.

Schon bald gibt es Zweifel, ob tatsächlich tschetschenische Täter die verheerenden Anschläge verübt hatten. Besonders ein Vorfall in der Stadt Rjasan, 200 Kilometer südöstlich von Moskau, nährt die Vermutung, es habe sich um eine Operation des FSB selbst gehandelt, um die Stimmung im Land zu drehen. Dort werden Männer beobachtet, die drei Säcke in den Keller eines Wohnhauses transportieren und in einem Auto mit abgeklebten Nummernschildern wegfahren. Die alarmierte Polizei findet in den Säcken Hexogen, der Sprengmeister einen militärischen Zünder. Die rund 250 Bewohner des Hauses werden nachts schnell herausgeführt und in einen Kinosaal gebracht. Der russische Innenminister verkündet am nächsten Tag stolz, dass ein schlimmer Terrorakt verhindert worden sei. Doch nur eine halbe Stunde später erklärt der FSB-Chef und Putin-Vertraute Nikolai Patruschew, dass es sich nur um eine Übung gehandelt habe, um die Wachsamkeit der Bevölkerung zu erhöhen. In den Säcken sei lediglich Zucker gewesen. Die Ermittlungen zu dem Fall werden unverzüglich eingestellt. Auffällig ist, dass zwei Duma-Abgeordnete, die die These vertreten, dass der FSB in die Anschläge verwickelt war, später Mordanschlägen zum Opfer fallen: Sergei Juschenkow, der eine Kommission des Parlaments leitet, die die Anschläge untersucht, wird im April 2003 in Moskau erschossen. Nur drei Monate später wird Juri Schtschekotschichin, ebenfalls Mitglied der Untersuchungskommission, tödlich vergiftet, mutmaßlich mit Polonium-210. Das Ergebnis der Autopsie wird seiner Familie nicht mitgeteilt, seine Krankenakte verschwindet. Michail Trepaschkin, ebenfalls Mitglied der Kommission, erkennt einen FSB-Agenten als den Mann, der den Keller in Rjasan angemietet haben soll. Trepaschkin wird im Oktober 2003 verhaftet, bevor er seine Erkenntnisse in einem Gerichtsverfahren publik machen kann; er wird zu vier Jahren Lagerhaft verurteilt.

Die Anschläge, die den Tschetschenen zur Last gelegt werden, ändern die Haltung der Russen zum Krieg. Putin spricht zwar von einer «antiterroristischen Operation». Doch am 23. September 1999 gibt er den Befehl, die tschetschenische Hauptstadt Grosny mit Raketen anzugreifen. Die folgenden Luftangriffe kosten Tausenden Zivilisten das Leben; es sind vor allem Russen, denn Grosny ist zu diesem Zeitpunkt noch eine vorwiegend russisch bewohnte Stadt. Doch Putins Popularität steigt mit jeder Woche des Krieges. Er gilt als Retter der Nation, der sie von den Demütigungen der vergangenen Jahre befreit. Liegt die Zustimmung zu Putin im August 1999 noch bei 30 Prozent, so kommt er schon im November auf 75 Prozent. Als Jelzin in der Silvesternacht ins Jahr 2000 mit seinem Rücktritt Putin zum amtierenden Präsidenten macht, ist die Operation Nachfolger gelaufen.

Putin nutzt von Anfang an die These, dass sich die militärische Gewalt nur gegen Terroristen richte. Man werde die Terroristen in Tschetschenien wie Schlangen zertreten, ja wenn es sein müsse, sie sogar «auf dem Scheißhaus kaltmachen». Dabei ist schon der Raketenbeschuss, der im Oktober 1999 den Marktplatz von Grosny trifft und mehr als 130 Menschen tötet, mit dem Kampf gegen Terroristen schwer vereinbar. Gegen die Tschetschenen, die nur eine Republik von der Größe Schleswig-Holsteins bewohnen, setzt Putin bald die ganze russische Militärmaschine ein. Grosny wird völlig zerbombt, vom Zentrum der Stadt bleiben nur Steinhaufen übrig. Zwar verüben auch tschetschenische Kommandos grausame Terrorakte, etwa bei der Geiselnahme in einem Moskauer Musical-Theater im Oktober 2002 oder bei dem blutigen Überfall auf eine Schule in Beslan im September 2004, wo bei der Erstürmung des Schulgebäudes durch russische Einsatzkräfte 331 Geiseln ums Leben kommen. Die russischen Soldaten gehen in Tschetschenien aber von Anfang an rücksichtlos vor, auch gegen Zivilisten.

In Tschetschenien wird der Krieg der russischen Streitkräfte schon damals auf eine Weise geführt, wie es später in Syrien und der Ukraine der Weltöffentlichkeit bekannt wird. Massengräber werden entdeckt, die dort gefundenen Opfer wurden mit Kopfschüssen getötet, bei manchen waren die Augen verbunden und die Hände gefesselt. Es sind Männer, die zuvor von russischen Soldaten zu Hause festgenommen und verschleppt worden sind. In geheimen Gefängnissen werden Gefangene gefoltert und umgebracht, in «Filtrationslagern» Männer und Frauen mit Elektroschocks traktiert, mit Knüppeln geschlagen und vergewaltigt. So wird ein Volk bekämpft, das in seiner Mehrheit unabhängig sein wollte, in dem sich aber auch radikale Islamisten und Banditen breitgemacht hatten. Immer wieder finden bei «Säuberungen» tschetschenischer Dörfer Massaker statt, was den tschetschenischen Kämpfern weitere Leute zutreibt. Putin erklärt ein ganzes Volk zum Feind. Am Ende liegt eine Republik in Trümmern. Putin nutzt den aufkommenden islamistischen Terrorismus von Al-Qaida und anderen Terrorgruppen, um den Krieg gegen die Tschetschenen als Anti-Terror-Operation darzustellen. Der Westen lässt sich darauf ein. Tschetschenien ist weit weg. Putin darf im September 2001 im Bundestag reden und wird von den Abgeordneten mit Applaus gefeiert.

Auch als sich der Tschetschenienkrieg in die Länge zieht, bleibt Putin bei den Russen beliebt. Löhne und Renten werden wieder pünktlich gezahlt, Russlands Wirtschaft wächst aufgrund des stark gestiegenen Ölpreises. Viele ausländische Firmen engagieren sich in Russland, in den größeren Städten entwickelt sich – neben den Superreichen – eine neue Mittelschicht. So sind die ersten Putin-Jahre aus Sicht vieler Russen eine Zeit der Erholung und des Aufschwungs. Und im Westen gilt Putin als der Mann, der wieder für Stabilität in Russland sorgt. Putin hat gelernt, dass Krieg ihm Zustimmung bringt. Seine Beliebtheitswerte sind besonders hoch im Sommer 2008, als er, nun Ministerpräsident unter seinem Statthalterpräsidenten Dmitri Medwedjew, abermals Krieg führt. Dieses Mal geht es über die Grenzen Russlands hinaus, gegen das südliche Nachbarland Georgien, mit der Begründung, einen «Genozid» zu verhindern. Der wenige Tage dauernde Waffengang gegen den Kaukasusstaat sorgt im Westen kurz für Besorgnis, bevor man wieder zur Tagesordnung übergeht.

Drei Jahre später kündigt Putin an, dass er 2012 wieder Präsident werden will, auch wenn die russische Verfassung nur zwei Amtszeiten vorsieht. Seine Beliebtheit ist zu diesem Zeitpunkt auf einem Rekordtief. Zehn Jahre einer beispiellos guten Wirtschaftsentwicklung, getrieben vom hohen Ölpreis, sind zu diesem Zeitpunkt zu Ende gegangen; die Mittelschicht ist frustriert von den nicht eingelösten Versprechen einer umfassenden Modernisierung des Landes, auf die Dmitri Medwedjew Hoffnung gemacht hatte. Die Stimmung entlädt sich Ende 2011 in Massenprotesten gegen eine manipulierte Wahl des Parlaments, der Duma. Putin verschärft abermals den Kurs gegen seine inneren Gegner, seine nationalistische, antiwestliche Rhetorik nimmt zu. Die «Maidan»-Revolution in der Ukraine Ende 2013 und Anfang 2014, die sich gegen einen moskautreuen Präsidenten in Kiew richtet und für den Weg der Ukraine in die EU eintritt, bringt Putin in die Defensive. Er lässt die ukrainische Schwarzmeerhalbinsel Krim im Handstreich besetzen und im März 2014 annektieren. Die Russen feiern diesen Schritt. Putins Beliebtheit steigt auf einen Rekordwert von fast 90 Prozent.

Putin führt weiter Krieg, diesmal im Donbass in der Ostukraine. Dort werden im Frühjahr 2014, bald nach der Annexion der Krim, mit russischer Unterstützung die «Volksrepubliken» Donezk und Luhansk errichtet. Der russische Präsident zieht es allerdings vor, diesen Krieg verdeckt zu führen. Russische Soldaten sollten sich, so die Formel, in die Ukraine «verlaufen» haben oder «im Urlaub» in den Kampf gezogen sein. Zugleich wird die Propaganda gegen die Ukraine fortgesetzt. Sie gilt als Hort von «Faschisten» und «Nazis».

Putin hat sich auf diese Kriege vorbereitet. Die Reform der Streitkräfte gehört neben der Eroberung des Energiesektors zu seinen wichtigsten Anliegen als Präsident. Vom Westen nur unzureichend wahrgenommen, findet eine «leise Militärrevolution» statt.[3] Putin geht es um die Einsatzfähigkeit der russischen Streitkräfte. Ziel ist es, in den Nachbarstaaten militärisch eingreifen zu können, aber auch die europäische Ordnung nach dem Ende des Kalten Kriegs durch militärisches Potential zugunsten Russlands zu verändern. Der Anlass für die Armeereform ist der Krieg gegen Georgien. Zwar gewinnt Russland den Fünftagekrieg gegen das kleine Land aufgrund seiner materiellen und numerischen Überlegenheit. Doch den Feldzug erlebt der Kreml als Desaster, da die Einheiten unabgestimmt vorgehen und nur unzureichend oder gar nicht miteinander kommunizieren. Seit Ende 2008 lässt Putin deshalb eine Reform der Streitkräfte durchführen. Die Zahl der Zeitsoldaten wird auf 300 000 Mann erhöht, eine Art schnelle Eingreiftruppe von rund 50 000 Mann geschaffen, die aus bis zu 40 Spezialeinheiten besteht. Auch die Ausbildung der Wehrpflichtigen wird reformiert, Länder wie die Schweiz und Österreich helfen, den russischen Partnern westliche Führungstechniken zu vermitteln. Putin lässt die Zahl der Manöver deutlich erhöhen, nun werden offensive Strategien geübt. Seit 2009 richten sie sich in den Manövern «Sapad» (Westen) ausdrücklich gegen die Nato. In anderen Manövern wird der Krieg gegen die baltischen Staaten und Finnland trainiert. Riskante militärische Übungsflüge an den Außengrenzen der Nato dienen dazu, eine strategische Unberechenbarkeit zu demonstrieren. Die Luftraumverletzungen über den Nato-Staaten steigen um ein Vielfaches. Langstreckenbomber und Kampfjets der russischen Luftwaffe fliegen über der Ost- und Nordsee und über dem Schwarzen Meer, mitunter mit Risiken für die zivile Luftfahrt. In Syrien greift Putin seit September 2015 in den dortigen Bürgerkrieg auf Seiten des Diktators Assad ein, um eine drohende Niederlage abzuwenden und dessen Regime zu stabilisieren. Dabei bombardiert die russische Luftwaffe immer wieder syrische Städte und greift gezielt Wohngebiete, Krankenhäuser und Schulen an. Tausende Zivilisten kommen durch die Angriffe ums Leben. Zugleich testet Putin auf dem Schlachtfeld Syrien Dutzende Waffensysteme, neue Kampfjets, Drohnen oder bunkerbrechende Raketen.

Dieses Versuchslabor ist für Putin wichtig, denn er lässt die russische Rüstungsindustrie modernisieren. An dieser Modernisierung hat auch der Westen seinen Anteil. Viele EU-Staaten, darunter Deutschland, unterstützen bis zur Krim-Annexion 2014 russische Rüstungsprogramme durch den Export von Technologie. Russland wird zugleich der zweitgrößte Waffenexporteur der Welt, übertroffen nur von den Vereinigten Staaten. Moskau kommt seit 2014 offiziell auf Militärausgaben zwischen knapp 4 und gut 5 Prozent des Bruttoinlandsprodukts (BIP), doch rechnet man die geheimen Posten im Haushalt dazu, gibt das Land zwischen 7 und 10,7 Prozent seines BIP für Rüstung aus. In den USA sind es gut 4 Prozent. Deutschland gibt damals 1,3 Prozent aus. Warnungen aus seinem eigenen Land, etwa vom früheren Finanzminister Alexei Kudrin, Russland werde durch eine Überdehnung seiner Rüstungsausgaben den tödlichen Weg der Sowjetunion gehen, nennt Putin eine «zutiefst wahnhafte Vorstellung».[4]

Großen Wert legt Putin auf die Modernisierung der Nuklearstreitkräfte. Zur russischen Militärdoktrin gehört es, zu einem frühen Zeitpunkt eines Krieges taktische Atomwaffen als Warnschuss tatsächlich einzusetzen. So soll, wie in Manövern geprobt, eine «Deeskalation» in einem Konflikt mit der Nato herbeigeführt werden. Zum ersten Mal hat Russland ein solches Szenario 2009 geübt. Putin hat selbst über den möglichen Einsatz von Atomwaffen gesprochen, schon lange vor dem Angriff auf die Ukraine im Februar 2022. Zum Jahrestag der Annexion der Krim bringt das russische Fernsehen 2015 einen Film, in dem der russische Präsident über die damaligen Abläufe befragt wird. Da man nicht gewusst habe, wie der Westen auf die Angliederung der Krim reagieren würde, habe man die Streitkräfte Russlands auf jede mögliche Entwicklung vorbereitet, sagt der Präsident. Auf die Frage, ob das bedeute, dass man die Nuklearstreitkräfte in Gefechtsbereitschaft versetzt habe, sagt Putin: «Wir waren bereit, es zu tun.» Putin will, dass der Westen glaubt, er sei zum Einsatz von Nuklearwaffen bereit.

Gewalt wendet Putin auch ganz gezielt gegen einzelne Gegner

an, politische Morde gehören zum Arsenal seines Regimes. Wer in Ungnade gefallen ist, muss damit rechnen, vergiftet oder erschossen zu werden, bei vermeintlichen Autounfällen ums Leben zu kommen oder aus dem Fenster zu stürzen. Die russischen Geheimdienste haben die Lizenz zum Töten. Wer liquidiert werden soll, entscheiden nach Erkenntnissen westlicher Geheimdienste Putin und die Präsidialverwaltung. Ausgeführt werden diese Morde vom FSB oder vom Militärischen Auslandsgeheimdienst GRU. Zwischen diesen Diensten herrscht Konkurrenz darin, wer die Ziele, die vom Kreml vorgegeben werden, am besten und schnellsten erreichen kann. Oft herrscht eine Art Wettlauf, wer sich um einen Fall zu kümmern hat. Neben den Diensten gibt es aber auch privatisierte und informelle Strukturen, die im Umfeld ehemaliger Geheimdienstleute oder ehemaliger Oligarchen tätig sind. Dort sehen es Leute als ihre patriotische Pflicht an, Feinde Russlands zu bekämpfen und zu töten.

Opfer dieser Morde werden Personen, die militärisch gegen Russland gekämpft haben, etwa in Tschetschenien. Doch ebenso trifft es Oppositionelle und Regimegegner, kritische Journalisten und Menschenrechtler. Eine weitere Gruppe sind Abtrünnige oder «Verräter», wie Putin sie nennt, vor allem ehemalige Geheimdienstleute, die übergelaufen sind. Einen solchen «Verräter» trifft es im November 2006. Der ehemalige KGB-Mann Alexander Litwinenko wird in London mit dem Gift Polonium-210 vergiftet, das ihm mit hoher Wahrscheinlichkeit aus Russland angereiste Täter, der Ex-KGB-Mann Andrej Lugowoi und der Geschäftsmann Dmitri Kowtun, bei einem Treffen in einem Londoner Hotel in den Tee getan hatten. Die britische Polizei kann feststellen, dass beide eine Spur des Giftes hinter sich hergezogen hatten. Litwinenko stirbt qualvoll in einem Krankenhaus der britischen Hauptstadt. Er hatte für den KGB und dann für den FSB gearbeitet, bekam nach eigenen Angaben in Russland zusammen mit anderen den Auftrag, den Oligarchen Boris Beresowski zu ermorden. In einer spektakulären Pressekonferenz machte er das 1998 in Moskau öffentlich. Er flieht im Jahre 2000 nach Großbritannien, wird dort von Beresowski unterstützt und ist ab 2003 für den britischen Geheimdienst MI6 tätig. Sein mutmaßlicher Mörder Lugowoi wird in Moskau mit einem Sitz im Oberhaus des Parlaments belohnt und von Putin mit einem Orden ausgezeichnet. Eine Untersuchung durch den britischen Richter Sir Robert Owen kommt 2016 zu dem Ergebnis, dass der russische Geheimdienst den Mord ausgeführt habe und dass er wahrscheinlich «von Präsident Putin gebilligt wurde».

Nur wenige Wochen vor Litwinenko war die kritische russische Journalistin Anna Politkowskaja in ihrem Mietshaus erschossen worden. Sie berichtete vor allem über Korruption und über Gräueltaten der russischen Sicherheitskräfte und Armee in Tschetschenien. Schon im Jahre 2004 hatte sie einen Giftanschlag überlebt. Über Putin schrieb sie: «Er rechnet mit denen ab, die sich allzu aufmüpfig gebärden.»

Während osteuropäische Länder wie Polen und die baltischen Staaten, aber auch skandinavische Länder schon früh vor Moskaus Aggressivität warnen, nimmt Deutschland diese Gefahren nicht ernst. Es betrachtet Russland, allen offensichtlich autoritären Entwicklungen zum Trotz, weiter als strategischen Partner, als ein Land, mit dem man gute Geschäfte machen kann, das zuverlässig Gas und Öl liefert – und als Staat, ohne den Sicherheit in Europa und darüber hinaus nicht zu erreichen sei. Damit liegt Berlin gründlich falsch. Denn Putin sieht den Westen als verweichlicht, schwach und dekadent an, als eine Kraft, die im Unterschied zu Russland nicht bereit ist, Risiken einzugehen. Die deutsche Politik aber bleibt gefangen in einem Russland-Bild, das mit der Realität immer weniger zu tun hat.

3 Entspannungspolitik

Die Ausbeutung eines sozialdemokratischen Mythos

Wolfgang Thierse wirkt erschüttert. Der Sozialdemokrat spricht an einem Abend im Oktober 2022 auf einer Veranstaltung der Bundeskanzler-Willy-Brandt-Stiftung in Berlin. Kürzlich habe er in einer Zeitung lesen müssen: Willy Brandt war gestern. Sollten auch des einstigen SPD-Kanzlers Ostpolitik und der Ansatz «Wandel durch Annäherung» seines Beraters Egon Bahr von gestern sein? Zwar gibt der frühere Bundestagspräsident zu, dass die deutsche Russlandpolitik angesichts des Angriffskriegs Putins auf die Ukraine nun wohl in Trümmern liege, dass Deutschland jetzt Sicherheit nicht *mit*, sondern *vor* und *gegen* Russland suchen müsse. Dennoch mag er sich von der Ostpolitik nicht wirklich trennen. «Soll das wirklich ein historischer Irrweg gewesen sein?», fragt der 79 Jahre alte Thierse, der Vorsitzender des Kuratoriums der Stiftung ist. In Zukunft, so hofft er, wird das Konzept der Gemeinsamen Sicherheit von Brandt und Bahr wieder eine Chance bekommen. So wie ihm geht es wohl den meisten der vornehmlich grauhaarigen Männer und Frauen, die an diesem Abend in den Berliner Mendelsohn-Bau der IG Metall gekommen sind.

Im Glaubensbekenntnis der deutschen Sozialdemokraten steht die Entspannungspolitik weit oben. Sie gilt als Grundfeste sozialdemokratischer Außenpolitik – und Kritik an ihr als Angriff auf das Allerheiligste der Partei. Ebenso gilt das für ihre Erfinder Willy Brandt und Egon Bahr, die vor allem wegen dieser

Entspannungspolitik, auch Ostpolitik genannt, zu Ikonen der Partei geworden sind. Diese Politik mit Blick nach Osten gilt auch heute in der SPD als erfolgreich, mit ihr werden gleich eine ganze Reihe epochaler positiver Entwicklungen des vergangenen Jahrhunderts verbunden. Dazu gehört die freundschaftliche Beziehung Deutschlands zu den Nachbarn im Osten Europas, die durch die Entspannungspolitik erst möglich geworden sei. Zudem die Behauptung, ohne die Ostpolitik hätte es keine Überwindung der kommunistischen Herrschaft im östlichen Europa gegeben. Und nicht zuletzt: Ohne die Politik von Brandt und Bahr wäre die Deutsche Einheit nicht zustande gekommen, ja erst die Ostpolitik habe die Einheit überhaupt möglich gemacht. Alle diese Behauptungen stimmen entweder gar nicht oder aber nur zum Teil. Wer allerdings darauf hinweist, gilt in den Reihen der deutschen Sozialdemokratie leicht als Ketzer oder Kalter Krieger, auch wenn die historische Forschung längst anderes zutage gebracht hat. Die Ostpolitik ist bis heute der erbittert verteidigte Mythos der SPD. Ohne diesen Mythos, den die Partei seit Jahrzehnten pflegt, ist ihre verfehlte Russlandpolitik der letzten zwei Jahrzehnte nicht zu verstehen.

Willy Brandt war ein Politiker, der seine Haltung zur Sowjetunion mehrfach änderte. Anfangs besteht sein Ziel darin, einen großen Krieg zwischen den beiden Blöcken in Ost und West unbedingt zu vermeiden, aber zugleich den Moskauer Erpressungsversuchen nicht nachzugeben. Als er Bürgermeister von West-Berlin ist und die Stadt 1958 in der zweiten Berlin-Krise steckt, die vier Jahre andauert, setzt sich Brandt entschieden und im Stile eines Kalten Kriegers zu Wehr. Und auch Anfang der 1960er Jahre verfolgt er noch die Auffassung, dass der Anspruch auf die früheren Ostgebiete Deutschlands unbedingt aufrechterhalten werden müsse. «Verzicht ist Verrat», lautet damals der Slogan, den auch die Sozialdemokratie vertritt. Erst nach dem

Ende der Kuba-Krise 1962, mit der auch die Berlin-Krise endet, beginnt Brandt, seine Haltung allmählich zu ändern. Koexistenz und Systemwettbewerb, Entspannung und humanitäre Erleichterungen, eine Politik der kleinen Schritte und dadurch die Transformation der anderen Seite gehören zu seinen Ideen. Zugleich ist für ihn klar, dass die Entspannungspolitik nur erfolgreich sein wird, wenn der Westen militärisch stark und verteidigungsfähig bleibt und damit die Politik der Abschreckung beibehält. Damals hat die Bundeswehr schon mehr als 400 000 Mann unter Waffen, der Verteidigungsetat beträgt rund 4 bis 5 Prozent des Bruttoinlandsprodukts.

Egon Bahr, der Architekt der Ostpolitik, wie er genannt wird, benutzt 1963 seine Formel «Wandel durch Annäherung», um die zukünftige Ostpolitik im deutsch-deutschen Verhältnis zu beschreiben. Brandt und Bahr sehen die Bundesrepublik deutschlandpolitisch in einer Sackgasse. Bonn müsse sich zunächst mit Moskau arrangieren, um dann in Verhandlungen mit Ost-Berlin weiterzukommen. «Die Zone muss mit der Zustimmung der Sowjets transformiert werden», lautet Bahrs Ziel. Die Ostpolitik ist also deutschlandpolitisch motiviert.

Als Brandt, zuvor Außenminister der großen Koalition von CDU/CSU und SPD unter Kurt-Georg Kiesinger, 1969 Kanzler der sozialliberalen Koalition geworden ist, sucht er aber auch den Ausgleich mit den östlichen Nachbarn, zunächst vor allem mit der Hegemonialmacht Sowjetunion, dann mit Polen, der Tschechoslowakei und der DDR. Brandt erkennt, dass die ehemals deutschen Ostgebiete verloren sind und dass es wichtig ist, die faktisch bestehenden Grenzen anzuerkennen und in Zukunft jedem Versuch zu entsagen, sie gewaltsam verändern zu wollen. Die wüsten Angriffe der CDU/CSU-Opposition auf Brandt und die Ostpolitik haben damit zu tun, dass der Kanzler mit ihr von dem abweicht, was bis dahin Allgemeingut deutscher Politik ist. Sie tragen dazu bei, dass er später die Aura eines Märtyrers bekommt, die er für viele bis heute hat.

Bahr verhandelt von Januar bis Mai 1970 insgesamt 50 Stunden in Moskau, bis er den Rahmen für den Moskauer Vertrag abgesteckt hat, dessen Kern die Anerkennung der Oder-Neiße-Grenze ist. Brandt geht es auch um Aussöhnung mit den Nationen, die unter dem deutschen Überfall im Zweiten Weltkrieg schrecklich gelitten hatten. Sein Kniefall in Warschau wird zur Ikone der Ostpolitik. Anfang der 1970er Jahre werden die Verträge mit Moskau, Warschau und Prag geschlossen sowie der Grundlagenvertrag mit der DDR. Man verpflichtet sich auf Gewaltverzicht und darauf, dass die Hoheitsrechte auf das Gebiet des eigenen Staates beschränkt bleiben. Für viele Deutsche bringt der Vertrag Reiseerleichterungen; Westdeutsche können nun in die DDR reisen, Ostdeutsche in die Bundesrepublik aber nur, wenn sie Rentner sind.

Eingebettet ist die deutsche Ostpolitik in eine europäische Entspannungspolitik, die von Washington erst gebilligt und dann unterstützt wird – und die in die Konferenz für Sicherheit und Zusammenarbeit (KSZE) mündet, deren Schlussakte 1975 unterzeichnet wird. Sie enthält Verpflichtungen, die Menschenrechte zu wahren.

Die Ostpolitik wird repressiv

Allerdings wird die Entspannungspolitik in Ost und West unterschiedlich interpretiert. Der Westen hofft, dass der KSZE-Prozess zu einer Demokratisierung der Staaten des Ostblocks führen wird. Die Sowjetunion sieht in der Schlussakte die Garantie, dass der Status quo nicht angetastet wird, also die im Zuge des Zweiten Weltkriegs unterworfenen Staaten garantiert unter Moskauer Einfluss bleiben. Die sowjetische Herrschaft über Osteuropa ist damit in den Augen Moskaus vom Westen gebilligt worden, die Entspannungspolitik ein Sieg des Kommunismus. Die demokratischen und menschenrechtlichen Verpflichtungen des KSZE-Prozesses bleiben in der Sowjetunion gleich auf der Strecke – die kommunistische Führung in Moskau geht rücksichtslos gegen Regimekritiker vor und steckt sie in Lager oder in psychiatrische Anstalten.

Die Entspannungspolitik erreicht also nicht die Ziele, die sie verfolgt hat. Zwar findet ein Dialog mit den kommunistischen Regimen statt, aber keine Reform der dortigen politischen Systeme. Vielmehr beginnt eine neue Phase des Kalten Krieges, mit von Moskau initiierten und unterstützten Umstürzen in afrikanischen Ländern wie Angola und Mosambik und dem Einmarsch sowjetischer Truppen in Afghanistan im Jahre 1979. In Polen entsteht jedoch von unten die Gewerkschaft Solidarność, in der Tschechoslowakei die Menschenrechtsbewegung der Charta 77, die sich auf die KSZE-Schlussakte beziehen können. In Polen spielt für diese Entwicklung der Besuch des polnischen Papstes Johannes Paul II. 1979 die entscheidende Rolle. Viele Millionen Landsleute jubeln dem Papst zu, der Freiheit des Gewissens und die Achtung der Menschenrechte einfordert. Sein Besuch in der Heimat ist das Fanal für die Gründung von Solidarność. Das kommunistische Regime in Warschau reagiert auf die neue Herausforderung, indem General Wojciech Jaruzelski, der kommunistische Partei- und Regierungschef, im Dezember 1981 das Kriegsrecht verhängt. Jaruzelski wird fast 24 Jahre später, im Jahre 2005, bei den Feiern zum 60. Jahrestag des Kriegsendes in Moskau von Putin mit einer Gedenkmedaille ausgezeichnet.

Gegenüber dem konservativen und antikommunistisch eingestellten Papst Johannes Paul II. zeigt sich die SPD reserviert. Und die führenden Sozialdemokraten betrachten die Gewerkschaft Solidarność als eine Kraft, die ihre Entspannungspolitik stört und von der man sich besser fernhält. Die ursprüngliche Idee, dass die kommunistischen Regime sich wandeln sollen, gerät in den 1980er Jahren in Vergessenheit, nur die Annäherung bleibt. Die SPD setzt in dieser zweiten Phase ihrer Ostpolitik im Sinne von «Sicherheitspartnerschaften» auf die autoritären kommunistischen Regime, auch wenn längst klar ist, dass die Machthaber im Ostblock nicht den von Bahr propagierten «Sozialismus mit menschlichem Antlitz» zum Ziel haben.

Die Reaktionen der SPD-Spitze auf die Situation in Polen Anfang der 1980er Jahre und die Verhängung des Kriegsrechts sprechen Bände über diese Haltung der deutschen Sozialdemokratie. Egon Bahr wirft der Solidarność vor, den Frieden in Europa aufs Spiel zu setzen. Durch eine Destabilisierung Polens werde das Gleichgewicht der Militärblöcke von Nato und Warschauer Pakt gefährdet, befindet der Architekt der Ostpolitik. Als im Herbst 1981 die Solidarność durch Streiks das Machtmonopol der Kommunisten in Frage stellt, wird Bahr gefragt, ob die Sowjetunion das Recht habe, in Polen einzuschreiten. «Aber selbstverständlich», antwortet er. Der SPD-Bundeskanzler Helmut Schmidt ist Ende 1981 der Ansicht, dass die Verhängung des Kriegsrechts «nun notwendig war». Willy Brandt vermeidet es bei einem Polen-Besuch 1985, den Führer der Solidarność, Lech Walesa, zu treffen.

Für die demokratischen Kräfte, die Bürgerrechtsgruppen, die in den Ostblockstaaten versuchen, soziale und demokratische Reformen durchzusetzen und das Joch der kommunistischen Herrschaft abzuwerfen, hat die SPD kein Verständnis, ihr Verhältnis bleibt, wie Heinrich August Winkler schreibt, «von kühler Distanz, ja Misstrauen geprägt». Die Ostpolitik bekommt so einen repressiven Charakter, denn ihre Erfinder stützen faktisch die Strategie der Unterdrücker. Die polnische und tschechische

Politik und Gesellschaft haben das den deutschen Sozialdemokraten nicht vergessen.[1]

Die Nähe zur SED

Wie konnte es dazu kommen? Hier lohnt sich ein Blick auf die jüngere Geschichte der SPD. Die Achtundsechziger hatten in den frühen 1970er Jahren in den großen Städten die Partei weit nach links getrieben, sie in quälende Selbstzerfleischungsdebatten verstrickt. Der Neomarxismus hält Einzug, Prinzipien des Godesberger Programms der SPD wie das Bekenntnis zur Marktwirtschaft und zur Landesverteidigung werden in Frage gestellt. Der Sozialdemokratische Hochschulbund (SHB), damals die Studentenorganisation der Partei, beschließt im November 1970 die Aktionseinheit von Sozialdemokraten und Kommunisten. Die SPD sperrt ihm den Geldhahn, lässt dem SHB später vor Gericht den Namen sozialdemokratisch absprechen. Doch das Problem bleibt bestehen. Die Jungsozialisten, bei denen die Anhänger der kommunistischen Theorie des Staatsmonopolkapitalismus (Stamokap) stark sind, haben kein Problem damit, mit der von Ost-Berlin gelenkten und finanzierten Deutschen Kommunistischen Partei (DKP) zusammenzuarbeiten. Sie beteiligen sich eifrig an deren Kampagne «Weg mit den Berufsverboten!» gegen einen Erlass, der Kommunisten aus dem öffentlichen Dienst fernhalten will. Der Juso-Vorsitzende Klaus Uwe Benneter verkündet, dass «dort, wo Kommunisten wertvolle Arbeit» in den Betrieben leisten, man nicht umhinkönne, zusammen mit ihnen «gegen die Unternehmer vorzugehen». CDU und CSU seien die Parteien des Klassengegners, Kommunisten hingegen keine Klassenfeinde. Zwar setzt die Parteiführung unter Brandt auf Abgrenzung zu den Kommunisten. Doch rigoros durchboxen wollen die SPD-Oberen diese Strategie nicht – zu viele Mitglieder sympathisieren mit der Idee der Aktionseinheit. In den Kampagnen gegen den CSU-Kanzlerkandidaten Franz Josef Strauß 1980 oder bei Initiativen wie «Rock gegen rechts» findet sich diese Einheit zusammen.

Die Meisterleistung der DKP – und damit Ost-Berlins und Moskaus – ist jedoch der Krefelder Appell von 1980 gegen die amerikanische Nachrüstung. «Der Atomtod bedroht uns alle» lautet sein Motto, die sowjetische «Vorrüstung» mit SS-20-Raketen verschweigt der angeblich überparteiliche Appell. Der DKP gelingt es so, ein breites Bündnis zu schmieden, dem große Teile der linken SPD angehören. Dass die sozialliberale Koalition 1982 zu Ende geht, hat auch damit zu tun, dass Kanzler Helmut Schmidt für seinen Kurs der Nachrüstung mit Pershing-II-Raketen und Cruise-Missiles kaum noch Unterstützung in der eigenen Partei findet.

Die Bundestagsfraktion der SPD ist zwar wenig erbaut davon, dass der SPD-Vordenker Erhard Eppler an der von der DKP gesteuerten Friedensdemonstration am 10. Oktober 1981 in Bonn teilnimmt. Doch Parteichef Brandt nimmt Eppler, der damit die SPD für die Friedensbewegung öffnet, in Schutz. Während der Ostermärsche der folgenden Jahre sprechen Sozialdemokraten gemeinsam mit Kommunisten auf Kundgebungen, so auch Gerhard Schröder, der damalige Chef des SPD-Bezirks Hannover. Bei der Großkundgebung im Oktober 1983 in Bonn treten Willy Brandt und ein DKP-Mitglied auf. Man suche keine Bündnisse, aber man laufe auch nicht aus der Friedensbewegung davon, «weil dort auch ein paar Kommunisten beteiligt sind», sagt Brandt.

Der «Frieden» bringt Sozialdemokraten und Kommunisten auch im Verhältnis der beiden deutschen Staaten zueinander. Im Zuge ihrer Entspannungspolitik beginnt die SPD, mittlerweile in der Opposition, Anfang 1984 direkte Gespräche mit der SED.

Sie münden im August 1987, kurz vor dem Honecker-Besuch in der Bundesrepublik, im gemeinsamen Papier «Der Streit der Ideologien und die gemeinsame Sicherheit». Dort wird Diskussionsfreiheit in beiden «Systemen» festgelegt. Bürgerrechtler, Kirchenleute und Kulturschaffende der DDR klagen sie in den folgenden Monaten ein. Doch viele Passagen des Papiers machen freiheitsliebenden Sozialdemokraten Bauchschmerzen. «Keine Seite darf der anderen die Existenzberechtigung absprechen», heißt es etwa. Das ist die Akzeptanz des Unrechtsstaates DDR. Zudem sollen Kommunisten und Sozialdemokraten «die Grundentscheidungen des jeweils anderen beachten, keine Feindbilder aufbauen, die Motive der anderen Seite nicht verdächtigen, deren Überzeugungen nicht absichtlich verzerren und ihre Repräsentanten nicht diffamieren». Angesichts der Propaganda der DDR, ihrer Wehrerziehung und dem Vorgehen gegen Regimekritiker klingt das vielen SPD-Genossen wie blanker Hohn. Der nunmehr ehemalige Kanzler Helmut Schmidt nennt das Papier «moralisch und politisch abwegig».

Über einen kritischen Dialog geht ein Teil der Kontakte zwischen SPD und SED bald deutlich hinaus, schlägt in offene Unterstützung um. So versichert Bahr im September 1986 bei einem Treffen mit Erich Honecker, dass die SPD im Falle eines Wahlsiegs im Januar 1987 die Staatsbürgerschaft der DDR voll anerkennen werde. Das Gleiche hatte im Jahr zuvor der SPD-Vorsitzende Oskar Lafontaine gefordert. Im August 1987 würdigt Lafontaine den Staatsratsvorsitzenden der DDR in einer Laudatio: «Man wird Erich Honecker nicht zum Partner haben können, wenn man ihn als Kommunisten nicht respektieren kann», schreibt er über den SED-Chef, der «beim Volk nicht einmal unbeliebt» sei. Bis zuletzt setzt die SPD auf die Reformfähigkeit der SED und des Staatsratsvorsitzenden Honecker, als in der DDR schon kaum jemand mehr daran glaubt. «In der ostpolitischen Konzeption der SPD gab es einen blinden Fleck: Dass Wandel im Osten auch (revolutionär) von unten kommen konnte und durfte, war nicht mehr vorgesehen», schreibt der Historiker Wolfgang Schmidt.[2] Doch obwohl diese Appeasement-Politik schon oft beschrieben worden ist, hat die SPD diese zweite Phase ihrer Ostpolitik bis heute nicht aufgearbeitet.

Unbeliebt ist in der SPD hingegen der amerikanische Präsident Ronald Reagan, der die Sowjetunion als «Reich des Bösen» bezeichnet. Reagan will die unter großen wirtschaftlichen Schwierigkeiten leidende Sowjetunion mit einem Rüstungsprogramm in die Knie zwingen – ein Plan, der aufgeht. Diese Niederlage der Sowjetunion im Rüstungswettlauf und der gigantische innere Reformbedarf des Sowjetsystems bringen Michail Gorbatschow an die Macht. Letztlich ist es also Reagans Politik gegenüber Moskau, die das kommunistische System im Osten zum Einsturz bringt, nicht etwa die Entspannungspolitik der deutschen Sozialdemokraten, die ja im Gegenteil eher systembewahrend wirkt. Doch diesem historischen Faktum verschließt sich die SPD bis heute, weil Reagan als konservativer Kriegstreiber gesehen wird. Die Aufforderung des amerikanischen Präsidenten bei seinem Berlin-Besuch 1987 an den Generalsekretär der Kommunistischen Partei der Sowjetunion Gorbatschow, die Mauer abzureißen, ist nicht im Sinne der deutschen Sozialdemokratie. Reagan ruft in einer Rede vor dem Brandenburger Tor: «Mister Gorbatschow, öffnen Sie dieses Tor! Mister Gorbatschow, reißen Sie diese Mauer nieder!» Dennoch finden Reagan und der in Deutschland gefeierte Gorbatschow zu einem erstaunlich guten Miteinander.

Von einer Wiedervereinigung will die SPD allerdings bis direkt vor dem Mauerfall trotz der Protestbewegung in der DDR nichts wissen. Brandt nennt sie eine «Lebenslüge», Peter Glotz, langjähriger Bundesgeschäftsführer der SPD, noch drei Wochen vor dem Mauerfall «opportunistisch und widerwärtig», Gerhard Schröder «reaktionär und hochgefährlich». Und Egon Bahr charakterisiert sie selbst noch einige Tage nach dem Mauerfall als «politische Umweltverschmutzung». Dass die unverhoffte Wiedervereinigung in der SPD nicht nur Freude auslöst, kann kaum verwundern. Schließlich bricht in den Augen mancher Sozialdemokraten damit auch der Sozialismus zusammen. Lafontaine und Schröder wenden sich etwa gegen den ersten Staatsvertrag zur Wirtschafts- und Währungsunion. Die SPD-Linke Heidemarie Wieczorek-Zeul nennt ihn ein «Produkt frühkapitalistischen Denkens». Für Traditionslinke ist der Zusammenbruch des Kommunismus trotz aller Distanz ein Drama, fällt doch das Gegenstück zum kritisch beäugten kapitalistischen System weg. Für sie sei es undenkbar, sagt Wieczorek-Zeul im Februar 1990 während einer SPD-Vorstandssitzung, dass einmal in Geschichtsbüchern stehen könne, als Ergebnis der Revolution in der DDR habe die Nato obsiegt und Amerika seine Vormachtstellung in Europa ausgebaut. Solchen möglichen Ergebnissen werde sie sich «mit ganzer Kraft widersetzen».

Antiamerikanismus in der SPD

Hier zeigt sich ein deutscher, mit Antikapitalismus vermengter Antiamerikanismus, der sich nicht auf die SPD beschränkt, aber in ihr besonders stark ist. Große Teile der Partei stehen den USA äußerst skeptisch gegenüber, viele führende Sozialdemokraten plädieren selbst zu Zeiten, als die repressive Herrschaft Putins sich schon deutlich abzeichnet, für eine Äquidistanz zu den Vereinigten Staaten und Russland. Peter Struck, insgesamt acht Jahre SPD-Fraktionschef und einige Jahre Verteidigungsminister, sagt etwa 2007, man müsse «gleiche Nähe haben zwischen uns und Amerika einerseits, uns und Russland andererseits».

Und Martin Schulz, der spätere Kanzlerkandidat der SPD und damals Fraktionsvorsitzender der Sozialdemokraten im Europaparlament, äußert zur selben Zeit: «Deutschland muss alles Interesse daran haben, dass seine Partnerschaft mit Russland derjenigen mit Amerika mindestens gleichwertig ist.» Dass man mit solchen Aussagen den Nato-Partner Amerika brüskiert, spielt offenbar keine Rolle. Und die Äußerungen stehen durchaus in sozialdemokratischer Tradition. Die Auflösung der Nato hatte Oskar Lafontaine in der SPD schon 1983 gefordert. Und Egon Bahr schrieb nach dem Mauerfall, wer die staatliche Einheit fordere, «muss die Auflösung von Nato und Warschauer Pakt fordern». Im Grundsatzprogramm der SPD von 1989, das bis 2007 in Kraft ist, heißt es, Ziel sei es, «die Militärbündnisse durch eine europäische Friedensordnung abzulösen». Bis dahin finde die Bundesrepublik Deutschland «das ihr erreichbare Maß an Sicherheit» im Atlantischen Bündnis, «vorausgesetzt, sie kann ihre eigenen Sicherheitsinteressen dort einbringen und durchsetzen». Es ist die Kompromissformel zwischen Nato-Gegnern und denjenigen, die sie immer noch für notwendig halten. Dieses Denken ist keineswegs überwunden. Gerhard Schröder fordert noch 2021 in seinem Buch mit Gregor Schöllgen die Auflösung der Nato in ihrer bestehenden Form «in letzter Konsequenz». Europa werde sich so «aus der amerikanischen Vormundschaft lösen können». Das Urteil zu Russland fällt indes ganz anders aus. Für die Beziehungen nach Moskau brauche es ein stabiles Fundament: «Denn ohne ein belastbares Verhältnis zu Russland hat Europa keine Zukunft. Das beruht auf Gegenseitigkeit», folgern die Autoren.

Die Mischung aus Amerika-Skepsis und Russland-Fixiertheit, genährt durch den Mythos der Ostpolitik, führt die SPD auf einen außenpolitischen Kurs, mit dem sie zugleich die eigenen Werte von Demokratie und Menschenrechten in Frage stellt. Für die falsche Wahrnehmung des Putin-Regimes spielt Egon Bahr auch nach seiner aktiven Zeit als Politiker noch eine wichtige Rolle, die sich für die Ausrichtung der deutschen Russlandpolitik als fatal erweist. Bahr hat in der SPD-Zentrale, dem Willy-Brandt-Haus in Berlin, ein Büro auf Lebenszeit und wirkt gleichzeitig als außenpolitischer Berater, insbesondere für Russland. Er ist dabei der Ansicht, dass die SPD – und vor allem er selbst – Russland besser verstehe als andere, vor allem die Unionsparteien. «Die Sozialdemokraten haben aus ihrer Geschichte heraus stets die besseren Einsichten in das Geschehen in Russland gehabt», sagt er im Mai 2007. Bahr erklärt das mit der besonderen Nähe zu den Kommunisten. «Die Auseinandersetzung zwischen dem Kommunismus und der Sozialdemokratie ist wie ein Streit unter Familienmitgliedern. Er ist besonders heftig, aber man versteht den anderen auch besser.»[3]

Bahr übt bis zu seinem Tod im Jahr 2015 Einfluss auf die SPD-Spitze aus. Er habe jedem Partei- und Fraktionschef der SPD «auf dem Schoß» gesessen und alle davon überzeugt, «dass Moskau das Zentrum deutscher Außenpolitik ist», sagt der Sozialdemokrat und letzte Außenminister der DDR Markus Meckel im Oktober 2022. Die Fixierung Bahrs auf Moskau habe für die SPD weitreichende Folgen gehabt, da ihn viele als entscheidenden Ratgeber angesehen hätten. Beispiele dafür lassen sich leicht finden. So schreibt der ehemalige SPD-Vorsitzende und Ministerpräsident von Brandenburg, Matthias Platzeck, der sich durch ein fast unbegrenztes Verständnis für das Putin-Regime auszeichnete: «Ich hatte das große Glück, in Egon Bahr ‹meinen› alten Meister zu finden.» Bahrs «fundierte Analysen und tiefgehende Einsichten» habe er immer wieder genossen, wenn er ihn in seinem Büro besuchte. Der wichtigste Leitsatz sei gewesen, dass es dauerhafte Sicherheit nur mit Russland geben könne, so Platzeck, der Bahr noch wenige Wochen vor dessen Tod auf seiner letzten Moskau-Reise begleitet. Bahr, den man als linken Nationalisten sehen kann, war der SPD ein schlechter Ratgeber. Doch eine Distanzierung von Bahr fällt der SPD bis heute ebenso schwer wie eine kritische Auseinandersetzung mit den fatalen Folgen der zweiten Phase der Ostpolitik.

Noch etwas kommt hinzu, wenn es um den Umgang nicht nur der Sozialdemokraten mit Russland geht: die deutsche Schuld angesichts des grausamen Vernichtungskrieges im Osten in der Zeit des Nationalsozialismus. Gerade die ältere Generation der deutschen Politiker erlebte den Zweiten Weltkrieg zum Teil noch als Soldaten im Osten mit, für andere, die wie Schröder im Krieg geboren waren und den Vater im Osten verloren hatten, blieb der Krieg ein einschneidendes Ereignis ihres Lebens. Die deutsche Schuld an Millionen Toten durch den Angriffskrieg gegen die Sowjetunion 1941 bis 1945 ist ohne jeden Zweifel ein Grund, eine besondere deutsche Verantwortung gegenüber Russland zu empfinden. In der historischen Betrachtung wird allerdings der Hitler-Stalin-Pakt vom August 1939 meist ausgeblendet. Für die Staaten Ostmitteleuropas ist er ein Trauma, das bis heute die Angst nährt, Deutschland und Russland könnten wieder über ihre Köpfe hinweg Einflusssphären festlegen. Deutschland hat diese Ängste selten in seiner Außenpolitik berücksichtigt, auch weil es Putins skrupellose Machtpolitik nicht in ausreichendem Maße erkannt hat. Die deutsche Erinnerungskultur ist einseitig auf Russland fixiert, dem alle sowjetischen Opfer des deutschen Angriffskrieges zugerechnet werden. Ignoriert wird dabei, dass Ukrainer und Weißrussen ebenfalls Millionen Menschen durch den Vernichtungskrieg verloren haben. Diese Fixierung auf Russland hat dazu geführt, dass die deutsche Politik stets geneigt war, besondere Nachsicht mit der Politik des Kremls walten zu lassen, auch wenn Russland seinerseits Einflusssphären geltend machte und mit Gewalt gegen seine Nachbarn vorging. Die russische Führung wiederum hat es verstanden, diese eingeschränkte Wahrnehmung Deutschlands für ihre Ziele zu nutzen.

4 Pipelinegeschäfte

Der treue Lieferant

Bis zum 24. Februar 2022 hat sich der überwiegende Teil der deutschen Bevölkerung wenig Gedanken über seine Erdgasversorgung gemacht. Das Gas floss verlässlich in die heimischen Brenner, und führende Politiker und Manager versicherten auf Nachfrage gerne, dass dies auch künftig der Fall sein werde. Verdrängt wurde dabei, dass die Nutzung von Erdgas nicht nur hohe technische Voraussetzungen hat, sondern auch eine eminent politische Dimension, bei der seit Jahrzehnten stets die Möglichkeit eines Lieferstopps im Hintergrund mitgedacht werden musste. Im folgenden Kapitel soll in Grundzügen nachgezeichnet werden, warum gerade die deutsche Gaswirtschaft so eng mit der deutschen Außenpolitik verwoben ist.

Vom Stadtgas zum Erdgas

Die Nutzung von brennbarem Gas in Deutschland reicht rund 200 Jahre zurück. Es wird zunächst vorwiegend in Lampen genutzt, bald auch fürs Kochen, Heizen und in der Industrie. Dieses «Stadtgas» wird meist auf kommunaler Ebene durch die Vergasung von Kohle hergestellt. Brennbares Gas fällt allerdings auch bei der Herstellung von Koks an. Die Industrie fackelt es lange einfach ab, aber dann bemühen sich Kokereien, das Gas zu verkaufen, und treten damit in Konkurrenz zu den kommunalen Stadtgas-Anbietern. Im Jahr 1926 schließen sich die Schlüsselakteure der Montanindustrie des Ruhrgebiets zusammen und gründen die «Aktiengesellschaft für Kohleverwertung», um ihr Gas auch über längere Strecken zu vertreiben.[1] Seit 1928 trägt diese Firma den Namen «Ruhrgas». In ihrer komplizierten Eigentümerstruktur spiegeln sich die Interessen der Montanindustrie des Ruhrgebiets wider. Und die Ruhrgas AG wird bis zu ihrer Eingliederung in den Eon-Konzern während der Kanzlerschaft von Gerhard Schröder den deutschen Gasmarkt dominieren.

Zunächst beliefert die Ruhrgas vor allem die Industrie. Nur ein geringer Teil des Gases geht an private Kunden. Sie wohnen entweder im Ruhrgebiet oder in Ballungsräumen wie Köln, Hannover oder Frankfurt, die über Fernleitungen angeschlossen werden. Pläne für ein reichsweites Netz scheitern am Widerstand der kommunalen Gaswerke, die ein Monopol der Ruhrgas AG fürchten. In den späteren 1950er Jahren gerät das bisherige Geschäftsmodell der Ruhrgas AG in eine Krise. Erst fällt nicht mehr genug Kokereigas an, um den stark steigenden Gasbedarf verlässlich zu decken. Ende der 1950er Jahre wird die deutsche Steinkohle im Vergleich zu anderen Energieträgern auch schlicht zu teuer. Die Kopplung des Gases an die deutsche Kohleförderung kommt so an ihr Ende. Just in dieser Zeit entdeckt man in den benachbarten Niederlanden ein riesiges Gasvorkommen: das Groningen-Feld. Das Zeitalter des Erdgases beginnt. Auch die Bundesrepublik erschließt in zunehmendem Maß die eigenen Erdgasvorkommen, vor allem im Nordwesten des Landes. 1960 stellt das niedersächsische Oldenburg als erste deutsche Großstadt seine Gasversorgung auf Erdgas um.

Für Industriekunden, die auf den Energieträger Gas setzen, ist wichtig, dass sie nicht teurer produzieren als Konkurrenten, die auf Öl bauen. Das führt zu einer Kopplung des Gaspreises an den Ölpreis. Streit über den Gaspreis gibt es dennoch. Während der zweiten Ölkrise geraten die exportierenden Niederlande und das importierende Deutschland scharf aneinander. Die Lehre lautet schon damals, dass man sich nicht zu sehr in die Abhängigkeit von einem Lieferanten begeben sollte. Der damalige Vorteil der Bundesrepublik liegt darin, dass sie bis in die 1980er Jahre wesentliche Teile des wachsenden Bedarfs aus den heimischen Erdgasvorkommen decken kann. Und mit Norwegen (ab 1977) und der Sowjetunion stehen weitere Lieferanten bereit, um die Versorgung zu diversifizieren und den Energiehunger der Industrie zu stillen.

Mit dem Kreml fädelt die Bundesrepublik bereits Ende der 1950er Jahre ein sensibles energiewirtschaftliches Geschäft ein: Die westdeutsche Stahlindustrie produziert mit ihrem technischen Knowhow Stahlröhren, mit denen die Sowjetunion die neu entdeckten Energievorkommen in Westsibirien erschließen kann. Eine wichtige Lobbygruppe ist der Ost-Ausschuss der Deutschen Wirtschaft. Die Geopolitik durchkreuzt das Geschäft jedoch. Angesichts der Kuba-Krise drängt der amerikanische Präsident Kennedy den deutschen Kanzler Adenauer zu einem Stopp der Röhrengeschäfte. Die Bonner Regierung schreibt an den Kreml, dass die Lieferung der Röhren die Sicherheitsinteressen der Bundesrepublik berührt, weil über die geplanten Leitungen im Kriegsfall auch die 20 sowjetischen Divisionen in der DDR versorgt würden. 1966 hebt die Nato das Röhren-Embargo wieder auf.

Die deutschen Erdgasgeschäfte mit dem Osten führen fortan immer wieder zu Streitigkeiten zwischen der Bundesrepublik und den Vereinigten Staaten. Denn solche Projekte sind zu keinem Zeitpunkt rein privatwirtschaftlicher Natur. Es geht immer auch um Geopolitik. In besonders starkem Ausmaß gilt das für den Erdgas-Röhren-Vertrag von 1970, das bis dahin größte Geschäft zwischen Ost und West seit Ende des Zweiten Weltkrieges. Der Vertrag bildet für die frischgewählte SPD-Bundesregierung einen Kernbestandteil ihrer neuen Ostpolitik. Die beiden Architekten dieser Politik, Willy Brandt und Egon Bahr, hatten schon seit Jahren im Kopf, dass eine verstärkte Kooperation in der Energiepolitik einen Schlüssel für verbesserte Beziehungen zur Sowjetunion bilden kann. Das Schlagwort lautet «Wandel durch Annäherung» oder auch «Wandel durch Handel». Der Erdgas-Röhren-Vertrag sieht vor: Industrieunternehmen wie Mannesmann oder Thyssen liefern die Stahlröhren für eine Pipeline von den russischen Gasfeldern bis ins bayerische Waidhaus, deutsche Banken gewähren den erforderlichen Kredit, und die Sowjetunion stottert diese Investitionen durch die Lieferung von Erdgas ab. Solche Verträge bieten für Moskau mehrere Vorteile: Die Sowjetunion erhält die benötigte westliche Technologie, das erforderliche westliche Kapital und erschließt sich langfristig einen Absatzmarkt für ihre im Übermaß vorhandenen Erdgasvorkommen. Moskau hat schon zuvor, wenn auch in kleinerem Umfang, einen vergleichbaren Vertrag mit der staatlichen Österreichischen Mineralölverwaltung (OMV) abgeschlossen. Wien bildet für Moskau das Sprungbrett nach Europa. In Deutschland soll nach dem Willen der neuen Bonner Regierung die mächtige Ruhrgas AG im Zentrum stehen. Der Ruhrgas-Vorstand reagiert jedoch abwartend und lässt sich zunächst nur zum Schein auf die Verhandlungen ein. Im Hintergrund stehen schließlich immer noch die Interessen der Eigentümer aus der Montanindustrie im Ruhrgebiet, die einen neuen Energieträger aus dem Ausland als Konkurrenz betrachten. Das akzeptiert die neue Bundesregierung aber nicht. Der zuständige Staatssekretär im Wirtschaftsministerium, der Sozialdemokrat Klaus von Dohnanyi, bittet zwei mächtige Aufsichtsratsmitglieder zum Gespräch und erklärt unmissverständlich, «dass ein beträchtlicher Abschluss in unserem nationalen Interesse liegt».

Am 1. Oktober 1973 fließt dann im ostbayerischen Waidhaus erstmals Erdgas aus dem Ostblock über die deutsch-tschechoslowakische Grenze in das westdeutsche Pipeline-Netz. Im gleichen Jahr bezieht auch die DDR erstmals Erdgas aus der Sowjetunion. Deutschland weitet den Gasimport darauf im Zeichen einer sprunghaft steigenden Nachfrage immer stärker aus. Auch die Einfuhr von verflüssigtem Erdgas (LNG) über den Seeweg wird nun ein Thema. Großbritannien importiert schon seit 1964 LNG aus Algerien. Und in Deutschland gibt es ebenfalls Pläne, Erdgas aus Nordafrika zu beziehen. Schon 1972 wird über ein LNG-Terminal in Wilhelmshaven nachgedacht. Das Geschäft mit Algier zerschlägt sich jedoch. Auch mit Nigeria kommt man nicht ins Geschäft. Die Verhandlungen seien jeweils weit gediehen gewesen, erinnert sich der frühere Ruhrgas-Manager Burckhard Bergmann, ganz am Schluss aber an überhöhten Preisforderungen gescheitert.

Der wachsende Gashunger der Bundesrepublik geht auch auf eine technische Neuerung zurück: Statt wie zuvor durch Stahlrohre kann das Erdgas seit den 1960er Jahren durch vorteilhafte Kunststoffrohre in die Wohnungen von Privatkunden geleitet werden. Immer mehr Verbraucher heizen seither mit Gas. Im Winter schnellt der Gasverbrauch dadurch sprunghaft nach oben. Das verändert die Branche, die nun ein Saisongeschäft betreibt. So wird es ab den 1970er Jahren sinnvoll, größere Mengen Erdgas in der Nähe der Konsumenten einzuspeichern, um für die kalten Monate gewappnet zu sein. Dafür eignen sich Salzkavernen oder entleerte Erdgasfelder, die es besonders im Nordwesten Deutschlands reichlich gibt. Das Geschäftsmodell für die Speicher besteht darin, dass sie im Sommer mit günstigerem Erdgas befüllt werden, das man in der kälteren Jahreszeit zu höheren Preisen wieder abgibt. Die neuen Erdgasspeicher gewährleisten in Deutschland zudem eine gewisse Versorgungssicherheit angesichts von Lieferausfällen, zu denen es besonders beim Pipeline-Gas aus der Sowjetunion häufiger kommt.

Der entscheidende Schlüssel für eine sichere Versorgung mit Gas liegt jedoch in der Diversifikation der Bezugsquellen. Bei der marktbeherrschenden Ruhrgas lautet damals die Maßgabe, dass nicht mehr als 30 Prozent des Gases aus einem einzelnen Land und insbesondere aus Russland stammen sollten, berichten langjährige Manager aus der Energiewirtschaft übereinstimmend. Unter Bundeskanzler Helmut Schmidt soll es mit Blick auf die Sowjetunion sogar eine entsprechende 30-Prozent-Absprache im Bundessicherheitsrat gegeben haben. «Man wollte mindestens vier Beine haben», sagt ein Gas-Manager. Der langjährige Ruhrgas-Chef Bergmann erzählt, dass sein Unternehmen dabei nicht primär an ein Kriegsszenario dachte, sondern eher an eine Lieferunterbrechung aus technischen Gründen oder eine harte Preisauseinandersetzung.

In den 1980er Jahren verfügt die deutsche Gaswirtschaft jedenfalls über relativ breit gestreute Bezugsquellen gemäß der 30-Prozent-Regel: Die Niederlande und Russland sind die wichtigsten Lieferanten, dahinter folgen die inländische Erdgasförderung, Norwegen sowie weitere kleinere Quellen. Zu dieser Zeit tritt die geopolitische Dimension des Gasgeschäfts wieder deutlich hervor: Der neugewählte amerikanische Präsident Ronald Reagan bietet dem Kreml nach dessen Angriff auf Afghanistan entschlossen die Stirn. Reagan sieht angesichts der aggressiven sowjetischen Außenpolitik die Gasgeschäfte der Europäer mit Moskau kritisch. Die Vereinigten Staaten stellen sich gegen ein weiteres, sehr umfangreiches Erdgas-Röhren-Geschäft der deutschen Bundesregierung. Die Amerikaner warnen, dass die Sowjets dadurch an westliche, eventuell auch waffentechnisch relevante Technologie kommen. Die Europäer machten sich zunehmend erpressbar, mahnt Washington; Moskau könne den Gashahn

Lange Leitung: Eine amerikanische Karikatur aus dem Jahr 1982

schließlich jederzeit zudrehen. In Deutschland hält ein Bündnis aus Politik und Wirtschaft vehement dagegen. «Die sind sogar im Spannungsfall ungeheuer vertragstreu», schwärmt der damalige Chef der Salzgitter AG. Am Ende setzt sich die europäische Seite gegen den Willen der Amerikaner durch.

Die Debatte ist aus heutiger Sicht aus mehreren Gründen aufschlussreich. Sie belegt zunächst die Stetigkeit der amerikanischen Position. Washington hat im Lauf der Jahrzehnte immer wieder darauf hingewiesen, dass die Gasexporte im Wettbewerb der Systeme vor allem Moskau stärken und zudem ein erhebliches sicherheitspolitisches Risiko bergen. Anfang der 1980er

Jahre konnte man den Amerikanern auch noch nicht vorhalten, dass sie Moskau ausbooten wollen, weil sie den Europäern stattdessen ihr eigenes LNG andrehen möchten. Denn Amerika spielt zu diesem Zeitpunkt noch keine Rolle als Flüssigerdgas-Exporteur. Das Sicherheitsrisiko hingegen ist in der deutschen Öffentlichkeit bereits Thema. Obwohl der russische Anteil damals noch viel niedriger liegt, wird der damalige Ruhrgas-Chef Klaus Liesen in einem Interview nach dem «Risiko einer totalen Liefersperre aus politischen Gründen» gefragt. «Die 30 Prozent hören sich gewaltig an», antwortet Liesen und verweist relativierend darauf, dass das «Russengas» nur für einen Anteil von 5,5 Prozent am westdeutschen Primärenergieverbrauch stehe.[2]

Wiedervereinigung, Liberalisierung, Energiewende

Das angesprochene Problem verschärft sich jedoch zunehmend. Denn die heimische Förderung von Erdgas kann mit dem steigenden Verbrauch nicht Schritt halten. Lange eine sichere Säule der Versorgung, wird die deutsche Gasförderung im Vergleich zu den Importen über die Jahre allmählich irrelevant. Das hat nicht nur mit erschöpften Vorkommen zu tun, sondern auch mit zunehmenden Widerständen im Hauptförderland Niedersachsen. Ein ehemaliger CDU-Minister berichtet von einem Gutachten aus jüngerer Zeit, nach dem man mit den heimischen Vorkommen 15 Jahre lang rund 70 Prozent des nationalen Bedarfs hätte decken können. Bei den Besuchen in den betroffenen Wahlkreisen in Niedersachsen stößt er aber auf eine breite Koalition gegen das Fracking. Angeführt wird der Protest von den Grünen, dann folgt die SPD, aber auch die dortige CDU stellt sich klar gegen das Fracking. Und die Vorbehalte in der Bevölkerung werden immer größer. Vor einem Auftritt in der betroffenen Region sei ein örtlicher CDU-Parteifreund an ihn herangetreten und habe erzählt, dass die Leute nicht mehr nur gegen das Fracking sind. «Du, das normale Erdgas wollen sie übrigens auch nicht mehr.» Im Ergebnis habe es zum Thema Fracking auch in der CDU eine Ansage von weit oben gegeben: «Vergiss es.» Noch kurz vor dem russischen Angriff auf die Ukraine stellt sich der Landtag in Hannover außerdem lagerübergreifend gegen Förderprojekte in der Nordsee.

Der Marktanteil russischen Gases steigt aber auch infolge der Wiedervereinigung. Die vormalige DDR sei fast vollständig von russischem Erdgas abhängig gewesen, berichtet der ehemalige Ruhrgas-Chef Bergmann. Und Moskau habe darauf gedrungen, seine starke Stellung in Ostdeutschland weiter zu behalten. Das wird jedoch unterbunden und stattdessen der Ruhrgas AG eine dominante Stellung beim ostdeutschen Gasunternehmen VNG eingeräumt. Die russische Gazprom oder die Wintershall AG sollen sich mit Brosamen begnügen. Dazu sind beide Unternehmen aber nicht länger bereit. Und so führt der Streit über die Gasversorgung der neuen Bundesländer zu einer folgenreichen, neuen Konstellation. Ein zentraler Akteur dabei ist die BASF, Deutschlands größter Einzelgasverbraucher und seit Ende der 1960er Jahre Eigentümer der Wintershall AG. Der Chemiegigant aus Ludwigshafen stört sich bereits in den 1980er Jahren an den Preisen, die von der Ruhrgas AG aufgerufen werden. Die BASF will daher eine eigene Pipeline von Emden nach Ludwigshafen bauen, um selbst Erdgas aus Norwegen zu importieren. Der Plan zerschlägt sich jedoch, weil die Norweger es sich nicht mit der mächtigen Ruhrgas verscherzen wollen. Der Umbruch in Osteuropa bietet der BASF dann eine neue Chance, unter Umgehung der Ruhrgas direkt an Gas zu kommen. Und im Kreml hat man großes Interesse daran, auf dem wichtigen deutschen Markt künftig zwei Abnehmer gegeneinander ausspielen zu können, womöglich sogar bald selbst Gas zu verkaufen. Im Herbst 1990 wird ein Vertrag zwischen der BASF-Tochter Wintershall und Gazprom unterzeichnet.

Kurz darauf kommt es zum erbittert ausgetragenen «Gaskrieg» zwischen der Ruhrgas und BASF/Wintershall, in dessen Verlauf zeitweilig sogar die Versorgungssicherheit der neuen Bundesländer auf dem Spiel steht. Denn der Plan der Ruhrgas AG, die Versorgung der neuen Bundesländer zu diversifizieren, indem man vor allem norwegisches Gas heranschafft, benötigt Zeit. BASF/Wintershall versuchen daher im Schulterschluss mit Gazprom, den weiterhin hohen Anteil des russischen Gases in Ostdeutschland als Druckmittel einzusetzen. Auch die russische Regierung beteiligt sich an dieser Drohkulisse. Der Bundesregierung gelingt zunächst eine Vermittlung zwischen beiden Seiten, doch 1994 flammt der «Gaskrieg» erneut auf. Das Gemeinschaftsunternehmen von Wintershall und Gazprom droht damit, seine Lieferungen an die VNG abzubrechen. Bundeswirtschaftsminister Günter Rexrodt von der FDP spricht daraufhin in einem Schreiben an den russischen Außenwirtschaftsminister von einem «klaren Vertragsverstoß»[3] und einer Verletzung des Vertrauensschutzes zwischen beiden Regierungen. Auch dieser Konflikt wird unmittelbar vor der Eskalation auf politischer Ebene beigelegt. Die beiden deutschen Konzerne einigen sich auf eine Abgrenzung ihrer Interessensphären durch einen Demarkationsvertrag und schließen jeweils langfristige Lieferverträge mit der russischen Seite ab. Gazprom erreicht in dieser Zeit noch ein weiteres Ziel: Gemeinsam mit Wintershall wird der Gashändler «Wingas» gegründet. Die BASF hat nach Einschätzung eines erfahrenen Energiemanagers damit zugelassen, was die Ruhrgas AG stets verhindert hatte: Die russische Seite tritt seither nicht mehr nur als Exporteur von Gas auf, sondern erhält auch Zugriff auf den Vertrieb in Deutschland.

Im «Gaskrieg» tritt somit deutlich hervor, dass das Problem

der Versorgungssicherheit mit dem augenscheinlichen Ende des Systemkonflikts zwischen Ost und West keinesfalls gelöst ist. Ganz im Gegenteil: Der Kreml geht im Schulterschluss mit dem Branchengiganten Gazprom nun deutlich ungestümer zu Werk und versucht, tiefer in die westlichen Märkte einzudringen. Die davon ausgehende Gefahr wächst von Jahr zu Jahr: Der Gesamtverbrauch von Gas steigt, der Anteil des Gases am deutschen Primärenergieverbrauch steigt ebenfalls und der russische Anteil an den Erdgas-Importen auch. Zugleich schwächelt nicht nur die heimische Erdgasförderung in Niedersachsen, sondern auch die Förderung in den benachbarten Niederlanden. Dort treten zunehmend geologische Probleme auf, und das geförderte Gas wird vorrangig zur Deckung des eigenen Bedarfs eingesetzt.

Zu dieser ohnehin problematischen Entwicklung gesellen sich in den 1990er Jahren die europäischen und nationalen Bemühungen um eine Liberalisierung der Energiemärkte. Die Absicht hinter der Liberalisierung ist ehrenwert, denn dem Gasmarkt mangelt es tatsächlich an Konkurrenz. Selbst die damaligen Profiteure wie die lange sagenhaft profitable Ruhrgas geben das heute freimütig zu. Die Ruhrgas AG taugt damals als Inbegriff für die «Deutschland AG», in der eine Riege von Wirtschaftskapitänen kartellähnlich zusammenwirken. Der langjährige Ruhrgas-Chef Klaus Liesen gilt als Personifizierung dieses Systems: Liesen ist Aufsichtsratschef bei Volkswagen, Aufsichtsratsvorsitzender der Allianz, Aufsichtsratschef von Eon. An der Transformation der Preussag zur TUI wirkt Liesen als Aufsichtsratsmitglied ebenfalls mit.

Beim Gasmarkt liegen die Fallstricke der Liberalisierung von Anfang an offen zutage: Es gibt nur wenige große Anbieter, und die allergrößten Produzenten aus Russland und aus Norwegen werden jeweils vom Staat kontrolliert. Und die Abhängigkeit von diesen Playern hat sich durch die Liberalisierung nicht verringert, sondern im Gegenteil erhöht. Die geopolitische Dimension sowie der Aspekt Versorgungssicherheit werden vernachlässigt. Im alten Regime war es üblich, dass der Leiter des Gasreferats im Bundeswirtschaftsministerium jeweils im November die Verantwortlichen aus den Ferngasunternehmen einlud, um gemeinsam über die Lage zu beraten. «Das Ergebnis war immer: ‹Der nächste Winter kann kommen›», erinnert sich Philipp Behmer, der damals bei ThyssenGas in verantwortlicher Position tätig war. Man kannte sich in der Branche, tat sich einander nicht großartig weh und half bei Engpässen gegenseitig aus. Ab Anfang der 2000er Jahre habe das Bundeswirtschaftsministerium dann gar nicht mehr gewusst, wen es alles einladen soll. Auch der technische Sachverstand im Ministerium sei geschwunden, erinnert sich der Bergbau-Ingenieur. Auf den Sitzungen durfte Behmer auch nicht mehr preisgeben, wem das Gas in den eigenen Pipelines gehört. Der bis dahin übliche Fragebogen dazu blieb leer.

Die Politik verliert so allmählich den Überblick. Und auch bei der Ruhrgas, der das Interesse an einer sicheren Energieversorgung der deutschen Industrie schon qua Eigentümerstruktur eingeschrieben war, schwindet das traditionelle Rollenverständnis. «Das Gefühl für die Risiken ist mit der Entflechtung verloren gegangen», erinnert sich Behmer. «In der Branche haben viele gewusst, dass die Regulierung im Kern eine Schönwetterveranstaltung ist. Aber wer auf die Gefahren hinwies, galt als Bedenkenträger und Ewiggestriger.»

In Moskau versteht man hingegen sehr rasch, dass die Regulierung des europäischen Gasmarktes Lücken bietet. Eigentlich müsste eine Liberalisierung zur klareren Trennung der Rollen als Produzent, Pipeline-Betreiber, Gasspeicher-Eigentümer und Vertriebsgesellschaft führen sowie zu einer sinkenden Marktmacht einzelner Akteure. Für die Ruhrgas AG als ehemals einflussreichstem deutschem Player stimmt das auch. Nicht aber für die russische Gazprom. Dem vom Kreml gelenkten Konzern gelingt es im Lauf der Jahre, sich in allen Facetten des deutschen Gasgeschäfts festzusetzen. Nicht nur, dass Gazprom zum mit Abstand wichtigsten Lieferanten von Erdgas aufsteigt. Durch den Bau neuer Pipelines weitet das Unternehmen auch seine Kontrolle über die Infrastruktur aus. Über die Wingas verkauft Gazprom seinen Rohstoff zudem direkt an Kunden und wird 2015 sogar alleiniger Eigentümer des Gashändlers. Durch den damaligen «Asset Swap» mit der BASF gelingt der Gazprom noch ein weiteres Kunststück: Der größte Gaslieferant Deutschlands wird zugleich zum Eigentümer des größten deutschen Gasspeichers in Rehden sowie weiterer Gasspeicher.

Das Klumpenrisiko wird so von Jahr zu Jahr größer. Und die deutsche Energiepolitik trägt kräftig dazu bei. Denn die klimaschädliche Steinkohle und die noch dreckigere Braunkohle sind verpönt. Hinzu kommt, dass Bundeskanzlerin Angela Merkel nach der Reaktorkatastrophe im japanischen Fukushima im Frühjahr 2011 eine waghalsige Wende vollzieht und eine eilige – man könnte auch sagen: überstürzte – Abkehr von der Atomkraft einleitet. Die Politik stellt fortan noch stärker die Erneuerbaren Energien ins Schaufenster, ohne die Nutzung der Windkraft und der Photovoltaik tatsächlich mit Entschlossenheit auszubauen. Der heimliche Gewinner im Energiemix ist das günstige Erdgas. Denn Gaskraftwerke können anders als Atomkraftwerke rasch hoch- und runtergeregelt werden und so die Schwankungen von Wind und Sonne ausgleichen. «Gas ist sexy», formuliert Bundeswirtschaftsminister Peter Altmaier von der CDU im Jahr 2019 griffig.

Die Nutzung von Erdgas gilt in dieser Zeit nicht nur als perfekte Ergänzung zur geplanten Energiewende. Der Gaswirtschaft gelingt es auch, dass etwas von der grünen Farbe auf ihr eigenes Produkt abfärbt. Sie bestreitet natürlich nicht, dass bei der Verbrennung von Erdgas CO_2 freigesetzt wird. Aber man tröstet damit, dass beim Gas weniger freigesetzt wird als bei den anderen fossilen Energieträgern Kohle und Öl. Außer Betracht gelassen wird dabei regelmäßig, dass bei der Förderung und beim Transport von Erdgas bedeutende Mengen von dessen Hauptbestandteil Methan (CH_4) freigesetzt werden. Methan wirkt mehr als 25-mal so klimaschädlich wie CO_2, manche Berechnungen setzen den Schaden sogar noch deutlich höher an. «Das darf man keinesfalls vernachlässigen», berichtet ein erfahrener Gasmanager. Bei den Methan-Emissionen komme es auf die Kompetenz und das Verantwortungsbewusstsein der jeweiligen Betriebsführer an. Als besonders schlampig im Umgang mit diesem Klimakiller gelten die Staaten der früheren Sowjetunion, den deutschen Großlieferanten Russland eingeschlossen. Wie viel Methan dort tatsächlich entweicht, weiß niemand. «Wir kommen an diese Daten nicht ran», heißt es in der Branche. Auch die Bundesanstalt für Geowissenschaften und Rohstoffe beklagt ein hohes Maß an Intransparenz.[4]

Der Gashahn im Kreml

Mit noch größerer Vehemenz werden in Deutschland die politischen Risiken kleingeredet. Der einschlägige Personenkreis aus Politik und Wirtschaft beruft sich in unzähligen Variationen auf das schon aus den 1980er Jahren bekannte Argument, dass Moskau selbst in Krisenzeiten stets ein verlässlicher Lieferant gewesen sei.

An dieser Stelle ist ein kurzer Abriss der sowjetisch-russischen Unzuverlässigkeit angezeigt. Denn das Zutrauen der Ruhrgas AG in die sowjetischen Gesprächspartner wird bereits erschüttert, noch bevor 1973 erstmals Gas in Deutschland eintrifft. Die

Wiener OMV meldet, während die Ruhrgas-Manager noch mit Moskau verhandeln, dass es im Lauf des Jahres 1969 schon achtmal zu Lieferausfällen gekommen ist. Neben solche technischen Probleme tritt die Gefahr der politischen Erpressbarkeit, auf die gerade die Amerikaner immer wieder hinweisen. Bis zum Zerfall der Sowjetunion kommt es jedoch nie zu einem solchen Szenario. Und ebendiese Erfahrung gilt bis zum Überfall auf die Ukraine als stärkster Beleg für die Verlässlichkeit Moskaus. Das Motto lautet: Wenn selbst die Sowjetunion als Systemrivale des Westens seine Verträge stets erfüllt hat, wird sich das gewandelte Russland erst recht an sein Wort halten. Unter den Tisch fällt dabei, dass die Sowjetunion in ihren letzten beiden Jahrzehnten vornehmlich als Status-quo-Macht auftrat, während das postsowjetische Russland seine Aggressivität zunehmend steigert.

Der interessante Zeitraum beginnt darum mit dem Zerfall der Sowjetunion. Denn seither hat Moskau sein Erdgas schon mehrfach als Druckmittel eingesetzt. Die Drohungen im «Gaskrieg» um Ostdeutschland nach der Wiedervereinigung wurden bereits erwähnt. An anderer Stelle geht der Kreml damals noch härter vor: Im Jahr 1990 versucht der sowjetische Präsident Michail Gorbatschow, Litauen nach dessen Unabhängigkeitserklärung mit einer dreimonatigen Abkopplung von fast allen russischen Öl- und Gaslieferungen in die Knie zu zwingen. Das baltische Land zieht daraus seine Lehren und errichtet eigene Terminals für den Import von Öl und LNG aus anderen Quellen. Die Drohung eines Lieferstopps setzt Moskau 1992/1993 auch in den ersten harten Auseinandersetzungen mit der Ukraine ein. Auch der weißrussische Diktator Lukaschenko wird vom Kreml im Februar 2004 mit einem 24-stündigen Stopp der Gaslieferungen zur Räson gebracht.

Die Ukraine hat in ihren ersten Jahren allerdings ein wirksames Mittel in Streitigkeiten mit dem Kreml in der Hand, denn über ihr Territorium werden auch die russischen Gasexporte in den Westen abgewickelt. Die Pipeline-Projekte unter Umgehung der Ukraine verfolgen daher auch das Ziel, das Kräfteverhältnis zugunsten Moskaus zu verschieben. Auf diese Gefahr wird bereits weit vor Nord Stream 1 und Nord Stream 2 beim Bau der Jamal-Pipeline über Polen und Weißrussland verwiesen. Schon im Jahr 2000 heißt es in der FAZ, diese Pipeline könne dazu genutzt werden, Kiew unter Druck zu setzen oder die frühere Sowjetrepublik sogar «heimzuholen». Als sich die Ukraine nach der «orangenen Revolution» im Herbst 2004 nach Westen orientiert, erhöht Moskau die Gaspreise und eskaliert den Streit bis hin zu mehrfachen Lieferunterbrechungen, die 2006 und 2009 jeweils im kalten Januar beginnen. Da die Ukraine daraufhin Erdgas von den Transitmengen abzweigt, schlägt der Lieferstopp weiter nach Westen bis in die EU durch.

Die damaligen Erfahrungen sowie ein Ausfall russischer Gasexporte nach Italien im Winter 2012 bilden den Hintergrund der EU-Verordnung 2017/1938 von Oktober 2017. Nach ihr muss im Krisenfall unterschieden werden zwischen den privaten Haushalten als «geschützten» Verbrauchern und den «nicht-geschützten» Industriebetrieben, die Einschränkungen hinnehmen müssen. Die EU nimmt in dieser Richtlinie explizit Bezug auf das Szenario «einer teilweisen oder vollständigen Unterbrechung der Gaslieferungen aus Russland». Aus der Verwendung des Wortes «vollständig» ergibt sich, dass die EU dabei nicht eine Unterbrechung der Gasdurchleitung durch die Ukraine vor Augen hatte, wie sie in Deutschland bevorzugt an die Wand gemalt wird, sondern einen Stopp vonseiten Moskaus. Denn die leistungsfähigen Pipelines Nord Stream 1 und Jamal, die nicht über die Ukraine führen, sind zu diesem Zeitpunkt schon lange in Betrieb.

In Brüssel gibt es also schon Pläne für den Krisenfall, während die Regierung in Berlin in Verkennung der ideologischen Entwicklung von Putin und seinem Umfeld noch weitere Jahre an der nostalgischen Mär vom treuen Lieferanten festhält, der selbst in dunkelsten Stunden des Kalten Krieges penibel seine Vertragspflichten eingehalten habe.

In die gleiche Schublade gehört die Überzeugung, dass es sich bei den maßgeblich von Gerhard Schröder lobbyierten Pipeline-Projekten Nord Stream 1 und Nord Stream 2 um ein jeweils «rein privatwirtschaftliches Projekt» handelt und nicht um ein Kreml-Vorhaben mit dem geopolitischen Hintersinn, missliebige Transitstaaten auszuschalten. Deutschland verleiht diesem Hintersinn sogar zusätzlichen Schub durch die «Opal-Freistellung». Die Opal-Leitung transportiert Erdgas aus Lubmin, wo Nord Stream endet, ins deutsch-tschechische Grenzgebiet. Dort enden die alten Pipelines über die Ukraine. Deutschland nimmt Opal, hinter der maßgeblich Wintershall und Gazprom stehen, von den EU-Vorschriften zum Netzzugang Dritter aus, wodurch Gazprom trotz seiner bereits starken Stellung auf dem Markt mehr Erdgas durch die Röhre pumpen kann. Der russische Konzern darf die Liberalisierung des Gasmarkts ausnutzen, wo sie ihm zupasskommt, erhält aber eine Ausnahme von dieser Liberalisierung, wo sie ihm hinderlich ist. Unter Verweis auf eine Gefahr für die Versorgungssicherheit klagt allerdings Polen gegen die Ausnahmeregel für Opal und setzt sich im Sommer 2021 nach einigen Windungen gegen den erbitterten Widerstand Deutschlands vor dem Europäischen Gerichtshof damit auch durch.

Auffällig ist ein weiterer Punkt: Während an den europäischen Küsten etliche LNG-Terminals entstehen, hat der weltweit größte Erdgasimporteur Deutschland bis zum russischen Überfall auf die Ukraine zwar seit 50 Jahren Pläne für ein solches Terminal in der Schublade, diese werden allerdings nie verwirklicht. Immer wieder wird auf den Gasmarkt verwiesen, der ein solches Projekt gerade nicht lohnend erscheinen lasse. Keine Rolle spielt der naheliegende Gedanke, dass selbst ein nicht ausgelastetes LNG-Terminal der nationalen Sicherheit dient und eine größere Verhandlungsmacht gegenüber den Anbietern von Pipeline-Gas bietet.

Das nahezu völlige Aussparen solcher strategischen und sicherheitspolitischen Erwägungen wirft Fragen auf, zumal nach Eröffnung von Nord Stream 1 im Jahr 2011 die alte 30-Prozent-Regel vollends aus dem Blick gerät. Die Abhängigkeit vom Kreml wird seither rasant größer. Im Jahr 2020 liegt der russische Anteil an den deutschen Gasimporten laut einer Studie des Kieler IfW-Instituts bei 55 Prozent.[5]

5 Illusion einer Partnerschaft

Die Russlandpolitik 1998–2013

Putins Operation Schröder

Nachdem Wladimir Putin das Zepter der Macht zum Wechsel ins Jahr 2000 übernommen hat, hält es der deutsche Bundeskanzler Schröder nicht für besonders wichtig, den neuen starken Mann Russlands möglichst schnell persönlich zu treffen. Im Gegenteil: Schröder zeigt sich zurückhaltend. Das hat auch damit zu tun, dass der Kanzler sich von seinem Vorgänger Helmut Kohl absetzen will. Kohl pflegte einen engen persönlichen Kontakt mit Boris Jelzin, der als Saunafreundschaft bekannt wurde. Schröder will anders agieren. Schon bei seinem ersten Moskau-Besuch als Kanzler im November 1998 stellt er eine neue Nüchternheit in den Beziehungen zu Russland in Aussicht, frei nach dem Motto «Raus aus der Sauna». Zumal Russland nach der Rubelkrise und mit dem alkoholkranken, zwischen Klinik und Kreml pendelnden Präsidenten Jelzin an der Spitze ein Partner ist, der wenig attraktiv erscheint. Auf der außenpolitischen Agenda der Bundesrepublik rangiert Moskau zu Beginn der Schröder-Jahre ziemlich weit unten.

Putin, seit August 1999 russischer Ministerpräsident, passt diese Haltung Schröders nicht. Deutschland spielt als stärkste Wirtschaftsmacht der EU in seinen strategischen Überlegungen eine wichtige Rolle, zudem ist er durch seine Sprachkenntnisse und seine Zeit als Spion in der DDR mit dem Land besonders verbunden. Er lässt schon im Herbst 1999 anfragen, ob ein Besuch in der Bundesrepublik willkommen sei. Doch Berlin reagiert kühl auf die Offerte des neuen Mannes, schließlich hat der Kreml schon eine ganze Reihe von möglichen Nachfolgekandidaten für Boris Jelzin getestet und alsbald für ungeeignet befunden. Doch spätestens nach dem Wechsel ins Präsidentenamt entwirft Putin seine Operation Schröder.

Es dauert allerdings bis Mitte Juni 2000, bis Putin zum Antrittsbesuch nach Berlin kommt. Die Voraussetzungen, den Kanzler im Handstreich für sich einzunehmen, sind für den russischen Präsidenten wegen des deutschen Nüchternheitsversprechens nicht allzu gut. Schröder und Putin loben denn auch nach ihrem ersten Zusammentreffen die Offenheit ihrer Gespräche, äußern sich aber mit gebremster Herzlichkeit und keinesfalls überschwänglich.

Der russische Präsident, der zu Hause gerade wegen der Verhaftung des kremlkritischen Medienunternehmers Wladimir Gussinski in der Kritik steht, demonstriert bei seinem Besuch in Berlin, wie er ein Publikum zu manipulieren versteht. Als er nach einer Rede im Haus der Wirtschaft gefragt wird, wie er zu Gussinskis Verhaftung stehe, sagt er, er könne dem russischen Generalstaatsanwalt doch keine Anweisungen geben. So gaukelt er dem Publikum vor, es gebe eine unabhängige Justiz in seinem Land. Im Jahr zuvor war allerdings der russische Generalstaatsanwalt Juri Skuratow entlassen worden, weil seine Ermittlungen in Kreml-Kreise geführt hatten. Zugleich doziert Putin über Gussinskis israelischen Pass, dessen Steuerwohnsitz in Gibraltar und dessen Schulden in dreistelliger Millionenhöhe, für deren Bedienung angeblich der Staatskonzern Gazprom aufkommen müsse. Das Geld solle Gazprom lieber woanders investieren, «zum Beispiel gemeinsam mit einem deutschen Unternehmen». Die deutsche Wirtschaft im Saal klatscht der Beschränkung der Pressefreiheit in Russland begeistert Beifall.

Geschickt geht Putin auch mit dem Kanzler um. Als KGB-Agent hat er es gelernt, sich auf sein jeweiliges Gegenüber perfekt einzustellen, wofür er dessen Vorlieben und Schwächen zuvor genau studiert. Dieses Wissen wendet er nun in seiner Operation Schröder an. Putin kann zunächst an die Gemeinsamkeiten zwischen Schröders und seiner eigenen Biografie anknüpfen. Sie stammen beide von ganz unten, aus armen und unterprivilegierten Familien, die vom Krieg geprägt sind. Wie für Schröder, den Fußballer, spielte für Putin, den Judokämpfer, der Sport eine große Rolle. Beide Männer studieren Jura.

Das ist nur der allgemeine Hintergrund, vor dem sich die Operation Schröder abspielt. Im Konkreten kommt es auf die Kenntnis von Details an. So weiß Putin, dass der Kanzler gern Bier trinkt. Selbst gibt sich der Präsident, der Alkohol nur in Maßen genießt, am ersten Abend seines Besuchs als großer Bierliebhaber aus, in einer mittelalterlichen Schänke der Spandauer Zitadelle leert er den dargereichten Riesenbierkrug und lässt sich mit einem Holzschwert zum «Ritter von Spandau» schlagen. Schröder serviert am folgenden Tag in der Kanzlervilla in der Pücklerstraße in Berlin-Grunewald Radeberger Pils, das Putin aus seiner Zeit in Dresden kennt. So werden erste Schritte einer persönlichen Annäherung bei diesem Gipfel des Kennenlernens gegangen, und Putin gelingt es, den Kanzler für sich zu erwärmen. Nicht zuletzt arbeitet der Russe daran, seine Operation erfolgreich fortzusetzen: Er schlägt vor, dass das Ehepaar Schröder ihn und seine Frau Ljudmila, die ihn in Berlin begleitet, ein halbes Jahr später zu Weihnachten in Moskau privat besuchen soll – und Schröder nimmt die Einladung gleich an.

Die Schröders reisen also zum orthodoxen Weihnachtsfest am 6. und 7. Januar 2001 nach Moskau. Es ist ein Besuch, der eine Männerfreundschaft begründet, wie es sie in der Politik selten gegeben hat. Auf heimischem Terrain bietet Putin alles auf, um das persönliche Band weiterzuknüpfen und Schröder zu beeindrucken. Ljudmila Putina holt die Schröders persönlich am Flughafen ab, am Heiligabend besuchen die beiden Ehepaare den Weihnachtsgottesdienst in der Christ-Erlöser-Kathedrale in Moskau. Am Weihnachtstag selbst fahren die Putins und die Schröders in einem schneebedeckten Moskauer Park gemeinsam in einem Pferdeschlitten, gezogen von der traditionellen Troika, dem Gespann von drei Pferden. Sie besuchen das berühmte Dreifaltigkeitskloster in Sergijew Possad, eines der Zentren der russisch-orthodoxen Kirche, wo Patriarch Alexij II. auf sie wartet, der sie schon am Vortag beim Weihnachtsgottesdienst begrüßt hatte. Und Putin und Schröder gehen noch – Kohl her, Jelzin hin – in die Sauna. Die fängt plötzlich Feuer, beide müssen aus ihr fliehen, die Feuerwehr rückt schon an. Schröder soll aber, was seinen Gastgeber beeindruckt, noch zuvor sein Bier ausgetrunken haben. Putin will zu vielem die Meinung des acht Jahre älteren Kanzlers wissen, was Schröder wohl schmeichelt. Die Gespräche in Putins Landhaus dauern bei Fisch, Sauerkraut und Wodka bis in den frühen Morgen um vier oder fünf Uhr. Die Ehepaare sprechen Deutsch, die anwesenden Dolmetscher haben nichts zu tun. In dieser Nacht sei etwas entstanden, das weit über das Politische hinausgehe, soll Schröder später gesagt haben.[1]

Putins Charmeoffensive zahlt sich unmittelbar politisch aus. Als er Gussinskis Konzern Media-Most, zu dem der kremlkritische Sender NTW und diverse Zeitschriften und Zeitungen gehören, zerschlägt, belässt es Schröder anlässlich des deutsch-russischen Gipfels im April 2001 bei allgemeinen Worten zur Bedeutung der Pressefreiheit. Auch die brutale Kriegsführung in Tschetschenien kritisiert er nicht. So wird es die nächsten Jahre bleiben. Zwar äußert Außenminister Joschka Fischer von den Grünen immer mal wieder mahnende Worte zum Tschetschenienkrieg oder den Einschränkungen der Meinungsfreiheit, was

Schlittenfahrt an Weihnachten: Die Schröders und die Putins in Moskau im Jahr 2001

ihm schon früh in der kremlfreundlichen Presse den Ruf eines «Totengräbers der deutsch-russischen Beziehungen» einbringt. Doch zu einem Streit in der rot-grünen Koalition führt das nicht. Fischer ist seiner Partei, die die Menschenrechtspolitik hochhält, solche Stellungnahmen schuldig. In Wirklichkeit interessiert sich der Außenminister aber nicht sehr für Russland, die Kontakte nach Moskau überlässt er weitgehend dem Kanzler.

Dabei lässt sich schon nach einem Jahr der Herrschaft Putins erkennen, dass im Kreml alles andere als ein Liberaler regiert. Putin intensiviert die Beziehungen mit den diktatorischen Regimen von Nordkorea, Kuba, dem Irak und Iran und fördert die russischen Waffenexporte in diese Staaten. Im Innern lässt er die sowjetische Hymne wieder einführen und gibt der Armee die rote Fahne als Ehrenstandarte zurück. Die Geheimdienste entdecken wieder Hunderte angebliche Spione, oft Wissenschaftler oder Umweltschützer, die angeblich das Land ausverkaufen. Die Internet-Provider müssen sich mit dem Inlandsgeheimdienst FSB vernetzen, sonst verlieren sie ihre Lizenz. In den Schulen wird die patriotisch-militärische Erziehung verstärkt. Und am Gebäude des FSB am Moskauer Lubjanka-Platz lässt Putin eine Gedenktafel für Juri Andropow anbringen, den ehemaligen Generalsekretär der Kommunistischen Partei und langjährigen sowjetischen KGB-Chef, der gnadenlos sowjetische Dissidenten verfolgte. Zu Stalins Geburtstag erhebt Putin sein Glas und würdigt den Diktator mit einem Trinkspruch.

Obwohl das alles bekannt ist, wird Putin bei seinem nächsten Deutschland-Besuch im September 2001 mit Wohlwollen empfangen. Ihm wird die besondere Ehre zuteil, im Bundestag zu sprechen. Als Putin in Deutschland eintrifft, ist die Welt mittlerweile eine andere geworden. Denn am 11. September hat das islamistische Terrornetzwerk Al-Qaida vier Flugzeuge in Amerika entführt und die Maschinen in bekannte und höchst symbolische zivile und militärische Objekte gesteuert. Bei den Terrorangriffen werden fast 3000 Menschen getötet. Für viele Jahre werden die westlichen Regierungen den islamistischen Terrorismus als Hauptgefahr für die politische Ordnung und die Zivilisation ihrer Länder ansehen. Putin, der den amerikanischen Präsidenten George W. Bush als einer der Ersten anruft, um sein Mitgefühl auszusprechen, nutzt diese Zäsur für ein geschicktes Manöver. Er stellt sich als Waffenbruder des Westens im Kampf gegen diesen Terrorismus dar. Und er gibt seinen Krieg in Tschetschenien als Teil dieses Kampfes aus.

Doch in seiner Rede im Bundestag schimmert die alte Konkurrenz, ja Feindschaft zu den USA durch, bei genauer Betrachtung dient die Rede dazu, den Westen zu spalten. Putin, der am 25. September 2001 vor dem deutschen Parlament im Wesentlichen auf Deutsch spricht, sagt, Russland habe die Freiheit gewählt. Den Wert von Europas Beziehungen zu den Vereinigten Staaten bezweifle zwar niemand, doch könne Europa nur dann ein selbständiger Akteur der Weltpolitik werden, wenn es sich mit Russland zusammentue. Russland sei «ein freundliches europäisches Land», doch die Politiker hätten noch nicht gelernt, einander zu vertrauen. Entscheidungen würden «ohne uns», also ohne Russland getroffen, obwohl der Kalte Krieg vorbei sei. Das habe mit echter Partnerschaft wenig zu tun. «Schlagen wir eine neue Seite in unseren bilateralen Beziehungen auf», sagt der russische Präsident, «wir leisten damit einen Beitrag zum Aufbau des gemeinsamen europäischen Hauses.» In seiner Rede stellt sich Putin gegen den Totalitarismus des 20. Jahrhunderts, spricht von der «totalitären stalinistischen Ideologie» und von der Berliner Mauer als «Unheilsymbol der tiefen Spaltung Europas».[2] Die Abgeordneten spenden dem russischen Gast stehend Beifall.

Vor allem schafft es Putin, seine politische Botschaft zu verkaufen. Nach den Anschlägen des 11. September sei er «vollkommen einverstanden» mit dem Vorgehen des amerikanischen Präsidenten gegen den Terrorismus in Afghanistan, äußert er während seines Besuchs. Er kündigt an, dass seine Geheimdienste Erkenntnisse über die Terroristen an die Amerikaner und andere westliche Staaten weitergeben würden. Die Ankündigung löst zum Teil begeisterte Reaktionen in Deutschland aus. Der Kampf gegen den Terrorismus könne «eine internationale sicherheitspolitische Allianz entstehen lassen, wie sie die Weltgeschichte noch nicht gesehen hat», schreibt der Politologe Alexander Rahr, damals bei der Deutschen Gesellschaft für Auswärtige Politik tätig und bald in Deutschland ein führender Apologet des Putin-Regimes.[3]

Putin stellt schon während seines Deutschland-Besuchs Russland als Bollwerk gegen den islamistischen Terror dar. «Die Islamisten wollen einen islamistischen Staat vom Kaspischen bis zum Schwarzen Meer. Brauchen wir das?», fragt er rhetorisch bei einem Treffen mit deutschen Journalisten. Dass die Sowjetunion mit dem Einmarsch in Afghanistan im Jahre 1979 den Nährboden dafür bereitete, dass der islamistische Extremismus am Hindukusch Wurzeln schlagen konnte, kommt in den Ausführungen des russischen Präsidenten nicht vor. Doch der Plan Putins geht auf: Schröder geht auf seinen Wunsch, die Kriegsführung in Tschetschenien nicht mehr anzuprangern, unmittelbar ein. Der Westen solle den Konflikt in Tschetschenien «differenzierter» betrachten, sagt der Kanzler noch während Putins Besuch in Berlin.

Das Angebot, die Supermacht Amerika und den Westen im Kampf gegen Al-Qaida zu unterstützen, verbindet Putin mit weitreichenden Plänen. Er will ein Mitspracherecht Moskaus in der großen internationalen Politik. Er sei bereit, Gespräche über einen Beitritt Russlands zur Nato zu führen, sagt er. Ob es dazu komme, hänge allein davon ab, «was angeboten wird». Schröder spricht sich daraufhin für eine engere Zusammenarbeit zwischen Russland und der Nato aus. Versprechen will er eine Mitgliedschaft nicht, er sei aber «offen» dafür. Mit dem Ausschlagen westlicher Hilfe nach dem Untergang des U-Boots Kursk zeigt Putin allerdings schon damals, dass er eine Partnerschaft mit dem Westen in Wahrheit nicht will.

Schröder, der sich nun in enger Folge mit Putin trifft – elf Mal in den ersten beiden Jahren seit Putins Amtsantritt – vermeidet es auch in den nächsten Jahren, den Mann im Kreml öffentlich zu kritisieren. Wenn es Kritik gebe, äußere er sie allenfalls intern, sagt er immer wieder, das sei «die einzige Möglichkeit, Einfluss zu nehmen». Inwieweit er sie tatsächlich geäußert hat, lässt sich nicht sagen. Bekannt sind hingegen die Aussagen, mit denen Schröder jegliche Kritik an der Menschenrechtslage in

Russland vom Tisch wischt. Als Putin mit einem Verfassungsreferendum in Tschetschenien im Frühjahr 2003 den Krieg im Nordkaukasus für beendet erklären will, sieht Schröder in der Abstimmung «gute Ansätze», auch wenn klar ist, dass die gewünschten Ergebnisse feststehen und gehorsam gemeldet werden. Von grobem Wahlbetrug geprägt sind auch die tschetschenischen Präsidentenwahlen im Spätsommer 2004. Schröder jedoch sagt beim Treffen mit Putin: «Soweit ich das übersehen kann, kann ich eine empfindliche Störung der Wahlen nicht feststellen». Und als Putin den Konzern Jukos zerschlagen und verstaatlichen lässt, gibt Schröder eine geradezu hanebüchene Erklärung dazu ab: «Ich verstehe die Aufregung nicht: kein Ansatzpunkt, dass das nicht rechtstaatlich abgelaufen ist». Im Unterschied zu diesen Äußerungen bleibt eine Einschätzung Schröders über Putin im kollektiven Gedächtnis der Deutschen und wird sogar zum geflügelten Wort, nämlich die eines «lupenreinen Demokraten». Schröder äußert sie nicht selbst, sondern er antwortet am 23. November 2004 auf die Frage des Journalisten Reinhold Beckmann «Ist Putin ein lupenreiner Demokrat?» mit den Worten: «Ich glaube ihm das, und ich bin überzeugt davon, dass er das ist.» Von Schröders Ankündigungen, im Austausch mit Moskau wieder Nüchternheit walten zu lassen, ist schon bald keine Rede mehr. Im Gegenteil: Die Beziehungen sind spätestens seit dem Herbst 2001 zur Chefsache geworden, um die sich Schröder beinahe exklusiv kümmert.

Die größte Unterstützung für seinen Kurs erhält Schröder von der deutschen Wirtschaft. Der Vorsitzende des Ost-Ausschusses, Klaus Mangold, ist schon früher als der Kanzler von Putin begeistert. Mangold, der dem Ausschuss von 2000 bis 2010 vorsteht und bald als Mister Russland der deutschen Wirtschaft gilt, tut alles dafür, dass Schröder einen russlandfreundlichen Kurs einschlägt. Schon im Frühjahr 2000 schreibt er von dem «beachtlichen Modernisierungswillen» der russischen Führung, betont das «enorme Marktpotenzial» und die «zentrale Bedeutung für die künftige Energieversorgung» Deutschlands. Und Schröder hat kein Problem damit, diesen Wünschen als Chefverkäufer nachzukommen. Zunächst dominiert auf staatlicher Ebene in wirtschaftspolitischer Hinsicht noch die Frage der Rückzahlung der sowjetischen Altschulden, die schließlich großzügig geregelt wird, indem Deutschland dem Schuldner Russland sieben Milliarden Euro erlässt. Spätestens ab 2002 übernimmt Schröder das Credo der deutschen Wirtschaft, von Russland als mitunter schwierigem, aber doch kommendem Markt der beinahe unbegrenzten Möglichkeiten. Dass Schröder diesen Kurs unbedenklich mitgeht, ist aus Sicht maßgeblicher deutscher Konzerne ein besonderer Glücksfall. Denn der Kanzler hat kein Problem damit, die Interessen der Wirtschaft als nationale Interessen Deutschlands zu artikulieren – und dabei alle Probleme mit Demokratie, Menschenrechten und Rechtsstaat unter den Teppich zu kehren. Mehr noch: Schröder geht sogar so weit, von einer Zukunftspartnerschaft mit Russland zu sprechen, «die auf dem Bekenntnis zu gemeinsamen Interessen und Werten gründet».[4]

Noch enger wird das Band zwischen Schröder und Putin durch die Ablehnung des Irak-Kriegs. Schröder stellt sich gegen den Waffengang des amerikanischen Präsidenten George W. Bush und deklariert einen «deutschen Weg». Er macht eine angeblich drohende deutsche Beteiligung an einem Kriegseinsatz der Amerikaner zum Thema seines Wahlkampfs im Sommer und Herbst 2002, ein Punkt, der zumindest dazu beiträgt, dass die rot-grüne Koalition die Wahl gewinnt. Anfang 2003 macht Schröder klar, dass Deutschland im UN-Sicherheitsrat einem militärischen Einsatz der Amerikaner im Irak nicht unterstützen wird. «Rechnet nicht damit, dass Deutschland einer den Krieg legitimierenden Resolution zustimmen wird», sagt er im niedersächsischen Landtagswahlkampf in Goslar. Schröder hatte nach den Terrorangriffen der Al-Qaida auf die USA «uneingeschränkte Solidarität» mit dem amerikanischen Verbündeten verkündet, hatte auch den Bundeswehreinsatz in Afghanistan in seiner rot-grünen Koalition durchgesetzt. Nun stellt er sich dem Irak-Krieg Bushs und dessen Unilateralismus mit guten Gründen entgegen. In der Sache ist die Entscheidung richtig, auch wenn Schröder sie für den Wahlkampf ausnutzt. Sie bedeutet jedoch zugleich einen Bruch der bisherigen deutschen Außenpolitik, ein Ausscheren aus der Allianz mit den Vereinigten Staaten und auch mit dem Nato-Partner Großbritannien. Den deutschen Sonderweg, den Schröder ja angeblich gerade in der Beziehung zu Russland vermeiden wollte, beschreitet er nun. Es kommt ihm gelegen, dass auch der französische Präsident Jacques Chirac den Krieg der Vereinigten Staaten ablehnt, die im März den Irak angreifen. Deutschland steht also nicht allein gegen Washington und London, sondern lässt sich auf die französische Vision eines Europas in Abgrenzung zu den USA ein. Mit dem Hinzuziehen Putins bekommt die deutsch-französische Allianz ein stärkeres Gewicht, sie widersetzt sich der von Washington begründeten «Koalition der Willigen».

Die drei Staatsmänner treffen sich zu trilateralen Konsultationen, etwa am 11. April 2003 am Rande des Petersburger Dialogs in Putins Geburtsstadt. Es folgen Treffen im russischen Sotschi im August 2004, in Paris Mitte März 2005 und schließlich im Juli 2005 aus Anlass der 750-Jahr-Feier zur Gründung des früheren Königsbergs, des nunmehr russischen Kaliningrad. Zwar macht Putin klar, dass er mit George W. Bush nicht brechen will. Und die Achse der drei Partner ist mehr symbolischer Natur, als dass daraus eine konkrete Sicherheitspolitik zwischen den Staaten erwächst. Doch verschiebt Schröder damit nicht nur die bisherigen Grundfesten deutscher Außenpolitik, sondern die Allianz sorgt auch dafür, dass die Verbindung mit Putin noch enger, ja nun von einer gemeinsamen außenpolitischen Haltung unterfüttert wird.

Noch etwas macht diese russisch-deutsche Achse problematisch. Die neuen Demokratien in Mittel- und Osteuropa sind nicht gewillt, dem deutsch-französischen Tandem zu folgen; im Gegenteil schließen sie sich noch enger an Washington an, das ihre sicherheitspolitischen Interessen stärker vertritt als Berlin. Die kleineren Staaten im Osten Europas werden aber von Schröder einmal mehr ignoriert. Dass vor allem Polen und die baltischen Staaten die neue Achse Paris–Berlin–Moskau mit Argwohn betrachten, ficht den Kanzler wenig an. Er ist der Meinung, und sagt es in Interviews, dass eine Partnerschaft mit Russland nicht auf Kosten anderer Länder gehe. Für die Länder, die gänzlich andere historische Erfahrungen mit Russland und der Sowjetunion gemacht haben, hat der Kanzler kaum Verständnis. Schröder setzt zudem, wie viele deutsche Politiker, Russland mit der Sowjetunion gleich, wenn es um die historische Verantwortung Deutschlands geht. So sagt er etwa im Umfeld des 60. Jahrestags des Kriegsendes im Mai 2005, dass mehr als 20 Millionen «Russen» während des Zweiten Weltkriegs ihr Leben verloren hätten, nicht etwa 20 Millionen Bürger der Sowjetunion. Dass nach Schätzungen allein die Ukraine acht Millionen Tote im Zweiten Weltkrieg zu beklagen hatte, erwähnt der Kanzler nicht.

Die Ukraine ist schließlich der Grund, der die enge Verbindung zum Putin-Regime, die Schröder geknüpft hat, noch einmal kurzfristig in Frage stellt. Das geschieht durch die «orangene Revolution» Ende 2004, die sich aufgrund der Wahlfälschungen bei der Präsidentenwahl im November des Jahres zugunsten des von Moskau unterstützten Kandidaten Viktor Janukowitsch entwickelt. Daraufhin gehen die Anhänger des oppositionellen

Kandidaten Viktor Juschtschenko auf die Straßen und fordern eine Wiederholung der Wahl. Juschtschenko ist im September vergiftet worden, mittels einer Dioxinvariante, die damals nicht in der Ukraine, aber unter anderem in Russland produziert wird; eine Behandlung in einem Wiener Krankenhaus rettet ihm das Leben. Während der Ermittlungen flieht der Hauptverdächtige nach Russland, was den Ukrainern als Beleg dafür gilt, dass Moskau die Schuld daran trägt.

Schröder telefoniert angesichts der Proteste mehrfach mit Putin, verweist öffentlich auf die legitimen russischen Interessen in der Ukraine und betont, dass die strategische Partnerschaft mit Russland durch die Ereignisse in der Ukraine keineswegs in Frage gestellt werde. Putin sieht in den Demonstrationen gegen die Wahlfälschung und für den westlich orientierten Juschtschenko die Amerikaner am Werk – wie schon 2003 nach der Rosenrevolution in Georgien. Im Kreml wächst jedenfalls die Furcht vor «farbigen Revolutionen». Die wahren Gründe für das Aufbegehren bestehen allerdings darin, dass die Demonstranten einen funktionierenden Rechtsstaat und demokratische Gesellschaften wollen statt ein korruptes und paternalistisches Oligarchensystem. Deswegen gehen Hunderttausende in der Ukraine auf die Straße. Putin folgert daraus, dass er jegliche oppositionelle Regung im eigenen Land hart unterdrücken muss. Dennoch lässt sich der russische Präsident nach einer Intervention Schröders darauf ein, dass es eine Wiederholungswahl in der Ukraine geben wird, die Juschtschenko im Dezember 2004 gewinnt.

Im Zentrum von Schröders Kurs gegenüber Russland steht indes die Wirtschaftspolitik, insbesondere die Energiepolitik. Die deutsche Energiewirtschaft wird in diesen Jahren tiefgreifend umgebaut. Dieser Umbau gründet auf den europäischen und nationalen Bemühungen um eine Liberalisierung der Energiemärkte, die schon in der Zeit des Kanzlers Helmut Kohl beginnt.

Das regulatorische Umfeld wird durch die Liberalisierung jedoch nicht nur sehr unübersichtlich, sondern verändert sich auch derart rasant, dass selbst ein erfahrener Gasmanager wie der damalige Ruhrgas-Chef Burckhard Bergmann in Aufzeichnungen eingesteht, «mehr Fragen als Antworten» zu haben, und feststellt: «wir agieren weniger, als dass wir reagieren müssen».[5] Man weiß zwar, dass die alte Welt der Demarkationsgebiete vorüber ist. Aber man weiß nicht genau, was danach kommt.

Die Antwort, die sich während der Amtszeit von Gerhard Schröder zunehmend verfestigt, lautet: the bigger, the better. Denn für die SPD-geführte Bundesregierung besteht das Ziel der Liberalisierung nicht darin, den heimischen Wettbewerb in Gang zu bringen, sondern, ganz im Gegenteil, nationale Champions zu schaffen, die besser im globalen Wettbewerb bestehen sollen. Es kommt also zu einer Welle großer Zusammenschlüsse. Im Jahr 2000 fusionieren die beiden ehemals staatlich kontrollierten Mischkonzerne VIAG und VEBA zu Eon. Dieser neugeschaffene Riese am deutschen Strommarkt entwickelt sogleich Hunger auf den Riesen des deutschen Gasmarkts, die Ruhrgas AG. Der Ökonom Martin Hellwig, damals Vorsitzender der unabhängigen Monopolkommission, kommt im Rückblick zu dem Schluss, dass die Übernahme der Ruhrgas AG durch Eon nicht nur den Beginn einer Politik markiert, «die das Wort ‹Versorgungssicherheit› mit den Buchstaben G-A-Z-P-R-O-M buchstabiert», sondern dass «das Verhalten der Verantwortlichen von Verachtung gegenüber dem geltenden Recht geprägt» war.[6] Man kann noch ein Drittes hinzufügen: Der Zusammenschluss von Eon und Ruhrgas illustriert, wie im Schröder-Netz Wirtschaftspolitik betrieben wird.

Zunächst wird die Übernahme durch das Bundeskartellamt Anfang 2002 untersagt. Die Wettbewerbshüter argumentieren, dass am Strommarkt ein Duopol von Eon und RWE drohe und am Gasmarkt ein Duopol von Eon/Ruhrgas und Wingas, der gemeinsamen Tochter von Gazprom und Wintershall. Eon wendet sich darauf an die rot-grüne Bundesregierung und beantragt, dass die Politik die Kartellwächter per Ministererlaubnis übertrumpft. Der Konzern verweist darauf, dass die Schaffung eines deutschen Energieriesen mehr Verhandlungsmacht gegenüber den ausländischen Lieferanten und mehr Versorgungssicherheit bedeute. Die unabhängige Monopolkommission schlägt sich jedoch auf die Seite des Bundeskartellamtes. Die Experten argumentieren, dass man Versorgungssicherheit eher erreiche durch «Zugang zu eigenen Beschaffungsquellen, die Diversifizierung der Beschaffungsquellen, offene Märkte, Speichermöglichkeiten».[7] Der geplante Zusammenschluss leiste zu keinem dieser Punkte einen Beitrag, sondern behindere im Gegenteil den erwünschten Wettbewerb. Da die Wirtschaftspolitik Schröders sich wenig um Ordnungspolitik schert, sondern auf aktive staatliche Industriepolitik setzt, werden diese Bedenken übergangen. Auch die Gegenstimmen von den Grünen und Beamten im Wirtschaftsministerium werden ignoriert. Der Ökonom Hellwig spricht von einer «Unterwerfung der Politik unter das ‹Expertentum› der großen Unternehmen».

Die SPD-geführte Regierungsspitze hat aber ein gravierendes Problem. Nicht nur, dass in der Presse schon vor der Entscheidung der Kartellwächter über Gerüchte berichtet wird, dass Schröder den maßgeblichen Managern eine politische Lösung zugesagt habe. Der zuständige Wirtschaftsminister Werner Müller steht auch unter dem Verdacht der Befangenheit. Denn Müller war vor seiner Berufung ins Kabinett Generalbevollmächtigter und Vorstandsmitglied bei der VEBA, dem unmittelbaren Eon-Vorläufer. Müller weist die Bedenken empört von sich. Im Hinblick auf die nahende Bundestagswahl wird die Ministererlaubnis gleichwohl in die Hand seines Staatssekretärs Alfred

Tacke gelegt. Die Problematik wird dadurch aber nicht geringer. Denn Tacke ist als beamteter Staatssekretär nicht nur weisungsgebunden, er ist auch ein alter Weggefährte Schröders und war schon in Niedersachsen dessen verlängerter Arm für die Wirtschaftspolitik. Tacke erteilt also die Ministererlaubnis und zieht den Zusammenschluss gegen alle Widerstände durch. Dieses Vorgehen nehmen viele Kommentatoren als unverfroren wahr. Es gereicht Wirtschaftsminister Müller und seinem Staatssekretär Tacke allerdings nicht zum Schaden: Müller wird 2003 Vorstandsvorsitzender der Ruhrkohle AG, die nicht nur Großaktionär der Ruhrgas AG war, sondern auch mit dem Eon-Konzern verwoben ist. Ein Jahr später verlässt auch Alfred Tacke die Politik in Richtung Energiewirtschaft. Der SPD-Mann wird Vorstandsvorsitzender der Steag, die nicht nur einer der größten deutschen Stromversorger ist. Die Steag ist damals auch eine 100-prozentige Tochter der Ruhrkohle AG, die von seinem ehemaligen Chef Werner Müller geleitet wird.

Den Höhepunkt der deutsch-russischen Partnerschaft in der Kanzlerschaft Schröders bildet die geplante Ostsee-Pipeline, die Deutschland direkt an das Leitungsnetz Russlands anbinden und mit den Gasfeldern in Westsibirien verbinden soll. Die 1224 Kilometer lange Trasse beginnt im russischen Wyborg und kommt in Lubmin in der Nähe von Greifswald in Deutschland an. Gazprom ist an dem Unternehmen mit 51 Prozent beteiligt, die deutschen Unternehmen Wintershall und Eon mit 49 Prozent. Die Idee für Nord Stream 1 stammt noch aus der Mitte der 1990er Jahre. Die deutschen Unternehmen zeigen sich von ihr aber wenig begeistert. Die treibende Kraft ist Gazprom, das eine Leitung unter Umgehung der Ukraine bauen will. Den Russen gelingt es, sich durchzusetzen. Mit einem Jahr Verspätung wird im Juli 2004 eine Absichtserklärung unterzeichnet, im April 2005 wird sie formalisiert, Schröder und Putin sind dabei. Es wird beschlossen, eine Betreibergesellschaft in der Schweiz zu gründen; auch der Bau eines zweiten Stranges wird schon vereinbart. Für Schröder ist diese Leitung besonders wichtig, sie steht symbolisch für seine Russlandpolitik. Er betont das, als die Grundsatzvereinbarung über den Bau am 8. September 2005 unterzeichnet wird – sie ist wegen der Bundestagswahl eigens vorverlegt worden. Er sei stolz auf dieses Projekt, sagt Schröder, es sei «gegen niemanden gerichtet, weder gegen die baltischen Staaten noch gegen Polen». Doch müssten diese Länder «Verständnis dafür haben, dass der deutsche Bundeskanzler deutsche Energieinteressen zu vertreten hat».

Kurze Zeit nach der verlorenen Bundestagswahl am 18. September erklärt sich die SPD-geführte Bundesregierung bereit, für einen geplanten Kredit zweier deutscher Banken in Höhe von einer Milliarde Euro an Gazprom zu bürgen, mit dem die geplante Pipeline finanziert werden kann. Am 24. Oktober stimmt der zuständige interministerielle Ausschuss der Bürgschaft zu. Als die Entscheidung einige Monate später publik wird, ist die Empörung groß. Die FDP spricht von «dubiosen Vorgängen» und fordert Aufklärung. Schröder beharrt darauf, er habe von dem Vorgang keine Kenntnis gehabt. Und Gazprom lässt das Geschäft, mit dem laut der Bundesregierung «für die erste Jahreshälfte 2006» gerechnet wird, platzen. «Wir haben Gas, wir brauchen kein Geld», sagt der damalige Gazprom-Chef kühl.

Gegen Ende von Schröders Kanzlerschaft sind die Treffen mit Putin durchweg von großer persönlicher Nähe geprägt; immer wieder besuchen sich die Staatsmänner zu Hause. Als Schröder im April 2004 seinen 60. Geburtstag in Hannover feiert, nimmt Putin als einziger ausländischer Staatschef daran teil. Als Geschenk bringt er einen 40 Mann starken Kosakenchor mit, der im Theater am Aegi das Niedersachsenlied zum Besten gibt.

Schröder revanchiert sich im Dezember 2004, als Putin zu Besuch nach Hamburg kommt, mit einem Shanty-Chor, den Kanzler und Präsident sich auf einem Dreimaster anhören. Abends treffen sie sich noch im Hotel Atlantic mit dem Rocksänger Udo Lindenberg auf einen Eierlikör. Am nächsten Tag geht es zu Regierungsgesprächen ins schleswig-holsteinische Schloss Gottorf, bevor sich Putin und Schröder zum Weihnachtsfest in des Kanzlers Reihenhaus nach Hannover begeben. Die deutsch-russischen Beziehungen hätten «eine Tiefe erreicht, wie sie noch nie da war», sagt Schröder. Im letzten Jahr seiner Kanzlerschaft, also 2005, trifft sich Schröder 8-mal mit Putin, insgesamt während seiner Kanzlerschaft rund 40-mal. Zu Putins 53. Geburtstag am 7. Oktober 2005 reist Schröder nach St. Petersburg, für Putin angeblich «das schönste Geburtstagsgeschenk».

Die Freundschaft, die Schröder voller Stolz mit Putin pflegt, hat sich da schon entscheidend auf das Familienleben des Kanzlers ausgewirkt. Mitte 2004 haben der kinderlose Schröder und seine vierte Ehefrau Doris Schröder-Köpf ein drei Jahre altes russisches Mädchen aus einem Kinderheim in St. Petersburg adoptiert. Putin hat dabei geholfen, dass die Angelegenheit unbürokratisch und ohne die üblichen Schmiergelder vonstattengeht. Dass ein 60 Jahre alter, beruflich eingespannter Mann, der dreimal geschieden ist, und seine 41 Jahre alte Ehefrau offenbar problemlos ein Kind aus dem Ausland adoptieren können, ist keinesfalls die Regel. Viele Organisationen, die sich mit Adoption beschäftigen, sagen sogar, dass das in der Praxis ausgeschlossen sei – schließlich hat man Tausenden Eltern in ähnlichem Alter mitgeteilt, dass eine Adoption nicht mehr möglich sei. Das Ehepaar Schröder selbst schweigt über die Details des Verfahrens. Der SPD-Oberbürgermeister von Hannover, Herbert Schmalstieg, sagt, er hoffe, dass das Beispiel des Kanzlers «Schule macht». Im Wahlkampf 2005 äußert sich auch Doris

Schröder-Köpf über die Adoption des Mädchens und spricht sich dafür aus, Adoptionen auch älteren Ehepaaren zu ermöglichen. Sie kritisiert die CDU-Kanzlerkandidatin Angela Merkel und macht die kinderlose Politikerin für die schwache Geburtenrate in Deutschland mitverantwortlich. «Ihre Politik war nie frauen- oder familienfreundlich, obwohl sie als Ministerin jahrelang genau dafür zuständig war. Ihre Politik von damals ist mit Schuld an den fehlenden Kindern heute. Frau Merkel verkörpert mit ihrer Biografie nicht die Erfahrungen der meisten Frauen», sagt Schröder-Köpf.[8] Zwei Jahre später, Schröder ist nun schon nicht mehr Bundeskanzler, adoptieren er und Schröder-Köpf noch einen knapp einjährigen Jungen aus St. Petersburg. Putins Operation Schröder ist da allerdings schon längst über das hinausgegangen, was der russische Präsident sich sechs Jahre zuvor wohl hatte erträumen können.

Steinmeiers Wandel durch Verflechtung

Das Verhalten Gerhard Schröders am Abend der Bundestagswahl, dem 18. September 2005, gehört zu den Ereignissen, an die sich auch nach vielen Jahren noch erinnert wird. Schröder blafft damals die Wahlsiegerin Angela Merkel vor laufender Kamera an und erklärt dem erstaunten Publikum, dass sie niemals als Kanzlerin mit der SPD regieren werde. «Sie wird keine Koalition unter ihrer Führung mit meiner sozialdemokratischen Partei hinkriegen. Das ist eindeutig. Machen Sie sich da gar nichts vor», poltert der Noch-Kanzler.

Es dauert ein paar Tage, bis Schröder akzeptiert, dass die SPD mit der CDU-Frau im Kanzleramt weiterregieren muss, da andere Koalitionen mit den Grünen oder der FDP ausscheiden. Selbst übernimmt Schröder kein Amt mehr, aber bei der Auswahl der SPD-Minister hat er ein entscheidendes Wort mitzureden. Dabei spielt für ihn offenbar auch deren Haltung zu Russland eine Rolle. Für das Amt des Außenministers sieht der scheidende Kanzler Matthias Platzeck vor. Der Ministerpräsident von Brandenburg verteidigte ein Jahr zuvor die in der SPD unpopuläre Agenda-Politik Schröders im Wahlkampf in Brandenburg und setzte sich trotz Verlusten als Ministerpräsident durch. Schröder traut Platzeck sogar zu, einmal Kanzler zu werden. Das Auswärtige Amt gilt dafür als gute Startposition; Willy Brandt schaffte es 1969 nach drei Jahren von dort ins Kanzleramt. Zudem teilt Platzeck die Nähe Schröders zu Moskau, er ist ein ausgesprochener Russland-Fan. Doch der damals 51 Jahre alte Platzeck lehnt es ab, als Außenminister und Vizekanzler nach Berlin zu wechseln, sieht seinen Platz weiter in Brandenburg. Er sei eben «ein Provinz-Ei», sagt er dazu öffentlich.

Schröder setzt stattdessen den Mann als Außenminister durch, der seit vielen Jahren sein engster politischer Vertrauter ist: Frank-Walter Steinmeier. Er ist seit 1999 Schröders Kanzleramtschef. Steinmeier gilt als Mister Effizienz, als graue Eminenz im Kanzleramt, der alle Dinge für den Regierungschef regelt. Steinmeier entwirft Konzepte wie die Reformen der Agenda 2010, bleibt dabei als Person stets im Hintergrund. Sein Einfluss allerdings ist groß; er achtet darauf, den Zugang zum Kanzler zu kontrollieren und Personen aus dem Kanzleramt zu drängen, die er als Störfaktoren empfindet. In der Bundesregierung sitzt in der Person Steinmeier jedenfalls weiter ein Maximum Schröder am Kabinettstisch. Später erzählt der Ex-Kanzler sogar, dass er, hätte er 2005 die Wahl gewonnen, nach einem Rücktritt in der Mitte der Legislaturperiode Steinmeier als seinen Nachfolger vorschlagen wollte.

Schröders Feuerwehrmann, der bisher Brandherde identifizieren und Löschtrupps einsetzen musste, traut sich den neuen Job zu. Und er ist stolz darauf, der erste sozialdemokratische

Außenminister seit Willy Brandt zu sein. Doch gibt es auch Vorbehalte, ob der bisher eher als Technokrat bekannte Mann das Zeug zum Außenminister hat. An den wichtigen außenpolitischen Entscheidungen, vom Kosovo-Einsatz bis zur Ablehnung des Irak-Krieges, war Steinmeier immerhin beteiligt. Im Kanzleramt hatte er unter anderem ein Projekt vorangetrieben, das Schröder besonders am Herzen liegt: die Ostsee-Pipeline von Russland nach Deutschland, die später Nord Stream genannt wird. Auf Reisen nach Moskau hatte Steinmeier die Sache mit der Röhre durch die Ostsee glattgezogen und dabei Putins Vertrauten Dmitri Medwedjew kennengelernt, der damals stellvertretender Regierungschef und Aufsichtsratschef von Gazprom ist.

An der besonderen Verbindung zu Russland findet Steinmeier Gefallen, das Land interessiert ihn. Das unterscheidet ihn von seinem Vorgänger Joschka Fischer, der sich in Schröders Russlandpolitik nicht einmischte, sich aber auch nicht als Erfüllungsgehilfe des Kanzlers sah. Steinmeier geht es darum, die Russlandpolitik Schröders fortzusetzen, die er auch als Erbe der SPD im Sinne der Entspannungspolitik von Brandt und Bahr sieht. Die Monopolisierung der Russlandpolitik im Kanzleramt, die Schröder durchgesetzt hat, will Steinmeier aufbrechen. Und Merkel lässt dem Außenminister weitaus mehr Spielraum, als Schröder es zugelassen hatte. Ins Auswärtige Amt rückt der neue Minister mit der Überzeugung ein, er wisse, was Russlandpolitik sei. Wenige Tage nach Amtsantritt wird Steinmeier von Putin empfangen, obwohl der Außenminister für den Präsidenten protokollarisch nicht der ebenbürtige Gesprächspartner ist. Putin empfängt Schröders Ziehsohn sogleich auf seiner Datscha nahe Moskau – bei dem Treffen soll, durchaus nicht ungewöhnlich, vor allem Putin geredet haben. Einen Termin mit Oppositionellen oder Menschenrechtlern hält Steinmeier während dieser Reise für unnötig. Erst als Angela Merkel bei ihrer ersten Russlandreise als Kanzlerin Anfang 2006 Putin-Kritiker zum Tee in die Deutsche Botschaft in Moskau einlädt, nimmt auch Steinmeier stets ein Treffen mit Oppositionellen in seine Reisen auf – schließlich gilt es, mediale Kritik in Deutschland abzuwehren. Bei seiner zweiten Moskau-Reise im Dezember 2006 trifft er den Oppositionellen Garri Kasparow in der Botschaft, der damals im Westen als besonders wichtiger Regimekritiker gilt. Allerdings darf Kasparow auf Anraten des damaligen Botschafters, des kremlfreundlich gesinnten Walter Schmid, nicht am folgenden Abendessen mit anderen Oppositionspolitikern teilnehmen, da der frühere Schachweltmeister für Putin eine Hassfigur ist. Kasparow bekommt deshalb einen Extra-Termin mit der deutschen Delegation, so dass das Treffen weniger offiziell wirkt.

Steinmeier kann allerdings nicht einfach kopieren, was Schröder aus dem Bauch entschieden und als Männerfreundschaft mit Putin inszeniert hat. Anders als Schröder versteht sich sein ehemaliger Kanzleramtschef als Intellektueller, der Konzepte erstellen und Papiere erarbeiten lässt. Im Auswärtigen Amt lässt der Außenminister eine «neue Ostpolitik», sprich Russlandpolitik, entwerfen. Steinmeiers Planungsstab unter dem früheren BND-Mitarbeiter Markus Ederer denkt sich dafür den Slogan «Annäherung durch Verflechtung» aus. Er ist angelehnt an den mehr als 40 Jahre alten Slogan «Wandel durch Annäherung», den Egon Bahr ersonnen hatte. Natürlich weiß Ederer, der später EU-Botschafter in Peking und Moskau sein wird, dass sich Russland zu einer Diktatur entwickeln kann. Doch vom Chef gewünscht ist ein positives Szenario, eine «Modernisierungsagenda».

Gedacht ist an eine noch engere Zusammenarbeit mit dem Kreml, in deren Mittelpunkt die Energie stehen soll. Der Ausbau der wirtschaftlichen Beziehungen soll die Modernisierung und den Wandel der russischen Gesellschaft befördern, einer noch schwachen Mittelklasse auf die Füße helfen, die dann Träger für demokratische Reformen sein soll.

Was so schön klingt, hat allerdings einen Haken: Putin hat schon bis 2005 reichlich bewiesen, dass er mit westlichen Werten nicht das Geringste am Hut hat. Menschenrechtsfragen behandelt Steinmeier in der Russlandpolitik eher nachrangig. Den Einwand von russlandkundigen Mitarbeitern des Auswärtigen Amtes, dass Putin als Kreatur des KGB keine wirkliche Vertrauensperson sein könnte, berücksichtigt Steinmeier nicht. Mitarbeiter erwähnen auch die Berichte, laut derer Putin selbst Wohnhäuser in Moskau und anderen Städten vom Geheimdienst FSB in die Luft jagen ließ, um angesichts von Hunderten Toten einen Vorwand für seinen Krieg gegen die rebellische Kaukasusrepublik Tschetschenien zu haben. Auch der Hinweis, dass Boris Jelzin Putin gerade wegen dessen Verstrickung in die Korruption und ins Verbrechermilieu von St. Petersburg als seinen Nachfolger ausgewählt habe, kann den Außenminister nicht überzeugen, dass er von seinem Modernisierungsvorhaben mit Putins Regime abrückt. Der bloße Hinweis auf Putins Sündenregister wird als Zumutung aufgefasst, erinnert sich ein damaliger Mitarbeiter des Ministeriums.

Steinmeier behauptet auch, die energiepolitischen Interessen Deutschlands im Blick zu haben. In einem Radiointerview im Herbst 2006 nennt er Norwegen einen «großen Partner» und sagt, die Unternehmen der Energiewirtschaft hätten aus eigenem Interesse für eine Diversifizierung der Energielieferanten und der Zulieferwege gesorgt. Er fügt hinzu: «Natürlich suchen wir neben der Versorgung mit Gas über Pipeline-Verbindungen auch die Möglichkeiten für Flüssiggas.»[9] In seinem Umfeld passiert derweil das Gegenteil. Zu Steinmeiers Freunden zählt damals bereits Eggert Voscherau, der als Vorstandsmitglied des Chemiekonzerns BASF mit dem Bau der Ostsee-Pipeline Nord

Stream beschäftigt ist und zu den gern gesehenen Gästen in Putins Sommerresidenz in Sotschi zählt. Später wird Eggert Voscherau Aufsichtsratschef der BASF, und sein Bruder Henning wird – auf Anraten von Eggert Voscherau – ab Frühjahr 2012 den Aufsichtsrat der geplanten Gazprom-Pipeline South Stream führen. An der Röhre beteiligt sich auch die BASF über ihre Tochter Wintershall. Neben Schröder wird Henning Voscherau so der zweite deutsche Gaslobbyist aus der SPD, der im russischen Interesse arbeitet.

Henning Voscherau, von 1988 bis 1997 Erster Bürgermeister Hamburgs, gehört schon früh zu den Fans des russischen Präsidenten, die dessen zwischenmenschlichem Charme erliegen. Voscherau kennt Putin noch aus der Zeit, als er Vizebürgermeister in Hamburgs Partnerstadt St. Petersburg war. Wie sein Hamburger Vorgänger Klaus von Dohnanyi hält Voscherau Putin für einen Demokraten, der durch die Umstände gezwungen ist, nicht immer ganz demokratisch vorzugehen. Voscherau will Putin 2004 die Ehrendoktorwürde der Universität der Hansestadt verleihen, zu einem Zeitpunkt, als schon Tausende Zivilisten in Tschetschenien der brutalen Kriegsführung Moskaus zum Opfer gefallen sind. Als sich zahlreiche Professoren der Universität in einer Erklärung dagegen aussprechen, empfiehlt Voscherau ihnen: «Maul halten». Zur Verleihung der Doktorwürde kommt es wegen der Proteste aber nicht.

Diesen positiven Blick auf Putin teilt Außenminister Steinmeier. Sein Planungsstab im Auswärtigen Amt arbeitet ab 2006 weiter am Konzept «Wandel durch Verflechtung», ungeachtet des Einwands, dass unklar sei, mit wem man sich eigentlich verflechten soll. Nicht zuletzt fehlt es in Russland an der Rechtssicherheit durch eine unabhängige Justiz, auf die sich ausländische Investoren verlassen können. Dennoch soll die neue Partnerschaft mit Russland sehr eng und «irreversibel» sein – so wird es in Arbeitspapieren festgehalten. Das Kanzleramt, nicht zuletzt Merkels außenpolitischer Berater Christoph Heusgen, steht diesen Vorstellungen kritisch gegenüber. Doch Merkel fällt ihrem Außenminister nicht in den Arm. Steinmeier glaubt daran, dass Deutschland mit Russland in ganz vielen Feldern zusammenarbeiten kann, «bei der Klima- und Energiepolitik, im gemeinsamen Bemühen um Energieeffizienz, bei der Gesundheitspolitik, bei der Abfederung der Folgen einer älter werdenden Gesellschaft, auf den Feldern Bildung und Wissenschaft oder auch der Rechtstaatlichkeit». Er nutzt die deutsche EU-Ratspräsidentschaft im Jahre 2007, um seine «Modernisierungspartnerschaft» mit Russland auf die europäische Ebene zu hieven. Es ist die ideologische Unterfütterung einer an Moskau orientierten Politik, die es in Deutschland ohnehin schon gibt. Sie wird im Mai und Juni 2010 sogar offiziell zwischen der EU und Russland in einer Gemeinsamen Erklärung besiegelt – und verpufft dann folgenlos.

Steinmeiers erste Ukraine-Reise als Außenminister im Februar 2006 verläuft indes eher unglücklich. Der damalige Botschafter in der Ukraine, Dietmar Stüdemann, ist ein Kenner des Landes und bei der ukrainischen Führung sehr beliebt; er steht damals kurz vor der Pensionierung. Steinmeier, von den Kenntnissen Stüdemanns angetan, macht seinem ukrainischen Ministerkollegen Borys Tarasjuk spontan den Vorschlag, Stüdemann als außenpolitischen Berater des Präsidenten Viktor Juschtschenko einzustellen, was dieser auch kurzzeitig wird. Bei der Regierung in Kiew erweckt Steinmeier mit seinem Vorschlag allerdings den Eindruck, als sei die Ukraine für ihn ein unterentwickeltes Land, das Beratung brauche und eigentlich nicht recht ernst zu nehmen sei – eine Einschätzung, die mit jener Moskaus durchaus kompatibel ist.

Als Steinmeiers Favorit in Russland, Dmitri Medwedjew, im

März 2008 Nachfolger Putins im Amt des Präsidenten wird – nach der damals geltenden Verfassung ist eine weitere Amtszeit Putins ohne Unterbrechung nicht möglich – bestärkt das den Außenminister in seiner Auffassung, dass eine besonders enge Partnerschaft mit Russland möglich sei. Steinmeier hält Medwedjew, der als deutlich liberaler als Putin gilt, für den Mann der Zukunft, auch wenn die eigentlichen Russland-Kenner im Amt diese Vorstellung für absurd halten. Es ist vor allem ein Wunschdenken Steinmeiers, weil er persönlich gut mit Medwedjew zurechtkommt. Dabei geht es Putin, der auf den Posten des Ministerpräsidenten wechselt, nur um einen Trick. Medwedjew füllt das Präsidentenamt nur aus, um den Platz für die Rückkehr des starken Mannes frei zu halten. Steinmeier, aber auch Angela Merkel begreifen das lange nicht, sondern machen sich Illusionen über einen möglichen freundlicheren Kurs Russlands gegenüber dem Westen. Steinmeier hält unbeirrt an seiner Idee der Modernisierungspartnerschaft fest. Am 3. Juli 2008 sagt er auf einem Treffen des Lenkungsausschusses des Petersburger Dialogs: «Nur gemeinsam mit Russland wird unsere Energieversorgung auf Dauer sicher und friedlich sein, nur gemeinsam mit Russland werden wir Fortschritte bei der Abrüstung erreichen und im weltweiten Kampf gegen den Terrorismus erfolgreich sein. Ich bin überzeugt: Es wird in Europa, im ganzen eurasischen Raum keine Sicherheit ohne oder gar gegen Russland geben.»[10]

Der Krieg Russlands gegen Georgien im August 2008 zeigt die Illusion dieses Denkens. Putin hat dem georgischen Präsidenten Micheil Saakaschwili, einem Heißsporn, eine Falle gestellt. Er lässt russische Einheiten georgische Dörfer an der Grenze zu Südossetien beschießen. Saakaschwili geht daraufhin gegen Südossetien vor, das zwar nominell zu Georgien gehört, faktisch aber von Russland kontrolliert wird. Die russischen Einheiten haben nur darauf gewartet, dass Saakaschwili seine Truppen in

Gang setzt. Die Georgier erleiden eine schnelle Niederlage, die russischen Soldaten rücken binnen weniger Tage nach Tiflis vor. Vier Monate vorher hatten Deutschland und Frankreich auf dem Nato-Gipfel in Bukarest die Aufnahme Georgiens und der Ukraine abgelehnt und die beiden Länder mit einem unverbindlichen Ausblick abgespeist, irgendwann einmal Mitglied werden zu können. Putin hatte das so verstanden, dass er im Kaukasus freie Hand habe. Die Reaktionen in Berlin und Paris bestärken ihn darin. Denn obwohl es Warnungen gab, scheint Steinmeier mit einer militärischen Konfrontation nicht zu rechnen, weil er sie für unwahrscheinlich hält.

Eigentlich hätte der deutsche Außenminister aus dieser Fehleinschätzung Konsequenzen ziehen müssen. Doch erstaunlicherweise bringt der Georgien-Krieg keine Wende in seiner Politik. Steinmeier warnt, etwa auf dem Landesparteitag der Brandenburger SPD, vor «Scharfmacherei», spricht vom «unverantwortlichen» Vorgehen Georgiens und einer «Überreaktion» Russlands. Als sein damaliger französischer Kollege Bernard Kouchner Überlegungen anstellt, Sanktionen gegen Russland zu verhängen, wendet sich Steinmeier dagegen, lehnt überhaupt eine härtere Gangart gegenüber Moskau ab. «Auch in dieser ernsten politischen Lage gilt es, einen Rest von Vernunft walten zu lassen. Wir werden über den Tag hinaus Russland als Nachbarn behalten, und es ist in unserem eigenen Interesse, zu einem normalen Verhältnis zurückzukehren», sagt der Minister.

Deutschland verpasst es in den folgenden Jahren, Georgien, die Ukraine und Moldau sicherheitspolitisch zu stärken, obwohl diese Länder in die EU streben. Nach dem Krieg in Georgien werden zwar im Planungsstab des Auswärtigen Amtes zahlreiche Szenarien durchgespielt, wie es in Russland weitergehen könnte. Ein Szenario geht davon aus, dass die Russen die Krim annektieren werden. Doch wieder einmal geht man vom besten

Fall aus. Das Szenario wird schon sehr früh wieder aussortiert, weil es einfach für zu unwahrscheinlich gehalten wird.

Steinmeier verhindert zudem, dass die Nato weit schärfere Sanktionen beschließt als nur die vorübergehende Aussetzung der Treffen des Nato-Russland-Rates. Ihm geht es vor allem darum, den Gesprächsfaden nicht abreißen zu lassen. Dagegen wäre nichts einzuwenden, wenn die Gespräche mit einem klaren, realistischen Ziel geführt würden. Doch Steinmeier versteht nicht, was nicht so schwer zu verstehen ist: Russland verhandelt nur, wenn man ihm mit Stärke begegnet. Kompromisse werden als Schwäche betrachtet. Die russische Politik denkt in den Kategorien von Gewinnen und Verlieren. Und kann man keinen Erfolg erzielen, hat man kein Problem damit, die Lage weiter zu eskalieren. Steinmeier tritt dieser Logik nicht entschlossen entgegen. Auch deshalb ist er in Moskau wohlgelitten. Er ist ein eher ängstlicher Mensch. Während sein Vorgänger Joschka Fischer mit dem russischen Außenminister Sergei Lawrow spielend zurechtkam und dessen Suaden oft unterbrach, kommt Steinmeier gegenüber Lawrow schwer zu Wort. Der «liebe Sergei», wie Steinmeier ihn mitunter nennt, ist zu seinen Gesprächspartnern oft hart und verletzend. Beim deutschen Außenminister hat er das nicht nötig.

Steinmeier verzichtet auch in den kommenden Jahren auf Schritte, die Russland in die Schranken hätten weisen können. Als die Amerikaner im Alleingang eine Raketenabwehr auf europäischem Boden aufbauen wollen, warnt er im März 2007 davor. «Wir wollen kein Wettrüsten in Europa», schreibt er in der FAS. Frieden basiere «nicht mehr auf militärischer Abschreckung, sondern auf der Bereitschaft zur Zusammenarbeit».[11] Steinmeier bleibt dabei ganz im Einklang mit der damaligen SPD-Führung und nicht zuletzt mit seinem politischen Ziehvater Schröder. Der nennt die amerikanischen Pläne zur gleichen Zeit «politisch gefährlich» und spricht von dem Versuch, «eine unsinnige Einkreisungspolitik gegenüber Russland zu etablieren, die alles andere als im Interesse Europas liegt».[12]

Schröders Stimme bekommt zu diesem Zeitpunkt wieder mehr Gewicht innerhalb der SPD. Nach dem Ende seiner Kanzlerschaft hat er sich ungefähr ein Jahr lang merklich zurückgehalten, nun mischt er sich zunehmend wieder ein. Mit Egon Bahr bespricht er den außenpolitischen Kurs der SPD. Mit Kurt Beck, dem neuen SPD-Chef, hat er regelmäßig Kontakt. Seinen ehemaligen Intimus im Kanzleramt Steinmeier trifft er zum Essen, wenn es beider Terminkalender erlaubt. Schröder will weiter dabei sein, ohne die Schmerzen über seine Niederlage bei der Bundestagswahl überwunden zu haben.

So äußert er sich weiter zur großen Politik, oft zum Ärger des Kanzleramts. Im November 2007 kritisiert er die Bundeskanzlerin dafür, dass sie mit dem Empfang des Dalai Lama im Kanzleramt die Gefühle des chinesischen Volkes verletzt habe. Er tut das ausgerechnet in Peking, was gegen alle diplomatischen Gepflogenheiten verstößt. Angela Merkel habe «einen Fehler gemacht», er bedaure das, zitiert die China Daily den Ex-Kanzler. Nach seiner Rückkehr aus China attackiert Schröder die Kanzlerin bei einem Galadinner im Berliner Martin-Gropius-Bau. Er wirft ihr vor, sie lasse sich in der Außenpolitik gegenüber Russland von einer Emotionalität leiten, die auf ihren persönlichen Erfahrungen in einem kommunistischen System beruhe. «Man kann ja über eine wertegebundene Energiepolitik philosophieren. Aber das Gas wird ganz real gebraucht», wird Schröder zitiert. Das Aufbauen neuer rhetorischer Mauern gegen Russland sei aber gefährlich, bei allem «Verständnis für die Besonderheit von DDR-Biografien». Er selbst sei «als freier Mensch» davon überzeugt, dass dies nicht klug sei.[13]

Schröder will also weiter mitmischen, national und international, sich keine tagespolitische Zurückhaltung auferlegen oder sich etwa nur äußern, wenn er um Rat gefragt wird. Und auch in der SPD tritt der Bundeskanzler a. D. wieder als Wahlkämpfer auf. Zwar ist Schröder bei manchen Genossen wegen seiner Agenda-Politik und seines nassforschen Umgangs mit der Partei schlecht gelitten. Doch schon bald kommt es zu einer Annäherung mit der SPD-Spitze, weil Kurt Beck auf ihn zugeht. Er gewinnt Schröder dafür, auf dem Parteitag Ende Oktober 2007 in Hamburg ein Grußwort zu sprechen, was jener in unspektakulärer Weise tut.

Bei einem Auftritt in der Russischen Botschaft im September 2007 macht sich Schröder dafür stark, russischen Energieunternehmen den Weg «in unsere Netze» zu ebnen. Wenn zugleich europäische Unternehmen in Russland in die Förderung von Öl und Gas einsteigen würden, «so führt das zu einem Mehr an Energiesicherheit». Schröder wirbt auch für den Einstieg russischer Investoren in den deutschen Telekommunikationsmarkt. Er habe es nicht verstanden, dass die Deutsche Telekom einen amerikanischen Hedgefonds wie Blackstone als Großaktionär akzeptiere, aber den russischen Konzern Sistema mit seinen 80 Millionen Mobilfunkkunden «nicht sehr gern gesehen» habe. Dass der Bundesnachrichtendienst (BND) erhebliche Bedenken gegen den Verkauf eines Viertels der Telekom-Aktien an den Konzern des Milliardärs Wladimir Jewtuschenkow angemeldet hatte, weil die rege Spionagetätigkeit der Russen dagegenstehe, lässt Schröder unerwähnt.

Zu Kritik an den repressiven Methoden des Kremls lässt sich Schröder nicht bewegen. Als Putin den Oligarchen Michail Chodorkowski in sibirische Lagerhaft stecken lässt, sagt Schröder: «Ich habe das wahrgenommen als eine Auseinandersetzung zwischen der russischen Justiz und Chodorkowski.» Er habe mit Putin nie über diese Angelegenheit geredet. Und als er nach den

Morden an regimekritischen Journalisten in Russland gefragt wird, die nicht aufgeklärt werden, wendet er ein, «dass viele Verbrechen auch in anderen Ländern nicht aufgeklärt werden, ohne dass gleich vermutet wird, die Staatsführung habe daran kein Interesse». Auch den russischen Krieg gegen Georgien im Jahr 2008 verteidigt Schröder und spricht von einer «Einkreisung» Moskaus.

Als im selben Jahr Steinmeier Kanzlerkandidat der SPD wird, sieht sich Schröder bestätigt, weil er seinen Vertrauten schon immer als den besten Mann für den Kanzlerposten favorisiert hatte. Dafür musste allerdings erst der SPD-Bundesvorsitzende Kurt Beck ausgebootet werden. Als Verantwortliche dafür werden zuvorderst Steinmeier sowie der frühere SPD-Chef Franz Müntefering genannt, beide Schröderianer. Müntefering wird nach Becks legendärem Rücktritt am Schwielowsee sogar wieder Parteivorsitzender. Von einigen Medien wird aber Schröder als eigentlicher Strippenzieher in der ganzen Sache verdächtigt. In seinem Wahlkampf legt Steinmeier Wert darauf, nicht als Zögling Schröders wahrgenommen zu werden. Schröder hält sich also mit Wahlkampfauftritten zurück, tritt nicht auf großen Kundgebungen auf, sondern nur im kleinen Format. Es geht darum, Steinmeier nicht die Show zu stehlen, ihn nicht zu überstrahlen. Doch in jeder Wahlkampfrede Steinmeiers hört man den Schröder-Sound heraus, der Kandidat «schrödert» lautstark, was nicht so recht zu ihm passen will. Die Sache geht schief. Steinmeier erreicht bei der Bundestagswahl für die SPD 23 Prozent, es ist das bis dahin schlechteste Ergebnis der Partei seit Bestehen der Bundesrepublik.

Schröders Business Case

Gerhard Schröder ist 61 Jahre alt, als er das Kanzleramt verlassen muss. Seine Karriere in der Politik ist damit vorbei, aber der Sozialdemokrat fühlt sich viel zu jung, um nur noch ein Altkanzler zu sein, der sich auf gelegentliche Honoratiorentätigkeiten beschränkt. Auch Geld spielt in seinen Überlegungen eine Rolle. Als Ministerpräsident im VW-Aufsichtsrat und erst recht als Kanzler hatte Schröder ständig Umgang mit Männern, die ein Vielfaches seiner Amtsbezüge verdienten. Schröder habe nicht ohne Neid darauf geschaut, berichten viele, die mit ihm zu tun hatten. Und Schröder hat es offenbar eilig: In sehr kurzer Zeit wird er von einem wohlhabenden Mann zu einem reichen Mann. Carsten Maschmeyer zahlt, wie bereits beschrieben, die unüblich hohe Summe von zwei Millionen Euro für seine Memoiren. Bis heute ist umstritten, inwieweit die damaligen Absprachen zwischen dem Versicherungsunternehmer und dem SPD-Politiker in die Zeit von dessen Kanzlerschaft zurückreichen. Gleiches gilt für Schröders beruflichen Eintritt in das Gazprom-Reich.

Knapp drei Wochen nach seinem Auszug aus dem Kanzleramt titelt die BILD-Zeitung am 10. Dezember: «Russen holen sich Schröder». Unmittelbar zuvor ist bei einem Termin in Russland publik geworden, dass Schröder den Aufsichtsratsvorsitz der Nord Stream AG übernehmen wird. Schröder selbst sagt, das Thema sei «erstmals im November» an ihn herangetragen worden, und er habe zunächst abgelehnt.[14] Seine Zusage habe er erst am 9. Dezember 2005 gegeben, nach Darstellung des Schröder-Biografen Gregor Schöllgen hat Schröder dafür auf dem Privathandy von Wladimir Putin angerufen.[15] Die BASF behauptet damals, dass die Konzerntochter Wintershall und der andere deutsche Anteilseigner Eon erst an diesem Tag einbezogen worden seien, die Personalie sei allein von den Russen entschieden worden.[16]

Es gibt aber Gründe, an diesen Darlegungen zu zweifeln. Eine ranghohe Quelle berichtet, dass die deutsche Seite bei Nord Stream 1 schon zuvor von der geplanten Schröder-Personalie Kenntnis und sogar selbst mit dem Altkanzler darüber gesprochen hatte. In Russland gibt es zudem bereits Berichte über den neuen Job Schröders, als dieser noch im Kanzleramt regiert. Schon am 10. Oktober 2005 meldet der Radiosender Echo Moskwy, dass Gerhard Schröder einen Posten beim Erdgas-Konzern Gazprom übernehmen wird. Das hätten russische Diplomaten erfahren, als Schröder, der Noch-Kanzler, am 7. Oktober Putin noch einmal in St. Petersburg besucht habe, berichtet der Rundfunksender. Schröders Regierungssprecher bezeichnete die Meldung als «haltlose Spekulation». SPD-Generalsekretär Klaus Uwe Benneter spricht von einem «üblen Gerücht». Zwei Monate später, am 15. Dezember 2005, erklärt Benneter im Plenarsaal des Bundestags: «Gerhard Schröder hat im ureigenen Interesse Deutschlands die Oberaufsicht für ein Projekt übernommen, das im energiepolitischen und im energiewirtschaftlichen Interesse Deutschlands liegt.»

Gesprochen hatten Putin und Schröder über den zukünftigen Job nach einer möglichen Wahlniederlage des Kanzlers aber wahrscheinlich schon früher. «Aus dem Gazprom-Apparat haben wir am 21. September erfahren: ‹Der Schröder hat sich schon ein Plätzchen bei uns gesichert›», berichtet ein in Moskau tätiger deutscher Geschäftsmann der FAZ. Es sei klar, dass über den Posten für Schröder schon vor der Bundestagswahl vom 18. September entschieden worden sei.

Mit der Übernahme des Postens bei Nord Stream trifft Schröder eine folgenreiche Entscheidung. Er verknüpft sein eigenes Netzwerk mit Putins autokratischer Macht und übernimmt mit seiner exponierten Lobbyistentätigkeit eine Rolle, die man von seinen Amtsvorgängern nicht kannte. Zugleich aber beschädigt er durch den Pakt mit Putin das Erbe seiner Kanzlerschaft und sein Ansehen, das er sich vor allem durch die Agenda 2010 und das Nein zum Irak-Krieg der USA erworben hatte.

Schröder und Putin als führendes Tandem im größten Gaskonzern der Welt – das eröffnet neue Perspektiven für eine geopolitisch wichtige Männerfreundschaft. Die russische Presse spricht von einer «West-Erweiterung des Systems Putin», das darin besteht, dass der Präsident überall seine Vertrauten einsetzt und so seine Kontrolle ausweitet. Gleich zwei Deutsche sollen die Geschicke des deutsch-russischen Pipeline-Konsortiums leiten: Schröder als Aufsichtsratsvorsitzender und der Moskauer Dresdner-Bank-Chef Matthias Warnig als Vorstandschef. Warnig, ehemaliger Stasi-Offizier, ist ein alter Vertrauter Putins.

Um die Geschichte von Warnig, Schröder und Putin zu erzählen, ist ein Sprung zum 25. November 2010 hilfreich. An diesem Tag besucht Putin wieder einmal Berlin. Bevor er am darauffolgenden Tag Kanzlerin Merkel trifft, geht er mit Schröder essen. Treffpunkt ist das Restaurant Café des Artistes in der Fuggerstraße in Berlin-Schöneberg; es liegt in einem Viertel, das wegen der vielen Bars und Treffpunkte für Homosexuelle Regenbogenkiez genannt wird. Schröder wartet eine Stunde auf Putin, kurz nach 21 Uhr erscheint sein Freund. Es gibt Austern in Rotwein, knusprige Ente mit Rotkohl und eine süße Dessert-Platte. Schröder ist in dem Lokal regelmäßig zu Gast, auch sein Freund Frank-Walter Steinmeier, der später am Abend noch vorbeikommt. Und auch Putin besucht das Restaurant meist, wenn er in der deutschen Hauptstadt ist. Das hat mit dem Koch zu tun. Mit ihm hatten Putins Töchter gespielt, als er noch ein Junge war. Es ist Stefan Warnig, der Sohn von Matthias Warnig, der an diesem Abend im Restaurant dabei ist. Die Kochkünste von Warnig Junior hatten Putin und auch Schröder schon in Moskau genossen, als Stefan Warnig in einem Restaurant gleichen Namens tätig war, das in der Kammerjägergasse nicht weit vom Kreml lag und beim Moskauer Regenbogen-Publikum beliebt war.

Aufgewachsen ist Matthias Warnig in der DDR, in der Lausitz. Schon mit 18 Jahren entscheidet der damalige FDJ-Sekretär, dass er für die Staatssicherheit arbeiten will, verpflichtet sich, hauptamtlicher Mitarbeiter zu werden. Er beginnt seine Ausbildung beim Ministerium für Staatssicherheit (MfS), dient ein halbes Jahr in dessen Wachregiment und absolviert dann in Ost-Berlin ein Studium an der Hochschule für Ökonomie. Das dient vor allem als Legende für die weitere Schulung zum Spion in der HVA, der Stasi-Einheit für Auslandsspionage, um «Offizier im besonderen Einsatz» zu werden. Der Deckname von Warnig bei der Stasi ist damals «Ökonom». Warnig wird 1986 nach Düsseldorf geschickt, sein Auftrag ist Wirtschaftsspionage, offiziell ist er in der Handelsmission der DDR tätig. Seine umgängliche Art macht es dem DDR-Spion – sein Deckname ist nun «Arthur» – leicht, Leute zu kontaktieren und Informationen aus Unternehmen herauszubekommen; unter anderen forscht er Krupp, Thyssen, BASF und die Dresdner Bank aus. Als er aufzufliegen droht, holt ihn das MfS im Sommer 1989 zurück nach Ost-Berlin. Am 7. Oktober 1989 erhält Warnig von Stasi-Chef Erich Mielke die Medaille «für treue Dienste in der Nationalen Volksarmee in Gold».

In der DDR-Regierung unter Hans Modrow engagiert ihn Wirtschaftsministerin Christa Luft als Referenten für ihr Ministerium. Der ehemalige Stasi-Mann nimmt dann an den Verhandlungen zur Wirtschafts- und Währungsunion teil. Dabei lernt er den damaligen Vorstandsvorsitzenden der Dresdner Bank, Wolfgang Röller, kennen. Röller gewinnt Warnig für das zu erwartende Russland-Geschäft des Geldhauses, schickt ihn nach St. Petersburg. Warnig schlägt bald vor, dort eine Filiale zu eröffnen, der Vorstand in Deutschland stimmt zu. Damit das Vorhaben gelingt, benötigt Warnig die Unterstützung des Vizebürgermeisters Wladimir Putin, der für die Belange ausländischer Firmen zuständig ist. Weil er zunächst abgewiesen wird, begibt er sich, mit einer Thermosflasche und Brotstullen bewaffnet, um neun Uhr morgens in Putins Vorzimmer und wartet. Anwesend sind dort die Sekretärin, die später Ehefrau des Gazprom-Chefs Alexei Miller werden wird, und Putins Büroleiter Igor Setschin, der zum Chef des Ölgiganten Rosneft aufsteigen wird, in dessen Aufsichtsrat viele Jahre später Warnig und Schröder sitzen werden. Doch all das lässt sich damals nicht ahnen. Nach acht Stunden Warten erscheint Putin, unterbricht bald die Dolmetscherin und verabredet mit Warnig ein Treffen spätabends im Lokal Tschaika, auf Deutsch Möwe. Die beiden Männer verstehen sich, sie entdecken gleich Gemeinsamkeiten in ihrem Lebenslauf. Beide haben für den Geheimdienst eines kommunistischen Landes gearbeitet, früh geheiratet, beide haben zwei Kinder, für beide ist das Leben anders gelaufen, als sie es sich vorgestellt hatten.

Warnig ist in der Folge am Wochenende oft Gast auf Putins Datscha, die beiden freunden sich an. Als Putins Frau Ljudmila 1993 bei einem Autounfall schwer verletzt wird, sorgt Warnig dafür, dass sie in Deutschland eine Reha in Bad Homburg machen kann, die Dresdner Bank übernimmt die Kosten. Putins Töchter gehen in dieser Zeit mit Warnigs Kindern in die Schule. Auch sorgt der Deutsche dafür, dass Putin ein Seminar über Bankenaufsicht in Königstein bei Frankfurt am Main besuchen kann. Später machen die Familien zusammen Skiurlaub in der Schweiz. Für die Dresdner Bank lohnt sich die Sache: Als erstes westliches Geldinstitut eröffnet sie in Russland eine Vollbank, sie regelt den Börsengang von Rosneft, platziert Anleihen von Gazprom.

Als Putin Präsident wird, steigt Warnig zu einem der wichtigsten Wirtschaftsmanager in Russland auf. Er sitzt im Aufsichtsrat der Rossija Bank, die als Bank der Putin-Freunde gilt. Auch bei Transneft, dem Unternehmen, das Öl in Russland transportiert, sitzt er im Kontrollgremium. Und bei Rusal, dem damals größten Aluminiumhersteller der Welt, ist er sogar Aufsichtsratschef. Warnig, mittlerweile wohl Multimillionär, zieht mit seiner zweiten, russischen Frau und einem Sohn aus dieser Ehe 2006 von Moskau nach Deutschland und bald ins südbadische Staufen bei Freiburg. Der Russland-Manager Klaus Mangold, der im benachbarten Münstertal wohnt, soll ihm die Gegend empfohlen haben. Von dort ist es nicht allzu weit ins schweizerische Zug, wo Nord Stream seinen Sitz hat und rund 200 Leute unter Warnig arbeiten. Auch sein Aufsichtsratschef Schröder kommt dort gelegentlich vorbei, «der mir persönlich eine große Unterstützung ist», wie Warnig 2010 in einem Interview sagt.[17]

Warnig ist nicht der einzige frühere DDR-Kader, auf den Schröder im Reich von Gazprom trifft. Denn dort wimmelt es in den Jahren nach dem Einstieg des Altkanzlers von ehemaligen Spitzengenossen und Stasi-Spionen. Gazprom-Germania-Geschäftsführer Hans-Joachim Gornig war vor 1989 Stellvertreter des Ministers für Kohle und Energie sowie Regierungsbeauftragter für den Gasleitungsbau. Wegen seines «klaren politischen Standpunkts» wurde Gornig mit dem Vaterländischen Verdienstorden in Bronze ausgezeichnet. Felix Strehober, der Finanzchef von Gazprom Germania, war Berufsoffizier des Ministeriums für Staatssicherheit, bespitzelte Kommilitonen. Hans-Uve Kreher, Personalchef der deutschen Gazprom-Tochter, berichtete dem DDR-Geheimdienst als Inoffizieller Mitarbeiter über das Privatleben seiner Mutter und sollte einen Energiemanager ausspähen.[18]

Rund um die Gazprom Germania existiert ein merkwürdiges Firmengeflecht. Nur wenige hundert Meter von der Berliner Firmenzentrale entfernt steht in der Leipziger Straße ein Hochhaus, das einst für die SED-Elite erbaut wurde. Im ersten Stock befindet sich das Ein-Zimmer-Büro der Gasconsult GmbH, die allein in einem Jahr rund eine Million Euro von der Gazprom Germania erhalten haben soll. Gazprom-Germania-Chef Gornig ist Minderheitsgesellschafter dieser Firma. 80 Prozent der Gasconsult gehören einer anderen Firma. Deren Geschäftsführer ist Gornigs Sohn – und Vater Gornig besitzt rund 60 Prozent der Anteile. Der Geschäftsführer der Gasconsult wiederum muss praktischerweise nicht weit zu seinem Büro laufen. Denn er wohnt selbst in dem Hochhaus an der Leipziger Straße. Der Mann ist ein alter Weggefährte Gornigs: Bruno Mach, zu DDR-Zeiten Staatssekretär und ebenfalls im Energiebereich tätig.

Nach dem Fall der Mauer war Gornig bei der GASA Zarubezhgaz Import-Export GmbH involviert, einem äußerst wertvollen und zugleich vermutlich ziemlich überflüssigen Zwischenhändler, der Gazprom-Erdgas über die Schweiz nach Bulgarien verkauft. 70 Prozent der GASA gehörten einer Firma namens DASA. Deren Eigentümer waren Gornig und Mach.

Eine alte Seilschaft um Gornig hat während des Untergangs der DDR offenbar auch versucht, den sowjetischen Erdgas-Liefervertrag für Ostdeutschland unter ihre Kontrolle zu bekommen, um dann enorme Margen abzuschöpfen. Die Spur führt so zurück zum «Gaskrieg» rund um die ostdeutsche Ferngasgesellschaft VNG, in dem sich Gazprom mit BASF und Wintershall gegen die Ruhrgas AG verbündet. Die Leipziger VNG bleibt auch in der Zeit nach Schröders Einstieg bei Gazprom im Jahr 2005 ein Zankapfel. Die Anteilseigner bekriegen sich. Die oldenburgische EWE steht dabei einem Bündnis aus Gazprom, Wintershall und ostdeutschen Akteuren gegenüber. Gekämpft wird dabei mit Geheimdienst-Methoden, wie Beteiligte erzählen. Ein Gesprächspartner berichtet, dass er in Leipzig beschattet worden sei und ein Gazprom-Vertreter mit einschlägiger DDR-Vergangenheit am Rande einer Sitzung Drohungen ausgesprochen habe. Ein zwielichtiger Gazprom-Berater habe zudem ein Dossier bei Politikern über ihn gestreut, mit dem er zu Fall gebracht werden sollte. Ein anderer Gesprächspartner, der ebenfalls in einem wichtigen VNG-Gremium saß, bestätigt die Existenz des Dossiers. Er erinnert sich auch, dass man in Leipzig offene Gespräche wegen der befürchteten Überwachung vermied.

Mit seinem Eintritt in das Gazprom-Reich begibt sich Gerhard Schröder also auf ein Feld, auf dem nach anderen Regeln gespielt wird. An dieser Stelle bietet es sich an, einen Schritt zurückzutreten und die Anwerbung des deutschen Ex-Kanzlers durch Wladimir Putin in einem größeren Kontext zu betrachten. Denn Schröder ist nicht der einzige Politiker aus Europa, der nach seiner Karriere in der Politik auf einer russischen Payroll landet. Fügt man die Fälle aus den einzelnen Ländern zusammen, ergibt sich das Bild einer Doppelstrategie des Kremls.

Auf der einen Seite fördert Russland Anti-Establishment-Bewegungen von rechts oder links, um die Standfestigkeit westlicher Demokratien zu untergraben oder ihre Offenheit für den russischen Neo-Feudalismus zu fördern. Der Kreml macht sich dabei seine eigene ideologische Janusköpfigkeit zunutze. Bei Parteien wie Die Linke in Deutschland kann er darauf bauen, dass in der SED-Nachfolgepartei die alte kommunistische Bruderliebe zu Moskau fortwirkt, zumal Putin den sowjetischen Traditionsstrang im Laufe seiner Amtszeit wieder stärker zum Klingen bringt.

Auf rechte Parteien wie die AfD wirken hingegen die identitären, nationalistisch-chauvinistischen Tendenzen in Putins Reich anziehend. Den Rechtspopulisten gefallen die Polemik gegen «Gayropa», die gegen Homosexuelle gerichteten Gesetze und die ätzende Kritik an der EU. In ihrem Antiamerikanismus finden extreme Linke und extreme Rechte ohnehin zusammen. Für Russland ist es darum naheliegend, beide Flanken tatkräftig zu unterstützen. Vertreter des US-Geheimdienstes lassen im Herbst 2022 verlauten, dass Russland seit 2014 weltweit rund 300 Millionen Dollar eingesetzt haben dürfte, um genehme politische Strömungen im Ausland zu fördern. Auch für Europa gibt es eine Vielzahl von Hinweisen auf intensive, teils mit Geldflüssen unterlegte Verbindungen extremer Parteien nach Russland. Im Fokus stehen unter anderem der Front National in Frankreich oder die Lega Nord in Italien.

Russland nimmt die Demokratien des Westens so von links und rechts in die Zange und macht sich dabei die Liberalität und Meinungsfreiheit in den westlichen Ländern zunutze. Diesen Freiraum nutzt der Kreml für den Aufbau von Propaganda-Medien wie Russia Today oder Sputnik, die ebenfalls zersetzend auf die europäischen Demokratien wirken sollen. Im französischen Präsidentschaftswahlkampf 2017 überschreitet Sputnik eine Grenze, indem es Gerüchte über eine angebliche Homosexualität von Emmanuel Macron verbreitet.

Neben Putins Spiel mit den politischen Rändern gibt es aber noch einen zweiten Strang der Einflussnahme, der direkt auf die Entscheider großer Parteien zielt. Denn die Richtlinien der Politik in Europa werden bis heute hauptsächlich von Sozialdemokraten oder gemäßigten Konservativen bestimmt. Wenn der Kreml Einfluss nehmen will, insbesondere was seine Haupteinnahmequellen Gas und Öl betrifft, muss er dort Unterstützer anwerben. Bei der Wahl seiner Partner in der politischen Mitte zeigt sich der Kreml dabei ebenso wie bei den extremen Parteien wenig wählerisch, ja promiskuitiv. Wenn sich ein konservativer Politiker wie der französische Präsidentschaftskandidat François Fillon anbietet, der später Aufsichtsrat beim russischen Petrochemiekonzern Sibur sowie dem Ölkonzern Zarubezhneft wird, unterstützt man diesen.[19] Wenn europäische Sozialdemokraten im Geiste der Entspannungspolitik gewonnen werden können, dann wirbt man sie an.

Die Vielfalt und Flexibilität des russischen Einflusses lassen sich besonders gut in Österreich beobachten, denn dort gibt es bei allen drei großen Parteien (ÖVP, SPÖ und FPÖ) einschlägige Verbindungen nach Russland. Die Anfälligkeit der rechtsgerichteten FPÖ tritt nicht erst in der Ibiza-Affäre zutage. Außenministerin Karin Kneissl, von der FPÖ nominiert, macht schon zuvor mit ihrem unterwürfigen Knicks Schlagzeilen, als Wladimir Putin 2018 ihre private Hochzeitsfeier besucht. Nach ihrer Amtszeit wird Kneissl nicht nur für Russia Today tätig, sondern erhält auch einen der hochdotierten Aufsichtsratsposten beim Erdölkonzern Rosneft.

Der ehemalige ÖVP-Kanzler Wolfgang Schüssel wechselt nach seiner Amtszeit in den Aufsichtsrat des russischen Ölkonzerns Lukoil. Der frühere Finanzminister Hans Jörg Schelling verdingt sich ebenfalls im russischen Interesse; der ÖVP-Politiker wird Berater von Gazprom. Für Aufsehen sorgt, als später Schellings Einsatz zugunsten von Sigi Wolf in einer Steuersache bekannt wird. Der ÖVP-nahe Unternehmer hat vielfältige Kontakte nach Russland, wirkt als Aufsichtsratsvorsitzender der Europa-Tochter der Sberbank sowie im Unternehmen Russian Machines des Oligarchen Oleg Deripaska und wird 2016 mit dem russischen Orden der Freundschaft ausgezeichnet.

Bei der SPÖ finden sich sogar bei jedem ihrer drei Bundeskanzler der vergangenen 20 Jahre auffällige Verbindungen. Alfred Gusenbauer, der als Vizepräsident der Sozialistischen Jugend in den 1980er Jahren nach einer Landung in Moskau den Boden küsste wie Papst Johannes Paul II. auf seinen Reisen, wird nach seiner Kanzlerschaft Chef des kasachischen Independent International Advisory Council. In dieser Funktion tritt der ehemalige Kanzler an andere ehemalige Spitzenpolitiker aus Europa heran, um sie als Lobbyisten für den kasachischen Machthaber Nursultan Nasarbajew zu gewinnen. Durch ein Datenleck in Wien werden später die Summen aus den Vertragsentwürfen bekannt: 400 000 Euro jährlich für Gusenbauer, 300 000 für andere Spitzenpolitiker,[20] darunter Gerhard Schröder. Der deutsche Altkanzler nimmt auch an Treffen mit der kasachischen Seite teil, legt aber Wert darauf, in diesem Zusammenhang kein Geld erhalten zu haben.

Im Zuge der Ermittlungen gegen Donald Trumps ehemaligen Wahlkampfmanager Paul Manafort kommt später heraus, dass dieser auch Kontakt zu Gusenbauer hatte. Das Magazin Politico berichtet über die Erkenntnisse amerikanischer Ermittler zur Hapsburg Group, die Lobbyarbeit für den kremlfreundlichen ukrainischen Präsidenten Viktor Janukowitsch betreiben soll. Als Kopf dieser Gruppe wird ein «früherer europäischer Kanzler» genannt, bei dem es sich um Gusenbauer handeln soll.[21] Gusenbauer bestreitet «diskretes Lobbying» und sagt, er sei lediglich für Konferenzen bezahlt worden und habe diese Einkünfte ordnungsgemäß versteuert.[22] Nach dem Sturz von Janukowitsch und der Annexion der Krim schließt sich Gusenbauer dem Aufsichtsrat der Denkfabrik des Putin-Vertrauten Wladimir Jakunin an, der bis 2015 die Russische Staatsbahn leitet. Der spätere SPÖ-Bundeskanzler Christian Kern tritt nach seiner kurzen Amtszeit in den Aufsichtsrat der Russischen Staatsbahn ein. Von den geschäftlichen Verbindungen Werner Faymanns, SPÖ-Kanzler von 2008 bis 2016, wird später noch zu berichten sein.

Gerhard Schröder ist unter allen europäischen Spitzenpolitikern, die nach ihrer Amtszeit Geld aus russischen Quellen erhalten, der mit Abstand einflussreichste. Mit einem ehemaligen deutschen Bundeskanzler gewinnt Putin nicht nur einen Fürsprecher russischer Interessen, dessen Wort in ganz Europa gehört wird. Der Kreml erhält durch die Anwerbung Schröders Zugriff auf dessen weitverzweigtes Netz, das deutlich über die deutsche Sozialdemokratie hinausreicht. Wenn der ehemalige deutsche Kanzler zum Telefon greift oder zum Essen einlädt, lehnt das in ganz Europa kaum jemand ab. Der dänische Journalist Jens Høvsgaard berichtet über ein gemeinsames Mittagessen von Schröder mit Göran Persson am 7. Mai 2007. Am folgenden Tag wird bekannt, dass der langjährige sozialdemokratische Ministerpräsident Schwedens Lobbyist bei der Kommunikationsagentur JKL wird, deren Großkunde wiederum der deutsche Nord-Stream-Anteilseigner Eon ist.[23] Im Juli 2008 lädt Schröder dann Paavo Lipponen nach Berlin ein. Wenige Wochen später übernimmt der langjährige sozialdemokratische Premierminister Finnlands, über dessen einstige Stasi-Kontakte in seiner Heimat kontrovers diskutiert wird, einen Beraterposten bei Nord Stream.[24] Schröder setzt seine alten Kontakte zielgerichtet ein, damit das Pipeline-Projekt die erforderliche Zustimmung der Skandinavier erhält.

Neben seinem Job bei Nord Stream nimmt Schröder kurze Zeit nach dem Ende seiner Kanzlerschaft noch weitere Angebote an. Der Ex-Kanzler wird Berater des Schweizer Ringier-Verlags, in dessen Publikationen er in den folgenden Jahren immer wieder seine Ansichten über Putin ausbreitet. Und er heuert als Berater der Investmentbank Rothschild an. Laut dem damaligen FAZ-Bericht soll Schröder dabei seine «internationale Expertise» vor allem in den «Wachstumsregionen wie Osteuropa, Russland, Türkei und China» einbringen.[25] Die Verbindung zu Rothschild kommt laut einem Bericht über Klaus Mangold zustande. Der ehemalige Daimler-Vorstand ist 2006 nicht nur Aufsichtsratschef bei der Rothschild-Bank, sondern bereits damals Chef des Ost-Ausschusses der Deutschen Wirtschaft sowie russischer

Honorarkonsul in Baden-Württemberg. Später wird es noch eine weitere Verbindung zur Hannover-Connection geben, denn Mangold übernimmt 2011 den Aufsichtsratsvorsitz bei der TUI.

Schröder ist daneben Rechtsanwalt, er hat dafür jahrelang eine Bürogemeinschaft mit seinem alten Freund und Milieu-Anwalt Götz von Fromberg in Hannover. Auch während seiner Kanzlerschaft hatte Schröder der niedersächsischen Landeshauptstadt nicht den Rücken gekehrt. Das Amt forderte Anwesenheit in Berlin, aber der Schwerpunkt seines privaten Lebens blieb Hannover. Hier hatte Schröder sein Haus, seine Familie, seine Freunde. An diesem Lebensmodell mit den beiden Polen Hannover und Berlin hält Schröder nach seinem Auszug aus dem Kanzleramt fest. Die Bundesrepublik stellt ihren ehemaligen Regierungschefs in der Hauptstadt ein Büro mit üppiger Ausstattung. Schröder kann enge Mitarbeiter wie Sigrid Krampitz behalten und bezieht Räumlichkeiten des Bundestags unter der Adresse Unter den Linden 50 vis-à-vis der Russischen Botschaft.

Nicht weit entfernt davon, in der Behrenstraße 73, nimmt sich Schröder eine Privatwohnung. Das Gebäude des Architekten Frank O. Gehrys liegt in einem Karree, in dem die Britische Botschaft, die Amerikanische Botschaft und das Hotel Adlon liegen, dessen rückseitiger Eingang nur wenige Meter entfernt liegt.

Direkt unter der Wohnung Schröders kommt eine Beratungsfirma unter, die in engem zeitlichem Zusammenhang mit Schröders Auszug aus dem Kanzleramt gegründet wird: die Wiese Consult seines ehemaligen Wahlkampfmanagers Heino Wiese. Nach dem Verlust seines Bundestagsmandats 2002 und der Aufgabe seiner Geschäftsführer-Positionen in der Niedersachsen-SPD hatte Wiese zunächst als Exportdirektor für das unterfränkische Modeunternehmen S. Oliver gearbeitet. «In dieser Zeit baute er Geschäftsbeziehungen in China, Russland und der

Türkei auf», schreibt Wiese über sich selbst. Nun wählt Wiese ein Lebensmodell, das dem von Schröder verblüffend ähnelt. Beide pendeln zwischen ihrem privaten Umfeld in Hannover und den beruflichen Angelegenheiten in Berlin, hinzu kommen häufige Abstecher nach Moskau und in andere, gerne von Autokraten geführte Länder.

Die zwei Politiker leben in einer symbiotischen Beziehung, in der die Kräfteverhältnisse klar verteilt sind. Wie in der Behrenstraße 73, wo er unter Schröder wohnt, übernimmt Heino Wiese die Rolle dessen, der zum Bundeskanzler a. D. hinaufschaut. Wiese hält Schröder für sein «Idol», seinen «großen Bruder»[26] oder einen der «allerwichtigsten deutschen Politiker». Er erzählt auch, dass Schröders Wahl zum Bundeskanzler sowie Putins Rede im Bundestag 2001 die beiden «absoluten Glanzpunkte» in seinem politischen Leben gewesen seien.[27] Bisweilen kippt das Verhältnis ins Unterwürfige. Eine Person, die Wiese in Berlin besuchte, erinnert sich, dass es während der Unterredung in der Behrenstraße 73 von oben durch die Decke klopfte. Offenbar wollte der Altkanzler seinem Vertrauten ein Zeichen geben. Wiese, der sich dazu auf Anfrage nicht äußert, habe das Gespräch darauf umgehend beendet und sei hinaufgeeilt.

Natürlich profitiert auch Wiese von der Symbiose in der Behrenstraße. Der unscheinbare Mann aus Hannover gilt rasch als der Lobbyist mit den vielleicht besten Beziehungen in die deutsche Sozialdemokratie. Neben den eigenen Kontakten in Niedersachsen, die bis in kommunale Verästelungen hinunterreichen, ist sein ungehinderter Zugang zu Schröder das zentrale Asset von Wiese. «Die meisten Leute wissen eben, dass ich mit ihm befreundet bin», sagt Wiese, «das ist etwas, wovon ich schon profitiere». Schröder habe gute Beziehungen nach Russland, nach China und in die arabische Welt, «und so ein klein bisschen färbt das natürlich ab». Seine Beratungsfirma besitzt damit Kontakte in Deutschland und anderen Ländern, die hochkarätiger kaum sein könnten. Das ist überall in der Welt viel wert, besonders aber im Russland-Geschäft, auf das die Wiese Consult ihren geschäftlichen Schwerpunkt legt.

Warum das so ist, vermittelt Heino Wiese potenziellen Kunden auf charmante Weise im «Business Guide Russland», den die Wiese Consult fördert. Wiese greift für das Werk auch selbst in die Tasten und schildert, auf welche Schwierigkeiten ein deutscher Mittelständler nach einem Markteintritt im Reich Wladimir Putins bisweilen stößt. «Scheinbar von heute auf morgen wird nun ein Dekret oder eine Verordnung erlassen […] sodass Ihre bisherige Planungsgrundlage überdacht werden muss», schreibt Wiese und warnt: «Zahlreiche Akteure könnten ein Unternehmensvorhaben sowohl behindern als auch fördern.» Und «wenn auch nicht häufig, so kommt es dennoch vor, dass Sie in dieser kritischen Phase durch eine durch Unaufmerksamkeit verursachte Eskalation den Totalverlust Ihrer Investition erleiden. Womöglich haben Sie die politische Ebene als essentiellen Aspekt übersehen».

An so einem Punkt ist es hilfreich, dass es Firmen wie die Wiese Consult gibt. Denn ein Problem mit den Behörden in Russland, das der ehemalige SPD-Politiker «noch immer zu den korruptesten Ländern» der Welt zählt, kann «nur mit professioneller Politikberatung bewältigt» werden. «Der direkte Kontakt zur politischen Elite in Russland, wie auch Deutschland, muss stets gepflegt und ausgeweitet werden», rät Wiese.

Für den Mittelständler aus Deutschland mag die grassierende Korruption also der größte Feind sein. Für Heino Wiese bildet sie zugleich die Grundlage seines Geschäftsmodells. Ein Aspekt, der sich generalisieren lässt: Eine Tätigkeit als Lobbyist in einer Autokratie ist für ehemalige Politiker auch deshalb so reizvoll, weil ihre alten Kontakte dort wesentlich mehr wert sind als in

Ländern mit einer pluralistischen Demokratie und einem funktionierenden Rechtsstaat. Es ist jedenfalls auffällig, dass in Schröders Umfeld die Beziehungen zu fragwürdigen Machthabern überwiegen. Mit den Regionen, in denen Heino Wiese tätig ist, könnte man eine Weltkarte der Autokratien ordentlich bestücken. Zu ihrem Aktionsradius zählt die Wiese Consult Länder wie China, Kasachstan, Turkmenistan, Usbekistan und die Vereinigten Arabischen Emirate.[28] Ganz vorne steht aber Russland, wo Wiese nach eigenen Angaben 13 Gouverneure persönlich kennt.[29] Präsident Putin ist Wiese nach eigenen Angaben achtmal begegnet. In einer seiner Gesprächsrunden mit Außenminister Lawrow lässt sich Wiese auch den russischen Militäreinsatz in Syrien erklären. «Ich finde den Lawrow ja total gut als Außenminister, weil er nicht labert, sondern macht», erzählt Wiese noch wenige Wochen vor dem russischen Überfall auf die Ukraine.[30] «Ich bin auch sehr viel in der Türkei unterwegs», sagt Wiese, der nach seiner Zeit im Bundestag eine Führungsrolle bei TÜSIAD, dem laut Wiese «wichtigsten Unternehmerverband der Türkei», hatte. Und «ich kenne den türkischen Außenminister persönlich, ich glaube, besser als Heiko Maas».

Auch in Aserbaidschan kennt Wiese «einige Leute», denn das Land sei nicht nur mit der Türkei eng verbündet, sondern zunehmend mit Russland. Moskau vernachlässigt dafür allerdings seine traditionelle Rolle als Schutzmacht der bedrängten Armenier und steht ihnen 2020 bei den Angriffen der aserbaidschanischen Truppen kaum bei. Wiese hat Verständnis für diesen Schwenk Moskaus, weil «dieses Armenien ist auch so ein bisschen Querulant». Der «friedliche Machtwechsel» in Armenien zu einer prowestlichen Regierung «ist Putin, glaube ich, auch so ein bisschen suspekt».

Eine Liste der Auftraggeber der Wiese Consult ist nicht zugänglich. Doch einige Firmennamen sind bekannt: Die Wintershall AG bestätigt auf Anfrage, dass sie Wieses Firma drei Aufträge erteilte. Wie mehrere Quellen bestätigen, hat Wiese auch für die OMV gearbeitet. Der maßgeblich vom österreichischen Staat kontrollierte Energiekonzern hat sich stark auf russisches Erdgas ausgerichtet, insbesondere seit im Jahr 2015 Rainer Seele, bis dahin Chef der Wintershall AG, die Führung übernimmt. Unter Energiemanagern gilt Seele als Mann Moskaus, einer nennt ihn eine «Marionette von Gazprom». Die OMV zählt auch zu den Finanziers der Pipeline Nord Stream 2. Wiese arbeitete nach eigenen Angaben auch für das Gips-Imperium Knauf, das stark in Russland engagiert ist. Firmenchef Nikolaus Knauf bildet zusammen mit Klaus Mangold, dem langjährigen Ruhrgas-Chef Burckhard Bergmann und Heino Wiese zeitweilig das russische Honorarkonsuln-Quartett in Deutschland. Der Firmensitz des Gips-Konzerns liegt in Unterfranken, wo neben Hannover und Schwerin ein weiteres russlandfreundliches Cluster besteht. Wieses ehemaliger Arbeitgeber, die ebenfalls stark in Russland engagierte Textilfirma S. Oliver, liegt nur 20 Kilometer entfernt. Die Knauf-Firmenzentrale in Iphofen gehört überdies zum Wahlkreis von Michael Glos, der 2005 Bundeswirtschaftsminister wird. Der CSU-Politiker heuert 2013 als Berater und Lobbyist von Knauf an und wird nach seiner Ministerzeit beim Verband der russischen Wirtschaft in Deutschland, im Kuratorium von «Deutschland-Russland – Die neue Generation» sowie als Berater im Russland-Geschäft aktiv.[31]

Bei anderen der bekannten Auftraggeber führt die Spur überwiegend nach Niedersachsen. Heino Wiese ist am Einstieg des russischen Oligarchen Mordaschow als Großaktionär bei der TUI beteiligt. Nach eigenen Angaben arbeitete Wiese auch für EnBW. Die Führung des südwestdeutschen Energiekonzerns hatte im Jahr 2003 der Hannoveraner «Frog» Utz Claassen übernommen.

Einen sehr aufschlussreichen Einblick in die Beratertätigkeit von Heino Wiese bieten die Recherchen der Journalisten Markus Balser und Uwe Ritzer, die vor einigen Jahren geschäftliche Unterlagen des niedersächsischen Energiekonzerns EWE zugespielt bekamen. Ausgangspunkt der Geschäftsbeziehung war eine Sponsoring-Affäre des aufstrebenden Unternehmens aus Oldenburg, bei deren Bewältigung Wiese 2012 seine Kontakte innerhalb der niedersächsischen Politik-Szene einsetzte.

Zwei Jahre später greift Wiese in der Türkei ein, wo die EWE plötzlich vor einem Problem steht wie der deutsche Mittelständler in Wieses Business Guide Russland. Die türkische Erdgas-Tochter von EWE soll aufgrund geänderter Durchleitungsgebühren plötzlich 40 Millionen Euro zahlen. Der Einsatz von Wiese zeigt erstaunliche Wirkung: Die türkische Seite bittet EWE später sogar um eine dem Konzern genehme Gesetzesvorlage. Laut den Unterlagen hatte Wiese unter anderem seinen alten Fastenkumpel und damaligen Bundeswirtschaftsminister Sigmar Gabriel aktiviert. Spielte auch Schröder eine Rolle? Der Altkanzler verfügt schließlich über beste Drähte zu Recep Tayyip Erdoğan. Schröder hatte Erdoğan daheim schon zum privaten Frühstück begrüßt; 2009 fliegt Erdoğan eigens zur großen Feier von Schröders 65. Geburtstag in die niedersächsische Landeshauptstadt. Auf Nachfrage der beiden Journalisten verneint Wiese, dass im Hintergrund auch Schröder bei solchen Aufträgen tätig wird. In einer Mail eines EWE-Direktors an die Unternehmensspitze heißt es jedoch: «Heute hat mich Heino Weise angerufen und mich darüber informiert, dass BK Schröder das Bursagaz-Thema in seinem persönlichen Treffen mit Premierminister Erdoğan besprechen will.»[32] Auf Nachfrage der Journalisten hüllen sich dann sowohl Wiese als auch Schröder in Schweigen, der über seine «anwaltlichen Tätigkeiten» keine Auskünfte erteilen möchte.

Im deutschen Erdgas-Geschäft spielt die Türkei allerdings bloß eine untergeordnete Rolle. Viel wichtiger ist Russland, auch für die Oldenburger EWE, die 2013 die Mehrheit am ostdeutschen Gaskonzern VNG übernehmen möchte, an dem Gazprom und die Gazprom-nahe Wintershall AG beteiligt sind. Und da, wie der frühere Ruhrgas-Chef und Gazprom-Direktor Burckhard Bergmann berichtet, das russische Gasgeschäft durch und durch politisch und Putin bis in die Details damit befasst ist, wird auch hier Heino Wiese eingeschaltet. Die Journalisten Markus Balser und Uwe Ritzer berichten, dass auch Gerhard Schröder seine Kontakte spielen lässt.[33] Im Ergebnis wird der Deal im März 2014 – parallel zur russischen Annexion der Krim – unterschrieben.

Kaum jemand aus Politik und Wirtschaft möchte namentlich im Zusammenhang mit dem Duo Schröder/Wiese zitiert werden. Gesprochen wird dennoch. Ein ehemaliger deutscher Energiemanager berichtet, dass man in der Branche um die «enge Verbindung Wiese-Schröder» wusste. «Schröder hatte eine Organisation um sich herum, der Wiese vorstand. Wenn man auf Schröder zuging, musste man über Wiese gehen.» Und die Wiese Consult dafür bezahlen. Eine gut vernetzte Person nennt Heino Wiese den «Pumpensumpf» von Gerhard Schröder. «Wenn Gerd etwas zu schmutzig war, hat das Wiese gemacht.» Ein SPD-Politiker erinnert sich, wie er einmal in einer Runde mit Wiese und dem ehemaligen brandenburgischen Ministerpräsidenten Matthias Platzeck zusammensaß. «Da wurde schnell klar, dass er versucht, Kontakte nach Russland für seine eigenen Interessen zu nutzen», sagt der bekannte Sozialdemokrat. «Wiese hat aus Schröders Russlandpolitik ein Geschäftsmodell gemacht. Das hat mich abgestoßen.»

Neben den diskreten Kontakten im Ausland hat die Wiese Consult aber noch weitere Tätigkeitsfelder. Die Beratungsfirma versucht, einflussreiche Personenkreise in Hannover und Berlin russlandfreundlich zu stimmen. Mittel dafür sind «Salons, Gespräche, Konferenzen, Delegationsreisen», bei denen die Wiese Consult als Veranstalter oder im Hintergrund mitwirkt. Von der Korruption in Russland, die Wiese im Business Guide als großes Problem beschrieb, ist in diesem Zusammenhang kaum noch die Rede. Stattdessen werden die Chancen in Russland und die positive Entwicklung des Landes unter Wladimir Putin ins Schaufenster gestellt. Die Wiese Consult bearbeitet aber auch die Berliner Politikszene durch die Veröffentlichung des «Hauptstadt Insider». Die regelmäßig erscheinende Broschüre enthält auf wenigen Seiten eine bunte Mischung aus politischen Beiträgen, Wirtschaftsmeldungen, Personalia und Hinweisen auf bevorstehende Veranstaltungen, beispielsweise einen Auftritt des russischen Energieministers Sergei Schmatko im Adlon-Hotel oder eine Delegationsreise des Landes Hessen nach Russland. Als sich Heino Wiese über einen kritischen Artikel des ZEIT-Außenpolitikchefs Jörg Lau ärgert, schreibt er unter der Überschrift «Zeit diffamiert ehemalige sozialdemokratische Politiker» selbst in seinem «Hauptstadt Insider». Er fordert «mehr Toleranz» für die «Weiterentwicklung eines liberalen Rechtsstaates» in Russland und lobt Unternehmen, die mit ihrem Engagement diesen Prozess förderten. Und dann stellt Wiese, ohne nur ansatzweise einen Beleg zu nennen, folgenden Satz in den Raum: «Bei Herrn Lau könnte man inzwischen auch auf die Idee kommen, zu hinterfragen, wer ihn eigentlich für die permanente Negativ-Berichterstattung über Russland bezahlt.»

Für die kleine Broschüre treibt die Wiese Consult einigen Aufwand. Für den Bereich «Politik und Wirtschaft» ist unter anderem der frühere SPIEGEL-Journalist Hartmut Palmer zuständig, zu dessen gemeinsamem Ausstand mit Jürgen Leinemann im Jahr 2007 Gerhard Schröder persönlich vorbeischaute. Später wird Palmer Vizechef des Schröder-Vertrauten und ehemaligen Kulturstaatsministers Michael Naumann bei der Ringier-Publikation CICERO. Chefredakteur des «Hauptstadt Insider» ist Frank Wilhelmy. Der frühere Büroleiter von Andrea Nahles wurde 2003 Nachfolger von Heino Wiese als Landesgeschäftsführer der niedersächsischen SPD in der Hannoveraner Odeonstraße. 2017 wird Wilhelmy Geschäftsführer des damals noch jungen Wirtschaftsforums der SPD. Gründer und damaliger Präsident des SPD-Wirtschaftsforums ist der Schröder-Freund und ehemalige TUI-Chef Michael Frenzel.

Merkel und die Moskau-Liebe der Union

Während der Jungsozialist Gerhard Schröder mit Anfang 30 freiwillig in die Sowjetunion reist, um seine Verbundenheit mit dem Kommunismus und der sowjetischen Staatsjugend zu demonstrieren, macht Angela Merkel sehr viel früher und unmittelbarer Erfahrungen mit Russland und der Sowjetunion. Das liegt daran, dass sie in Templin aufwächst und nicht in Westdeutschland wie Schröder. Aber auch für DDR-Verhältnisse ist ihre Verbindung zu Russland besonders eng. Anders als die meisten DDR-Schüler brilliert sie im Fach Russisch, ist Klassenbeste und darf 1970 im Rahmen einer Russisch-Olympiade nach Moskau reisen. Russisch sei «eine schöne Sprache, ein bisschen wie Musik, ein bisschen melancholisch», hat sie einmal gesagt. In Moskau hat sie ihre erste Beatles-Schallplatte, «Yellow Submarine», gekauft. In ihrer Heimatstadt Templin gibt es ein sowjetisches Militärlager. Als Schülerin unterhält sich die spätere Kanzlerin manchmal mit russischen Soldaten, sie erlebt die Russen dabei nicht nur als überlegene Besatzer. Auch ihr Privatleben ist von Russland beeinflusst: Während eines Jugendaustausches mit Physikstudenten in Moskau und Leningrad lernt sie 1974 ihren ersten Ehemann Ulrich Merkel kennen. Als junge Frau von 30 Jahren trampt sie mit Freunden durch den Kaukasus, übernachtet im georgischen Tiflis im Bahnhofsasyl mit Obdachlosen, sieht, dass es dort ganz andere Spielarten des Sozialismus gibt als die heimische preußische.

Die russische Literatur von Tolstoi und Dostojewski kennt Merkel, eine Weile steht Katharina die Große, die russische Zarin aus Deutschland, als Porträtstich auf ihrem Schreibtisch im Kanzleramt. Eine solche Nähe zu Russland hat zuvor kein Regierungschef der Bundesrepublik gehabt. Trotz des emotionalen Verhältnisses zu Russland sind Schwärmereien über die russische Seele von ihr nicht bekannt. Das liegt an ihrer Biografie. Als Tochter einer vom SED-Regime misstrauisch beäugten Pfarrersfamilie, aber auch durch ihre Reisen in die Sowjetunion gewinnt sie einen differenzierten, skeptischen Blick auf das dortige System. Sie versteht die kommunistischen Herrschaftstechniken, kennt die Manipulationen und Repressionen des KGB und die Misstrauenskultur, die in dem großen Land herrscht. Eine Oppositionelle ist sie in der DDR nicht, erst recht aber nicht ein «bekennender Marxist», wie Schröder sich mit Mitte 30 nennt.

Gleich zu Beginn ihrer Kanzlerschaft grenzt Merkel sich in der Russlandpolitik deutlich von ihrem Vorgänger ab. Es ist vor allem der Stil Schröders, der ihr missfällt. Das Kumpelhafte der Freundschaft mit Putin ist ihr fremd. Sie lehnt es zunächst ab, mit dem russischen Präsidenten unter vier Augen die Dinge zu besprechen, wie Schröder es getan hatte. Und gleich auf ihrer ersten Russland-Reise im Januar 2006 lädt sie zu einem Empfang in die Deutsche Botschaft neben Mitgliedern der Duma auch Putin-Kritiker ein. Auch empfängt sie einige Zeit später osteuropäische, vor allem russische Politologen, Journalisten und Menschenrechtsaktivisten in ihrer Privatwohnung – einen Abend lang wird über Russland gesprochen. Merkel gewöhnt es sich schnell an, offen ihre Meinung zu Russland zu sagen. Verletzungen der Menschenrechte, Angriffe auf die Pressefreiheit, die Morde an Regimekritikern und Journalisten nennt sie bald beim Namen, auch die Verfolgung von Homosexuellen. Und schon vor ihrer Wahl zur Kanzlerin hat sie in Warschau versprochen, dass es «keine Achse Paris-Berlin-Moskau mehr geben wird, die zu Lasten Polens geht». Polen und Balten sind jedenfalls froh, dass Schröder weg ist, der sie weitgehend zugunsten Moskaus ignoriert hatte.

Dennoch hält Merkel an der «strategischen Partnerschaft» mit Russland fest, auch wenn nie recht klar wird, was damit gemeint ist, ob es sie schon gibt oder ob sie erst noch erreicht werden muss. Die Kanzlerin macht jedenfalls klar, dass sie in der Sache keine grundlegend andere Russlandpolitik verfolgt. Die Freundschaft mit Russland sei «selbstverständlich», es gelte sie fortzuentwickeln, man setze auf die Kontinuität der deutschen Politik gegenüber Moskau, heißt es im Zuge ihrer ersten Reise als Kanzlerin zu Putin. Auch an den Energieimporten aus Russland und an der gerade noch unter Schröder beschlossenen Ostsee-Pipeline Nord Stream will Merkel nicht rütteln. So hält zwar ein anderer Stil im Umgang mit Putin Einzug ins Kanzleramt, aber kein grundsätzlich anderer Kurs. Merkel sieht den russischen Herrscher als Herausforderung an, aber noch nicht als Bedrohung.

Als ehemaliger KGB-Agent liebt es Putin, seine Gesprächspartner zu testen und zu provozieren. «Ich habe gehört, Sie haben ein Problem mit Hunden», empfängt der russische Präsident Merkel gleich bei ihrem ersten Besuch und schenkt ihr einen großen Stoffhund. Putin weiß also genau, dass Merkel einmal gebissen wurde – das war 1995 beim Fahrradfahren, Täterhund ist der Kurzhaardackel ihres Nachbarn. Als Merkel den russischen Präsidenten auf ihrer dritten Russland-Reise als Kanzlerin im

Januar 2007 in seiner Sommerresidenz in Sotschi besucht, folgt sogleich die nächste Provokation. Putin lässt seinen schwarzen Labrador Koni in den Raum. Der Hund beschnüffelt die Kanzlerin, die sich höchst unwohl fühlt. «Ich hoffe, der Hund erschreckt Sie nicht», sagt Putin dreist. Die Kanzlerin hält ihre Panik im Zaum, will sich keine Blöße geben, den KGB-Test bestehen. Noch auf dem Rückflug soll sie eingestanden haben, dass sie ihn eigentlich nicht bestanden habe, sondern in eine Falle getappt sei. Sie hätte darauf bestehen sollen, dass der Hund den Raum verlassen muss.[34]

Die Episode ist vielsagender, als es scheint. Sie zeigt, dass Merkel bestimmte Schritte im Verhältnis zu Putin scheut. Sie kritisiert zwar seine Politik, will es aber nicht zu einer großen Konfrontation kommen lassen, sucht den Ausgleich. Putin soll eingebunden werden, er soll seinen Platz haben – so hält es Merkel über die Jahre ihrer Kanzlerschaft. Deswegen redet sie immer wieder mit ihm, obwohl sie die innen- und außenpolitische Verhärtung seines Regimes sieht. Um Putin zu bändigen, setzt sie auf Diplomatie und später auf Wirtschaftssanktionen.

Von einer militärischen Abschreckung Russlands hält Merkel wenig, zumindest sieht sie Deutschland nicht in der Pflicht, dafür Entscheidendes zu tun. Das bleibt die Aufgabe anderer, der Amerikaner vor allem. Dass der Koalitionspartner SPD von einer deutlichen Erhöhung der Verteidigungsausgaben nichts hält, kommt ihr zupass. Die amerikanischen Pläne für eine militärische Aufrüstung in Europa lehnt sie ab, etwa den Raketenschild, den George W. Bush in Polen und Tschechien errichten will. Merkel äußert sich im März 2007 kritisch dazu, sagt, dass ein solcher Schirm allenfalls gemeinsam in der Nato beschlossen werden könne; die SPD verlangt hingegen eine Abstimmung mit Russland. Putin hat sich da schon vehement gegen die amerikanischen Pläne gestellt.

Merkel ist auch dagegen, den Nachfolgestaaten der Sowjetunion, die in die Nato streben, Zusagen zu machen. Auf dem Nato-Gipfel im April 2008 in Bukarest macht sie sich zusammen mit dem französischen Präsidenten Nicolas Sarkozy dafür stark, dass Georgien und die Ukraine nicht die Zusage bekommen, in absehbarer Zeit in die Nato aufgenommen zu werden. Merkel setzt sich damit gegen den amerikanischen Präsidenten George W. Bush durch, der die beiden Länder in das Vorbereitungsprogramm, den Membership Action Plan, aufnehmen will, der ein erster konkreter Schritt zur Nato-Mitgliedschaft ist. Es sei «zu früh» für diese Länder, findet sie. Als Argument gegen Georgiens Beitritt wird zudem vorgebracht, dass ein Land nicht Mitglied werden könne, das ungelöste territoriale Konflikte im Innern hat. Das ist bei Georgien der Fall, da sich die Regionen Abchasien und Südossetien von dem Land losgesagt haben. Deren De-facto-Unabhängigkeit ist aber nur durch die Unterstützung Russlands möglich geworden. Putin weiß das, und er wird später dafür sorgen, dass auch die Ukraine ein ungelöstes territoriales Problem bekommt.

Im Kanzleramt hat Merkel als außenpolitischen Berater Christoph Heusgen. Er drängt sie zu einem härteren Kurs gegenüber Russland und betrachtet die Aktivitäten des SPD-Außenministers Steinmeier mit Misstrauen, vor allem in dessen erster Amtszeit. Ihm gegenüber steht Merkels wirtschaftspolitischer Berater Lars-Hendrik Röller, der eher die Interessen des Ost-Ausschusses der deutschen Wirtschaft im Blick hat. Röller, dessen Vater einst Warnig für die Dresdner Bank nach Russland schickte, setzt sich im Gegensatz zu Heusgen für die Ostsee-Pipeline Nord Stream 2 ein. Die Kanzlerin fährt einen Kurs in der Mitte, im Zweifel setzen sich eher die wirtschaftspolitischen Interessen durch. Dass es mit Putin immer schwieriger wird, erkennt Merkel allerdings schon bald. Deshalb setzt sie 2008 auf seinen Nachfolger im

Präsidentenamt Dmitri Medwedjew, in Absprache mit dem amerikanischen Präsidenten Barack Obama. Beide wollen, dass Medwedjew, der liberaler als Putin eingeschätzt wird, Gefallen an seinem Amt findet. Erst später erkennen sie, dass Putin mit Medwedjew nur ein abgekartetes Spiel vereinbart hat, bei dem er alle Fäden in der Hand behält und sein Nachfolger nur so lange als Statthalter fungiert, bis er sich abermals als Präsident wählen lässt. Die Ukraine betrachtet Merkel skeptisch, als ein politisch gespaltenes und von Oligarchen beherrschtes Land. Zum späteren Präsidenten Petro Poroschenko gewinnt sie ein leidlich gutes Verhältnis, unterstützt ihn auch kurz vor der Präsidentenwahl. Doch steht Poroschenko auch für einen eher hausbackenen Typ ukrainischer Politiker, mit dem sich Merkel schwerer tut als mit dem gewieften Mann im Kreml, mit dem sie sich so oft trifft. Mit Poroschenkos Nachfolger, dem Schauspieler Wolodymyr Selenskyj, wird sie bis zum Ende ihrer Amtszeit wohl nie so recht warm.

Merkel erfährt, was ihren Kurs gegenüber Russland angeht, aus der eigenen Partei und der Schwesterpartei CSU kaum Widerstand – und wenn, dann nicht in dem Sinne, dass sie zu nachgiebig, sondern zu kritisch mit Russland umgeht. Nachdem in Moskau der Kommunismus als Staatsdoktrin offiziell abgelöst worden ist, fällt in den traditionell transatlantisch ausgerichteten Unionsparteien das alte Feindbild in sich zusammen. CDU und CSU suchen russlandpolitisch nach neuer Orientierung. Putin wird von den meisten Unionspolitikern nicht als Gefahr eingeschätzt, viele machen sich für enge Beziehungen zu Moskau stark. Die Wirtschaftspolitiker stehen dabei unter Einfluss des Ost-Ausschusses. Ein Teil der Außen- und Sicherheitspolitiker der CDU sieht das Putin-Regime weitaus kritischer: Der langjährige Vorsitzende des Auswärtigen Ausschusses, Ruprecht Polenz, gehört dazu, sein Nachfolger Norbert Röttgen und der

Fraktionsvize Andreas Schockenhoff. Sie verfolgen einen menschenrechtlichen Ansatz. Doch insgesamt sind auch die Außenpolitiker der CDU gespalten zwischen einem kritischen und einem eher nachsichtigen oder freundlichen Kurs, wenn es um Putin und Russland geht.

Wie sehr die Meinungen auseinanderdriften, zeigt exemplarisch der Streit, den der außenpolitische Sprecher der CDU/CSU-Fraktion, Philipp Mißfelder, und Schockenhoff über die Russlandpolitik jahrelang miteinander führen. Mißfelder hat sich als Chef der Jungen Union mit 120 000 Mitgliedern eine eigene Machtbasis aufgebaut. Er gilt als aufstrebender, gewinnender Typ in der CDU, wenn auch mit sehr wandelbaren Ansichten. Er ist Mitglied in zahlreichen Vereinen, wie etwa der «Atlantik-Brücke», die eine enge Verbindung nach Washington nahelegen. Im Januar 2014 wird er Amerika-Beauftragter der Bundesregierung. Doch dann nimmt Mißfelder am 28. April 2014, nach der russischen Annexion der Krim, an einer privaten Feier zum 70. Geburtstag von Gerhard Schröder teil, die von der Nord Stream AG und Matthias Warnig im feinen Jussupow-Palais in St. Petersburg ausgerichtet wird. Zu den Gästen gehört Putin selbst, auch Rosneft-Chef Igor Setschin ist dabei. Aus Deutschland kommen der Geschäftsmann Klaus Mangold sowie die beiden Sozialdemokraten Erwin Sellering, Ministerpräsident von Mecklenburg-Vorpommern, und Henning Voscherau, der ehemalige Erste Bürgermeister Hamburgs, der mittlerweile für Gazprom tätig ist. Mißfelder hatte weder die Spitze der CDU/CSU-Fraktion noch die Bundeskanzlerin von seiner Reise unterrichtet. Zu den Motiven, am Schröder-Geburtstag in Russland teilzunehmen, sagt Mißfelder zunächst, er schätze eben den Altkanzler und pflege eine gute Beziehung zu ihm. Später macht er geltend, es habe auf der Feier die Möglichkeit gegeben, mit Putin im kleinen Kreis zu sprechen. Bei dem abendlichen Gespräch mit dem Kreml-Herrscher ist auch Heino Wiese dabei, der in Mißfelder zu diesem Zeitpunkt den künftigen deutschen Kanzler sieht. In der Unionsfraktion führt der Besuch zu Kritik, zumal sich zu dieser Zeit noch drei Bundeswehrsoldaten und ein deutscher Übersetzer, die für die OSZE als Militärbeobachter in der Ukraine tätig sind, als Geiseln in der Hand prorussischer Separatisten im ostukrainischen Slawjansk befinden. Mißfelder steht kurz davor, als außenpolitischer Sprecher abgelöst zu werden. Doch der Vorsitzende der CDU/CSU-Fraktion, Volker Kauder, der Mißfelder zugetan ist, schreckt davor zurück.

Von besonderen Sympathien Mißfelders für Schröder oder für Putin ist zuvor wenig bekannt gewesen. Mißfelder stuft noch 2007 Schröders Arbeit für einen russischen Energiekonzern sogar als gefährlich ein. «Dass Gerhard Schröder ausgerechnet jetzt für Gazprom arbeitet, ist ja nur der erste Vorbote dafür, dass die russische Diktatur versuchen wird, immer mehr Einfluss auf Deutschland auszuüben», befindet er.[35] Im Jahre 2013 lobt er dann Schröder für sein Nein zum Irak-Krieg der Vereinigten Staaten. Mißfelder ist bald regelmäßiger Gast in der Russischen Botschaft und lädt wiederum Botschafter Wladimir Grinin zu CDU-Veranstaltungen ein. Nach seiner Reise zu Schröders russischer Geburtstagsfeier orientiert sich Mißfelder auch offiziell außenpolitisch rasch um. Er legt das Amt des Amerika-Beauftragten nieder, wird Mitglied im Kuratorium des Vereins «Deutschland-Russland – Die neue Generation» sowie im Vorstand des Deutsch-Turkmenischen Forums, das die Freundschaft mit einem Land pflegt, dessen Diktator einen skurrilen stalinistischen Personenkult errichtet hat, das aber über die viertgrößten Gasreserven der Welt verfügt. Zudem wird Mißfelder Mitglied im Vorstand des Deutsch-Russischen Forums, dem der Schröder-Vertraute Heino Wiese angehört.

Zu Wiese und damit zum Schröder-Netzwerk hatte Mißfelder allerdings schon zuvor einen engen Draht. So organisiert Wiese Anfang 2011 eine Reise von Bundestagsabgeordneten nach Russland, an der Mißfelder und der SPD-Abgeordnete Lars Klingbeil, stellvertretender Vorsitzender der deutsch-russischen Parlamentariergruppe, teilnehmen. Mißfelder und Klingbeil sind befreundet. Es geht nach Moskau, wo sie junge Duma-Abgeordnete treffen, nach Tscherepowez, dem Sitz des Unternehmens Sewerstal, und nach Kaluga, wo VW eine russische Filiale errichtet hat. Finanziert wird die Reise von Sewerstal, VW, Eon, der russischen Sberbank und TUI, deren Großaktionär Mordaschow wiederum Generaldirektor sowie Besitzer von Sewerstal ist. Als Initiatoren der Reise werden das Deutsch-Russische Forum, die Handels- und Industriekammer der Russischen Föderation in Deutschland und die Wiese Consult aufgeführt.[36]

Seine Nähe zu Russland teilt Mißfelder mit dem Chef der Senioren-Union Otto Wulff, mit dem er seit 2008 den Arbeitskreis «Zusammenhalt der Generationen» führt, ein parteistrategisch geschicktes Bündnis. Mißfelder veröffentlicht Artikel in der Zeitschrift der Senioren-Union «Souverän», etwa in der Ausgabe vom März 2015, die der «Lösung des Ukraine-Konflikts» gewidmet ist. Mißfelder schreibt darin: «Der Westen sollte sich selbstkritisch fragen, ob es nicht eine kluge Entscheidung gewesen wäre, die unzähligen Angebote anzunehmen, welche die Präsidenten Putin und Medwedjew im wirtschaftlichen wie im sicherheitspolitischen Rahmen wiederholt gemacht haben, anstatt sie weitgehend zu ignorieren.» Die Nato ruft er zur «Schaffung eines gemeinsamen Werteraums» mit Russland auf. Das Prinzip «Wandel durch Annäherung» habe sich historisch als besonders erfolgreich erwiesen, so Mißfelder in Aufnahme des klassischen SPD-Slogans, es «sollte als Wegweiser für die Zukunft gelten».[37] In derselben Nummer der Zeitschrift kommt der Oberstleutnant der Bundeswehr Ralph G. zu Wort, der sich auffallend freundlich zu Russland und sehr kritisch zur Ukraine äußert. Im August 2022 beginnt gegen ihn ein Prozess vor dem Oberlandesgericht Düsseldorf. Die Bundesanwaltschaft wirft ihm vor, dem russischen Militärgeheimdienst GRU von 2014 bis 2020 Informationen und Dokumente zugespielt zu haben. Er wird im November 2022 wegen Spionage zu einer Haftstrafe von einem Jahr und neun Monaten auf Bewährung verurteilt.[38]

Mißfelders fraktionsinterner Gegenspieler ist Andreas Schockenhoff, von 2006 bis Anfang 2014 Russland-Beauftragter der Bundesregierung. Schockenhoff kritisiert russische Menschenrechtsverletzungen und fordert nach der Krim-Annexion, die Sanktionen gegen Russland auf ganze Wirtschaftsbranchen und den Finanzverkehr auszuweiten. Er spart nicht an scharfen Angriffen auf Putin, nennt ihn einen «paranoiden» Herrscher. Gemeinsam mit der Grünen-Abgeordneten Marieluise Beck fordert er Reformen für den Petersburger Dialog, der alles andere als ein Dialog der Zivilgesellschaften sei, sondern nur dazu diene, die Politik des Kremls salonfähig zu machen. Außenminister Steinmeier wirft er den «Versuch des Gesundbetens» der russischen Politik in der Ukraine vor. Moskau reagiert, indem es Schockenhoff Termine in der russischen Hauptstadt verweigert, was einem diplomatischen Affront gleichkommt.

In der Unionsfraktion kommt es zu einem offenen Streit zwischen Schockenhoff und Mißfelder, der die Treffen der Arbeitsgruppe Außenpolitik prägt. Im Hintergrund steht dabei, dass Schockenhoff ein Netzwerk finanzieller Abhängigkeiten vermutet, das er aufdecken will und in dessen Mitte er Mißfelder sieht. Schockenhoff ist Alkoholiker, er macht seine Krankheit 2011 öffentlich, behauptet, sie im Griff zu haben. Als er auf einer Reise nach Paris Alkohol trinkt, bringt die BILD-Zeitung am nächsten Tag einen Artikel samt angeblichem Beweisfoto über den Rückfall des CDU-Politikers. In der Unionsfraktion heißt es, die Information und das Foto seien durch Mißfelder an die Zeitung gelangt.[39] Der Streit zwischen beiden CDU-Politikern endet auf doppelte Weise tragisch. Schockenhoff stirbt am 13. Dezember 2014, nachdem er sich in seiner heimischen Sauna schwere Verbrühungen zugezogen hat, Mißfelder stirbt auf den Tag genau sieben Monate später an einer Lungenembolie.

Äußerst nachsichtig mit Russland geht in der CDU ein Mann um, der später Ministerpräsident von Nordrhein-Westfalen, Parteichef und Kanzlerkandidat der Union wird. Armin Laschet kritisiert pünktlich zur Annexion der Krim, es gebe in der deutschen Öffentlichkeit einen «marktgängigen Anti-Putin-Populismus». Auch wenn das Referendum auf der Krim «eindeutig völkerrechtswidrig» gewesen sei, müsse man sich in den Gesprächspartner «hineinversetzen, wenn man eine außenpolitische Beziehung pflegt», sagt Laschet und verweist auf die 1200 Unternehmen aus Nordrhein-Westfalen, die Handel mit Russland trieben.

Mehrere Jahre später überrascht Laschet, nun schon Ministerpräsident in Düsseldorf, wiederum mit einer Aussage über das Putin-Regime. Als der einstige russische Geheimdienstagent Sergei Skripal und dessen Tochter im März 2018 in Großbritannien mit dem militärischen Kampfstoff Nowitschok vergiftet werden und den Anschlag nur knapp überleben, reagieren die westlichen Nationen – neben Großbritannien auch Frankreich, die Vereinigten Staaten und Deutschland – mit der Ausweisung von als Diplomaten getarnten russischen Geheimdienstleuten. AfD und Linkspartei monieren damals, dass völlig unklar sei, ob dieses Gift tatsächlich vom Kreml eingesetzt wurde. Laschet pflichtet ihnen bei. «Wenn man fast alle Nato-Staaten zur Solidarität zwingt, sollte man dann nicht sichere Belege haben? Man kann zu Russland stehen, wie man will, aber ich habe im Studium des Völkerrechts einen anderen Umgang der Staaten gelernt», schreibt Laschet auf Twitter. Dass die westlichen Geheimdienste und Regierungen überzeugt sind, das militärische Nervengift könne nur aus staatlichen Quellen in Russland stammen, ignoriert er. In der außenpolitischen Community, aber auch in der Unionsfraktion hat Laschet den Ruf als «Putin-Versteher». In der Unionsfraktion heißt es, er sei der «pragmatischste der Pragmatiker». Für Laschets Haltung dürften seine Kontakte in der Wirtschaft eine Rolle spielen. Zu seinen engen Beratern gehören Bahn-Vorstand Ronald Pofalla, der Vorsitzende des Petersburger Dialogs, ebenso wie Michael Rutz, ehemaliger Journalist und Unternehmer, Mitglied im Lenkungsausschuss des Petersburger Dialogs und Vorstandsmitglied des Deutsch-Russischen Forums.

Auch in der CSU überwiegt eher die Nähe zu Russland als kritische Distanz. Die CSU verfolgt ihre eigene Russland-Diplomatie. Besonders eng ist das Verhältnis zwischen Putin und Edmund Stoiber, der sich als Ministerpräsident Bayerns etliche Male mit dem russischen Präsidenten trifft. Stoiber ist stolz darauf, dass ihm Putin persönlich zu seiner Wiederwahl als bayerischer Ministerpräsident telefonisch gratuliert. Und beim Abschiedsbesuch im Kreml im Juli 2007 nimmt sich Putin fast vier Stunden für Stoiber Zeit und lässt für seinen Gast, der gerade von seiner Partei zum Rückzug gezwungen worden ist, die Ehrengarde aufmarschieren. Danach folgt ein Abendessen mit Putin in dessen Landhaus. Auch Horst Seehofer sucht ein besonderes Verhältnis zu Putin aufzubauen. Vor einer ersten Moskau-Reise im Januar 2016 bespricht er sich mit dem russlandgeneigten CSU-Politiker Peter Gauweiler und dem Journalisten und CSU-Mann Wilfried Scharnagl, der sich ein Jahr zuvor in einem Buch als Putin-Apologet hervorgetan hatte. Seehofers Reise wird argwöhnisch beäugt, weil er sich in der Flüchtlingspolitik gerade gegen Angela Merkel positioniert hat. Seehofer beteuert, sein

Besuch bei Putin sei mit Merkel abgesprochen. In Moskau spricht er sich dann für Lockerungen bei den Sanktionen aus. Diesen illoyalen Schritt gegenüber Merkel wiederholt Seehofer ein zweites Mal anlässlich eines Besuchs bei Putin im März 2017, bei dem er sich dafür ausspricht, die Sanktionen gegen Russland wegen des Kriegs in der Ostukraine aufzuheben. Seehofer betreibt damit eine Nebenaußenpolitik gegenüber dem Kanzleramt, begibt sich aber in eine Allianz mit der SPD.

Seehofers Nachfolger Markus Söder agiert zunächst vorsichtiger, reist zwar nach Moskau, betont aber, dass er zu einem «sachlich-nüchternen Arbeitsbesuch» da sei. Im Zuge der Corona-Pandemie will Söder allerdings den russischen Impfstoff Sputnik V in Bayern produzieren lassen, schließt dafür sogar einen Vorvertrag. Erst einen Tag vor dem Angriff Russlands auf die Ukraine teilt Söder mit, dass das Projekt gestoppt sei. Ein CSU-Grande geht in der Russlandpolitik sogar ungewohnte Bündnisse ein: Der Abgeordnete Peter Ramsauer, Verkehrsminister im zweiten Kabinett Merkel, tritt als Vorsitzender des Ausschusses für wirtschaftliche Zusammenarbeit und Entwicklung im Februar 2018 bei einer Veranstaltung der Linksfraktion zusammen mit Sahra Wagenknecht und Dietmar Bartsch im Haus der Russischen Wissenschaft und Kultur auf, weil er sich – genau wie die Linken-Politiker – gegen die Sanktionen positioniert.[40]

Party mit Platzeck

Russlands Diplomaten und Geheimdienstler verstehen es meist gut, die Gunst ihres Gegenübers zu gewinnen sowie sich dessen Eitelkeit und den Wunsch nach Selbstbestätigung zunutze zu machen. Sie setzen zahlreiche Instrumente ein, um Entscheidungsträger und Informanten aus Politik und Wirtschaft westlicher Staaten für sich zu gewinnen, ein Netz von Unterstützern aufzubauen. Oft werden Wissenschaftler oder Referenten aus einem Ministerium von als Diplomaten getarnten Geheimdienstlern über längere Zeit angeworben, heißt es seit Jahren aus deutschen Sicherheitskreisen. Bei Politikern geht man anders vor. Sie werden offiziell kontaktiert und eingeladen. Und wer kann schon etwas sagen gegen einen Austausch bei Kamingesprächen, eine wohlverdiente Auszeichnung, ein Treffen kommender Führungspersönlichkeiten oder eine Party in der Russischen Botschaft?

In Deutschland ist für dieses Kontaktnetz der Sozialdemokrat Matthias Platzeck über viele Jahre ein wichtiger Mann. Seine große Nähe zu Russland rührt aus seiner Kindheit. Die russischen Soldaten in seiner Heimatstadt Potsdam mochte er gern, dort waren 30 000 Sowjetrekruten stationiert. Er sei «unter Russen aufgewachsen», erzählt Platzeck – die Soldaten habe er teilweise ins Herz geschlossen, eine solche kindliche Prägung vergesse man nicht. Gern schwärmt Platzeck von seiner Liebe zur russischen Literatur und Musik, seinem Lieblingsfilm «Roter Holunder» oder seiner tollen Russischlehrerin. Als Ministerpräsident von Brandenburg berichtet er begeistert von seinen Wirtschaftsreisen nach Moskau. Platzeck ist 2005 bis 2006 für kurze Zeit SPD-Bundesvorsitzender und damit nach Gerhard Schröder der zweite Mann an der Spitze der Partei, der eine sehr enge Beziehung zu Russland pflegt und zugleich eine unkritische Sicht auf Putins Regime besitzt. Elf Jahre lang, von 2002 bis 2013, regiert er als Ministerpräsident in Potsdam, die Landes-SPD führt Platzeck 13 Jahre. Die Brandenburger SPD ist neben der niedersächsischen Sozialdemokratie also der zweite Landesverband, der stets nah am Kreml-Kurs segelt. Das bleibt auch so unter Platzecks Nachfolger als Ministerpräsident, dem Sozialdemokraten Dietmar Woidke. 2009 bekommt der damalige Außenminister Frank-Walter Steinmeier von seinem Freund

Platzeck einen Brandenburger Wahlkreis beschert, in dem er sich um ein Direktmandat für den Bundestag bewirbt.

Nach seinem Rücktritt als Ministerpräsident aus gesundheitlichen Gründen kümmert sich Platzeck vor allem weiter um sein Leib- und Magenthema Russland. So wird er 2014 Vorsitzender des Deutsch-Russischen Forums. Der Verein soll das Miteinander der russischen und deutschen Gesellschaft fördern. Platzeck bringt das Forum allerdings auf einen Kurs, der vor allem auf die Kontakte zu den offiziellen Vertretern Russlands setzt.

Noch stärker ist das im Petersburger Dialog der Fall, zu dessen Vorstand Platzeck gehört. Auch diese Institution, im Jahr 2000 von Putin und Schröder ins Leben gerufen und zunächst an die Regierungskonsultationen beider Länder angedockt, soll angeblich dem Dialog der Zivilgesellschaften dienen. Die Gründerin des Deutsch-Russischen Forums, Alexandra Gräfin Lambsdorff, geht davon aus, dass Putin mit dem Petersburger Dialog eine direkte Konkurrenz schaffen wollte, um dem Deutsch-Russischen Forum das Wasser abzugraben. Denn ursprünglich fanden in dem Forum sehr offene Diskussionen unter Teilnahme vieler russischer Intellektueller statt, die Putin durchaus kritisch sahen. Auf die Pluralität der Vertreter beider Nationen hatte damals ausschließlich die deutsche Seite geachtet. Schröder sei, zusammen mit seiner Ehefrau Doris Schröder-Köpf, «leider nur zu bereit» gewesen, Putins Ansinnen zu folgen, schreibt die Gründerin des Deutsch-Russischen Forums.[41]

Im Petersburger Dialog sind jedenfalls die führenden Teilnehmer auf der russischen Seite von Anfang an vom Kreml handverlesen. Und auf der deutschen Seite dominieren Vertreter des Ost-Ausschusses der deutschen Wirtschaft und Politiker, die dem Kreml gegenüber unkritisch eingestellt sind, wie der CDU-Mann und Vorsitzende des deutschen Lenkungsausschusses des Petersburger Dialogs Lothar de Maizière.

Wie eng Petersburger Dialog und Deutsch-Russisches Forum miteinander verknüpft sind, zeigt nicht nur die Person Platzecks. Beide Institutionen teilen sich sogar den Geschäftsführer: Der Russland-Lobbyist Martin Hoffmann, Träger des Ordens der Freundschaft der Russischen Föderation, ist seit 1995 Geschäftsführer des Forums und wird 2001 «Exekutivdirektor» des Petersburger Dialogs. Wie wenig Distanz das Deutsch-Russische Forum zu russischen offiziellen Stellen hält, zeigen E-Mails, wie jene vom 2. Oktober 2015, mit der das Forum zu Kamingesprächen des Botschafters Wladimir Grinin in die Russische Botschaft einlädt – «im Auftrag» des Botschafters. Unter den Mitarbeitern in der Geschäftsstelle des Deutsch-Russischen Forums hat man nicht nur den zivilgesellschaftlichen Austausch mit Russland im Blick. Natalia von Münchhausen, eine enge Mitarbeiterin Hoffmanns, betreibt parallel einen Immobilienservice für reiche Russen. «Wir bieten anspruchsvollen russischen Kunden einen exklusiven Service rund um ihre neu erworbene Immobilie in Deutschland», verspricht von Münchhausen. Man helfe auch dabei, «jede Einrichtungsidee zu verwirklichen».

Platzeck macht immer wieder Vorschläge, die direkt von seinen russischen Gesprächspartnern zu stammen scheinen. So fordert er im November 2014, dass der Westen sich mit der Einverleibung der Krim durch Putin abfinden solle. «Die Annexion der Krim muss nachträglich völkerrechtlich geregelt werden, so dass sie für alle hinnehmbar ist», fordert er. Auch die Separatistenregionen Donezk und Luhansk seien für die Ukraine verloren. Der Westen müsse Putin in dieser Frage nachgeben, denn nach ihm komme «eher ein noch nationalistischerer Präsident».

Platzeck ist ein Beispiel dafür, wie sich Politisches und Persönliches in der Begeisterung für Russland vermischt, ja von der russischen Seite ausgenutzt wird. Private Kontakte mit russischen Offiziellen scheut er nicht. Mit dem russischen Botschafter Wladimir Kotenjow, der ab Frühjahr 2004 sein Land sechs Jahre lang in Berlin vertritt, ist Platzeck befreundet, es gibt gemeinsame Landpartien der Eheleute, beide posieren später gemeinsam für eine Fotoserie unter dem Titel «Freunde».

Die Nähe zu den Russen geht so weit, dass Platzeck nicht einmal Probleme damit hat, wenn Geheimdienste ganz offen ins Spiel kommen. Als Ministerpräsident nimmt Platzeck im November 2005 in der Russischen Botschaft den Orden «Peter der Große» Erster Klasse entgegen, den eine Moskauer Geheimdienstakademie, die Akademie für Sicherheit, Verteidigung und Rechtsordnung, ihm verleiht. Grund für die Dekoration ist sein «Beitrag zum Gelingen von vielen Gedenkveranstaltungen aus Anlass des Jahrestags der Befreiung Europas von der Naziherrschaft». Der Vorsitzende der Akademie, Generalmajor a. D. Viktor Schewtschenko, zuvor Chef der Gegenspionage der russischen Raketentruppen, ist eigens nach Berlin gereist. Dass den Orden auch der weißrussische Diktator Alexander Lukaschenko und der nordkoreanische Führer Kim Jong-il erhielten, stört den SPD-Politiker offenbar nicht. Auch der Präsident des Berliner Abgeordnetenhauses und frühere Regierende Bürgermeister Berlins, der Sozialdemokrat Walter Momper, erhält den Orden und sieht in der seltsamen Riege der Mitordensträger kein Problem. Insgesamt sollen bis 2008 fast 100 Spitzenleute aus der Politik, Wirtschaft, Wissenschaft und Kultur Deutschlands den Orden bekommen haben. Auch der ehemalige Chef der Auslandsspionage der DDR, Markus «Mischa» Wolf, ist ein Ordensträger. Als er mit 83 Jahren stirbt, spricht Botschafter Kotenjow auf der Beerdigung in Berlin-Friedrichsfelde. «Deutschland hat einen seiner bedeutenden Söhne und Russland einen seiner besten Freunde in Deutschland verloren», sagt er über den früheren Stasi-General, der wegen Freiheitsberaubung in der Bundesrepublik rechtskräftig verurteilt wurde. Weil der Geheimdienstchef am 9. November 2006 ruhig im Schlaf aus dem Leben schied, befindet Kotenjow: «Nur die, die reinen Herzens sind, verabschieden sich so aus dem Leben.»

Botschafter Kotenjow organisiert aber nicht nur Ordensverleihungen, er ist auch Fachmann für Public Diplomacy, besonders in der Sparte Glanz und Glamour. In Berlin macht er sich als Partykönig an der Spree einen Namen. Das ist ungewöhnlich für russische Botschafter, die gewöhnlich das Image grauer Apparatschiks haben. Zusammen mit seiner Frau Marija, genannt Mascha, lädt er die Spitzen von Politik und Wirtschaft zu rauschenden Bällen in die Botschaft Unter den Linden. An Krimsekt, Wodka und Kaviar wird dabei nicht gespart, die russischen Teigtaschen Pelmeni des Botschaftskochs erfreuen sich großer Beliebtheit. Die Chefs der großen deutschen Autokonzerne sind mit von der Partie, auch die großen Energieunternehmen entsenden ihre Vertreter. Porsche-Chef Wendelin Wiedeking ist ebenso Party-Besucher wie BASF-Aufsichtsrat Eggert Voscherau, der Chemiekonzern öffnet seinen Weinkeller für ein Fest der Botschaft. BMW-Manager Hans-Reiner Schröder veranstaltet mit dem Glamourpaar eine Mode-Gala im Russischen Palais, wie Kotenjow die Botschaft nennt, es kommen 2000 Fashionbegeisterte. Auch viele Politiker der Republik pilgern zu den Partys der Kotenjows. Gerhard Schröder lässt sich immer wieder sehen, regelmäßig ist Platzeck dabei. Wenige Wochen nachdem Russland einen Krieg mit Georgien geführt hat, singen beide im September 2008 nach Mitternacht lauthals in der Botschaft zu russischen und westlichen Evergreens.

Kotenjow schafft es zudem, dass er in Talkshows im Fernsehen eingeladen wird. Dort und in zahlreichen Print-Interviews wiederholt er immer wieder, dass die deutschen Medien russophob seien, nichts als ein Zerrbild der wirklichen Verhältnisse in

Russland zeichneten. Als typische Russlandklischees nennt er etwa in einem Interview die Auffassung, die «russische Regierung sei der KGB», Russland sei keine Demokratie und es gebe in seiner Heimat keine Pressefreiheit. Auch die Ansicht, Russland wolle seine Energie wie eine Waffe verwenden, sei falsch.[42] Damit der fast perfekt Deutsch sprechende Botschafter zur besten Sendezeit seine Sicht der Welt verbreiten kann, lädt die ARD-Talkshow «Sabine Christiansen» den russischen Oppositionellen Garri Kasparow Ende 2006 flugs aus der Sendung aus. Denn mit Kritikern Russlands lässt sich Kotenjow nicht ein.[43] Dafür ist «Russland-Expertin» Gabriele Krone-Schmalz in der Sendung dabei, die mit ihren erfolgreichen Büchern Putin und die Kreml-Politik später jahrelang verharmlost. Talkshow-Moderatorin Sabine Christiansen ist regelmäßig Gast bei den Feiern der Kotenjows. In deutsche Talkshows werden auch bezahlte Propagandisten des Kremls als «Journalisten» eingeladen. So ist etwa Ivan Rodionov nach der Krim-Annexion im Frühjahr 2014 Gast bei Günther Jauch, Frank Plasberg und Michel Friedman. Der rhetorisch gewandte Rodionov leitet in Berlin die TV-Nachrichtenagentur Ruptly, eine Tochterfirma des vom Kreml finanzierten und geleiteten Auslandssenders Russia Today, der sich später RT nennt. Nach dem Start von RT Deutsch wird Rodionov im gleichen Jahr Chefredakteur des deutschsprachigen Programms.

Der Vorwurf, den Russland den deutschen Medien immer wieder macht, ist ihre angebliche Unausgewogenheit: Sie seien von Russophobie geprägt. Was er unter Russophobie versteht, dafür liefert Botschafter Kotenjow nach Russlands Krieg mit Georgien auf einer Pressekonferenz in der Botschaft eine anschauliche Definition: «Wenn jemand sagt: Ich liebe Tschaikowsky, ich liebe Kandinsky, aber ich liebe nicht den russischen Staat, das ist Russophobie.»

Das alles scheint viele deutsche Politiker aber nicht zu stören.

Und Kotenjows Umgarnungen erliegen beileibe nicht nur Politiker der SPD, sondern auch Vertreter der Unionsparteien und der FDP. So gehören etwa die CSU-Granden Edmund Stoiber und Michael Glos zu seinen Gästen. Als die Professorin und Unternehmerin Margarita Mathiopoulos, einst von Willy Brandt als SPD-Sprecherin vorgesehen, dann FDP-Mitglied und mit dem CDU-Politiker Friedbert Pflüger verheiratet, in ihrer Villa in Berlin-Dahlem im April 2010 eine große private Abschiedsparty für Kotenjow am Ende seiner Zeit als Botschafter gibt, da spricht Außenminister Guido Westerwelle von der FDP. «Lieber Wladimir», sagt Westerwelle, «du bist nicht nur Repräsentant deines Landes, sondern auch für viele zum herzlichen Bekannten, zum Freund geworden.»

Der gute Freund geht nach dem Ende seiner Botschafterzeit in Berlin nicht etwa nach Russland zurück, sondern wird Geschäftsführer des Gazprom-Ablegers in Deutschland, der Gazprom Germania. Zusammen mit deren Geschäftspartner Wintershall mietet er gleich die Philharmonie in Berlin für ein Gastspiel des berühmten Mariinsky-Orchesters aus St. Petersburg mit dem Putin-Freund Waleri Gergijew am Dirigentenpult. Kotenjow, so heißt es offiziell, soll die Geschäfte der Gazprom-Tochter mit «Aggressivität, Effizienz und einer Fülle neuer Ideen» vorantreiben, sein Netzwerk nun für das russische Gasgeschäft nutzen – ein Auftrag, der ihm offenbar nicht so gut gelingt, denn nach einem knappen Jahr trennt sich Gazprom von ihm.

Ideen hat Kotenjow aber tatsächlich. So organisiert er noch während seiner Botschafterzeit den Verein «Deutschland-Russland – Die neue Generation», eine besondere Art des Jugendaustausches. Einem ersten Treffen im Mai 2009 folgt die Vereinsgründung im Oktober des folgenden Jahres. Der Verein richtet sich an zukünftige Führungskräfte aus Deutschland und Russland im Alter zwischen 25 und 35 Jahren aus Wirtschaft, Politik, Kultur und Wissenschaft, die, so heißt es im Strategiepapier des Vereins vom Herbst 2010, «aufgrund ihres beruflichen Profils oder ihres persönlichen Hintergrunds künftig für die bilateralen Beziehungen relevant sein werden». Im Vereinsvorstand sitzen 2011 Anne-Marie Großmann, Tochter des RWE-Chefs und Schröder-Freunds Jürgen Großmann, und Maximilian von Waldenfels, Sohn des ehemaligen bayerischen Finanzministers Georg von Waldenfels und persönlicher Referent des Verteidigungsministers Karl-Theodor zu Guttenberg von der CSU, der allerdings am 1. März 2011 zurücktritt. Auch Nico Raabe und Konstantin von Bismarck gehörten zum Vorstand, die zu diesem Zeitpunkt bei der Beratungsfirma McKinsey arbeiten, sowie weitere Sprösslinge aus Häusern mit adligen Namen.

Vernetzt mit der Politik sind die Leute von der «neuen Generation» sehr gut, wie zahlreiche Dokumente zeigen, die den Autoren dieses Buches zugespielt wurden. So unterstützt Bundespräsident Christian Wulff, zuvor CDU-Ministerpräsident in Niedersachsen, die Initiative. Bei einem Besuch in Moskau Mitte Oktober 2010 spricht er sie sogar gegenüber Putin an. In einem Schreiben an Anne-Marie Großmann und Max von Waldenfels vom 4. November 2010 ermuntert Wulff die Vorstandsmitglieder, «Ministerpräsident Putin zu Ihrem Moskauer Treffen im Mai 2011 einzuladen». Das macht die Vorsitzende dann am 22. Januar 2011. In einem Brief an Putin weist Anne-Marie Großmann auf den Kontakt zu Wulff und auf die Initiative von Botschafter Kotenjow hin und schreibt: «Es wäre eine außerordentliche Ehre und würde uns sehr freuen, wenn Sie, Herr Ministerpräsident, die Zeit finden könnten, im Rahmen des Freundschaftstreffens zu uns zu sprechen und eine Ansprache über Russland zu halten.» Ein ähnliches Schreiben verfasst sie an den Präsidenten Dmitri Medwedjew.

Für ihr Vorhaben wirbt «die neue Generation» auch im Auswärtigen Amt. Dem dort tätigen Staatsminister Werner Hoyer von der FDP erklärt Großmann großspurig in einem ebenfalls am 22. Januar verfassten Brief, Putin habe «in Aussicht gestellt», an dem Treffen teilzunehmen. Sie hoffe darauf, dass das deutsche Außenministerium die Initiative weiter fördere, und verweist auf die schon erhaltenen «Zusagen für finanzielle Beiträge von Gazprom Germania, McKinsey, Sewerstal und Wintershall». Der Mindestbetrag für Hauptsponsoren beträgt laut dem Strategiepapier 10 000 Euro, doch ist auch Sponsoring für Catering, Räume, die Entsendung von Experten zu Veranstaltungen sowie «individuell gestaltete Unterstützungspakete» vorgesehen. Der McKinsey-Mitarbeiter Gundbert Scherf, später für einige Jahre Rüstungsbeauftragter der CDU-Ministerin Ursula von der Leyen im Verteidigungsministerium, schreibt an Hoyers Büroleiter Frank Schuster am 24. Januar 2011 in einer Mail, man wolle die Schreiben an Putin und Medwedjew «in Form einer Verbalnote über den offiziellen Kanal der Deutschen Botschaft in Moskau» zustellen lassen. Der dortige Botschafter sei im Grunde schon informiert – «bedarf aber nach unserem Verständnis noch einer Weisung aus Berlin».

Den russischen Teil des Vereinsvorstands besetzt Kotenjow sehr pragmatisch: mit seinen beiden Kindern. Sohn Wladimir Kotenjow ist Geschäftsführer für das deutsche Holzverarbeitungsunternehmen Pfleiderer im russischen Nowgorod, Tochter Olga Pestowa-Kotenjowa arbeitet in Moskau für die Gazprombank. Zur Liste der Sponsoren, die den Verein unterstützen, gehören neben Gazprom und der Gazprombank auch Eon, Wintershall oder die russischen Industrieriesen Sewerstal und Norilsk Nickel. An der Reise zu einer Konferenz nach Moskau im Mai 2011 nehmen 120 Personen teil. Auch deutsche Politprominenz fliegt mit: Der CDU-Außenpolitiker Philipp Mißfelder diskutiert in der russischen Hauptstadt mit Robert Schlegel, einem Nachwuchspolitiker der Kreml-Partei Einiges Russland. Die Konferenz findet in Zusammenarbeit mit der Moskauer Filiale der Konrad-Adenauer-Stiftung statt. Allein das ersehnte Treffen mit Putin kommt nicht zustande. Im Jahr davor hatte sich die «neue Generation» in Berlin in der niedersächsischen Landesvertretung in Berlin getroffen. Damals sprechen die Mitglieder des Vereins aus beiden Ländern mit Altkanzler Schröder.

Die Arbeit des Vereins wird schließlich auf breitere Füße gestellt. Es finden nun groß angelegte Jahreskonferenzen mit mehreren hundert Teilnehmern statt, abwechselnd in Deutschland und Russland. Eine davon wird im Juli 2014 in Hamburg mit 400 Teilnehmern ausgerichtet, wenige Monate nach der Annexion der Krim und dem Beginn von Russlands Krieg im Donbass. Eine Rede hält dort auch Olaf Scholz, der damalige Erste Bürgermeister der Stadt. Er bleibt diplomatisch-höflich, greift Russland nicht direkt an, macht aber klar, dass die «souveräne Integrität keines Landes in Europa in Frage gestellt werden darf». Auch Henning Voscherau spricht auf der Konferenz. Im Kuratorium des Vereins sitzen nun Marija Kotenjowa, Gazprom-Aufsichtsrat Viktor Martynow, die Schlagersängerin Vicky Leandros und Irina Nikitina, Pianistin und Kulturmanagerin. Sie ist die Taufpatin von Wladimir Putins erster Tochter Marija, kann zum engsten familiären Kreis von Putin gezählt werden. Auch mehrere aktive und ehemalige deutsche Politiker gehören zum Kuratorium. Von der Union sind es Philipp Mißfelder und Michael Glos, von der SPD der Bundestagsabgeordnete Lars Klingbeil, der heutige SPD-Vorsitzende. Klingbeil schreibt später über seine Tätigkeit in dem Verein, er und Mißfelder hätten gemeinsam «versucht, die Beziehungen zwischen der jungen russischen und deutschen Generation auszubauen».[44]

Zudem sitzt Heino Wiese im Kuratorium. In dessen Wahlkreisbüro hatte Klingbeil gearbeitet, als Wiese von 1998 bis 2002 SPD-Bundestagsabgeordneter war; auch im Wahlkreisbüro von Gerhard Schröder war Klingbeil während seines Politik-Studiums in Hannover tätig. Klingbeil nimmt an mehreren Konferenzen des Vereins als Referent teil. Seine besondere Rolle wird vom damaligen Vorstandsvorsitzenden der «neuen Generation», Christoph von Oldenburg, in einem Brief wenige Monate nach der Hamburger Konferenz gewürdigt. So sei es «trotz des schwierigen politischen Umfelds» in Hamburg zum ersten Mal gelungen, junge Abgeordnete der Staatsduma, des Bundestags und der Landtage «in einer eigenen Arbeitsgruppe unter Leitung unseres Kuratoriumsmitglieds Lars Klingbeil» zusammenzubringen.[45] Mit Schröder bleibt Klingbeil weiter gut befreundet, lädt ihn 2017 ein, in seinem Wahlkampf für den Wiedereinzug in den Bundestag aufzutreten, was der Altkanzler gerne tut. Schröder ist kurz zuvor Aufsichtsrat bei Rosneft geworden. Für Klingbeil ist das kein Grund, sich von seinem Mentor loszusagen. Schröder sei eben jemand, «der dafür stand, Dinge zu tun, die nicht allen gefallen», sagt er über den Altkanzler.

6 Toxische Beziehung

Die Russlandpolitik 2013–2021

Hannover wird wieder rot

In der Nacht auf den 21. Januar 2013 liegt eine schneidende Kälte über Hannovers Innenstadt. Es geht schon auf Mitternacht zu, als auf den vereisten Straßen und Gehwegen rund um die Marktkirche Jubel aus dem Alten Rathaus erschallt. Soeben ist auf der Wahlparty der SPD die Nachricht eingetroffen, dass bei der Auszählung der Landtagswahl das eine, entscheidende Mandat die Seiten gewechselt hat. Die bisherige CDU-geführte Landesregierung ist abgewählt, und nach elf Jahren darf mit Stephan Weil wieder ein SPD-Politiker in die Staatskanzlei einziehen.

Der bisherige Oberbürgermeister von Hannover hat einen für den SPD-Bezirk Hannover geradezu mustergültigen Lebenslauf: Aufgewachsen in der Landeshauptstadt, Jura-Studium in Göttingen, Eintritt in die SPD, Juso-Chef im Bezirk Hannover, Karriere im Öffentlichen Dienst, erst im SPD-geführten Justizministerium, dann in der SPD-geführten Stadtverwaltung. Der neue Ministerpräsident wird anfangs als «Büroklammer» verspottet. Doch damit unterschätzt man diesen Politiker: Stephan Weil ist eine hochprofessionelle Machtmaschine, verschlossen und auf Kontrolle bedacht. Heino Wiese erzählt, dass er aus den alten Zeiten der Hannover-SPD noch einen anderen Weil kennt, der damals noch stärker aus sich herausging: Ausgiebig habe man zusammen getrunken, erinnert sich Wiese. «Wir haben Nächte verbracht, wo er Gesangsstimme Nummer 1 war.»

Mit Gerhard Schröder und den Mitgliedern von dessen Hannover-Connection hat der Ministerpräsident auch zusammengesessen. Als die WELT AM SONNTAG im Jahr 2010 Carsten Maschmeyer in seinem legendären Partykeller besucht, stehen dort noch Weingläser vom Vorabend herum. Wer denn zu Gast gewesen sei, fragt die Reporterin. «Ein paar Freunde», antwortet Maschmeyer: Gerhard Schröder, Stephan Weil sowie der damalige ZDF-Intendant Markus Schächter.[1] Maschmeyer hatte Weil im Herbst 2006 auch per Brief zu dessen Wahl zum Oberbürgermeister gratuliert. «Gerne habe ich deshalb bereits im Vorfeld der Wahl meinen bescheidenen Beitrag geleistet, um Ihren Wahlkampf zu unterstützen», hieß es darin.[2]

Die meisten anderen Mitglieder des Schröder-Zirkels kennt Weil ebenfalls. Als Ministerpräsident unternimmt er im Jahr 2016 eine Delegationsreise nach Teheran, wo er die «lange Freundschaft zwischen Deutschland und dem Iran» lobt und mit Madjid Samii eine Klinik eröffnet, die ganz ähnlich aussieht wie Samiis neurochirurgische Klinik in Hannover. Die Straße im Norden Teherans, die zur Klinik führt, wird sogar nach Samii benannt. Gemeinsam mit dem Mediziner trifft Weil den früheren Präsidenten Rafsandschani, was dieser als Gelegenheit für antisemitische Hasstiraden nutzt. Im Schlepptau des Ministerpräsidenten reist auch der Schröder-Freund Günter Papenburg und schließt einen Vertrag über die Lieferung von Baumaschinen.

Schlagzeilen macht Papenburg, als er zu seinem 80. Geburtstag im Jahr 2019 Helene Fischer in der TUI-Arena aufbietet. Wiese, Schröder und Papenburg sitzen bei dem Event auf den schönsten Plätzen; der Bauunternehmer, der ehemalige Kanzler und der Ministerpräsident posieren auch gemeinsam für die Kamera. Im Umfeld des Ministerpräsidenten sieht man Fotos eher ungern, die ein kumpelhaftes Verhältnis zwischen Weil und Mitgliedern des Schröder-Netzes nahelegen. In der Staatskanzlei wie auch in der Parteizentrale in der Odeonstraße weiß man spätestens seit der Wulff-Affäre im Jahr 2012, dass eine zu offenkundige Nähe zur Hannover-Connection brandgefährlich werden kann. Daher ist man bemüht, Stephan Weil ein anderes Image zu verpassen: das eines nüchternen Landesvaters, der lieber Pils als Barolo trinkt und lieber mit alten Freunden in den Bergen wandern geht, als reiche Männer in ihren Villen zu besuchen. «Er ist absolut vorsichtig geworden, und diese Vorsicht hatte er als Oberbürgermeister noch nicht nötig gehabt», erzählt sein alter Freund Heino Wiese.

Für das Verhältnis Weils zu Gerhard Schröder lautet der offizielle Tenor: Der Ministerpräsident achtet und ehrt die Leistungen des Altkanzlers, hält persönlich aber bewusst Distanz. Diese Strategie macht es möglich, Schröder bei offiziellen Anlässen oder im Wahlkampf wohldosiert einzusetzen, ohne dass dies für den Ministerpräsidenten mit Gefahren verbunden ist. Und sie führt dazu, dass dem erstaunlichen Engagement Stephan Weils in Sachen Russland wenig Aufmerksamkeit gewidmet wird, obwohl es dazu einiges zu erzählen gibt. Denn nach dem Machtwechsel etabliert die SPD-geführte Landesregierung in Hannover einen Russland-Kitsch, der mehrere Elemente vereint: Sympathie für die russische Seele, Verständnis für Kreml-Chef Putin und romantisierte Erinnerungen an Willy Brandts Entspannungspolitik. Auch von der Annexion der Krim 2014 lässt man sich in der Staatskanzlei darin nicht beirren. Ein Musterbeispiel für die damaligen Wohlfühlveranstaltungen ist die Verleihung des Niedersächsischen Staatspreises an die Scorpions durch den Ministerpräsidenten im Jahr 2015: Vor den Spitzen der hannoverschen Gesellschaft darf Gerhard Schröder im prunkvollsten Saal von Schloss Herrenhausen die Laudatio halten. Der Altkanzler nutzt diese Bühne, um seine russlandpolitischen Ansichten auszubreiten und in Nostalgie zu schwelgen. Schröder erinnert an eine gemeinsame Veranstaltung mit Scorpions-Sänger Klaus Meine und Wladimir Putin, bei der sogar die russischen Soldaten bei «Wind of Change» mitpfiffen.

Das Land Niedersachsen pflegt unter seiner neuen SPD-Führung aber auch direkte Drähte nach Russland. Die erste Auslandsreise von Ministerpräsident Stephan Weil führt im November 2013 nach St. Petersburg und Moskau. Der «demokratische Ansatz» Russlands nach dem Zusammenbruch der Sowjetunion verdiene Respekt, lobt Weil und dämpft bei einem Gespräch mit Menschenrechtlern die Erwartungen. Ein erhobener Zeigefinger sei nicht hilfreich, warnt er. Und: «Unternehmer sind gut beraten, die Demokratisierung dem Land selbst zu überlassen.»

Weil wird später noch weitere drei Delegationsreisen nach Russland unternehmen. Obwohl wirtschaftlich wenig bedeutend für Niedersachsen, fährt der SPD-Politiker in kein anderes Land häufiger. Das Ziel ist sogar, einmal jährlich nach Russland zu reisen. Treffen mit Menschenrechtlern, wie im Jahr 2013 im Büro der Friedrich-Ebert-Stiftung, gehören später nicht mehr zum Programm. Enge Putin-Vertraute trifft Weil hingegen weiter, auf seiner letzten Moskau-Reise im Dezember 2018 zum Beispiel den Vizeministerpräsidenten Kosak. Dmitri Kosak war 2014 mit der Integration der Krim in Putins Reich beauftragt worden. Die EU setzt ihn damals umgehend auf eine Sanktionsliste. Der niedersächsische Ministerpräsident trifft ihn dennoch.

An den Auslandsreisen der SPD-geführten Landesregierung nehmen immer wieder Weils alter Freund Heino Wiese oder Mitarbeiter seiner Wiese Consult teil. Nicht nur, wenn es nach Russland geht, sondern auch nach Iran oder in die Türkei. «Das Ausland ist ihm wichtig», lobt Wiese den Ministerpräsidenten. Das gelte nicht nur für Russland, sondern auch für die Türkei und China. Weil sei ein Politiker, der «nicht den moralischen Finger hochhält und sagt: Mit euch reden wir erst, wenn ihr das und das und das gemacht habt.»

Weil zählt sehr lange zu den Befürwortern der geplanten Pipeline Nord Stream 2 und zu den Kritikern der westlichen Sanktionen. Die Kritik, dass diese Position längst von der Realität überholt sei, lässt Weil nicht gelten. «Da schalte ich auf stur», antwortet er einem Journalisten, der 2018 in Moskau nachhakt.[3] Auch ein deutscher Politiker, der in Moskau einmal zufällig auf Weil trifft, erinnert sich, wie der SPD-Politiker eine «flammende Rede» auf die Freundschaft zu Russland gehalten habe und kritische Nachfragen habe abperlen lassen.

Wichtiger als diese niedersächsische Nebenaußenpolitik ist der beträchtliche innerparteiliche Einfluss, den Stephan Weil geltend macht. Denn nach seinem Wahlsieg von 2013 steigt der «einfache, biertrinkende Jurist» aus Hannover, als den sich Weil gerne bezeichnet, rasch zu einer gewichtigen Stimme in der Partei auf. Der Einfluss des eigentlich mächtigsten Landesverbands Nordrhein-Westfalen schwindet. Schon vor der Abwahl von Ministerpräsidentin Hannelore Kraft im Jahr 2017 deutet sich an, dass aus Düsseldorf keine starken Impulse mehr zu erwarten sind. Stattdessen wächst der Einfluss der SPD aus Niedersachsen, dem nach 2017 letzten großen Bundesland mit sozialdemokratischer Regierungsbeteiligung. Der Landesverband sticht nicht nur durch seine Geschlossenheit hervor, sondern auch durch seine erfolgreichen Kampagnen. Leute aus anderen Parteien fragen sich sogar hin und wieder, woher die Odeonstraße das Geld für diese aufwendigen Wahlkämpfe nimmt. Aus seinen Wahlerfolgen leitet Weil jedenfalls das Selbstbewusstsein ab, auf den Kurs der Bundes-SPD Einfluss zu nehmen, auch in der Russlandpolitik. Gerhard Schröder lobt Weil 2018 als «politisches Schwergewicht» innerhalb der SPD. Der niedersächsische Ministerpräsident sei «auch hier in Berlin jemand, ohne den wichtige bundespolitische Entscheidungen nicht zu treffen sind», würdigt ihn der Altkanzler und sagt, Stephan Weil sei «ein sehr verlässlicher politischer Freund in den vergangenen Jahren» für ihn gewesen.

Mit dem Wahlsieg 2013 zieht noch eine andere engagierte Fürsprecherin Russlands in den niedersächsischen Landtag ein: Doris Schröder-Köpf. Die damalige Ehefrau von Gerhard Schröder kegelt dafür die langjährige SPD-Landtagsabgeordnete Sigrid Leuschner im Wahlkreis Hannover-Döhren unter bemerkenswerten Umständen aus dem Feld. Leuschner ist im Januar 2012 gerade auf einer Reise durch Polen, als ihr Handy klingelt und ihr ein Parteifunktionär eröffnet, dass an ihrer Ablösung gearbeitet werde. Der damalige Chef der städtischen SPD hatte Schröder-Köpf zu diesem Zeitpunkt bereits den Vorsitzenden der wichtigsten Ortsvereine vorgestellt. Leuschner ist alarmiert und bucht umgehend eine 17 Stunden lange Busfahrt zurück nach Hannover. Der Kampf ums Mandat beginnt.[4] Nach den Abstimmungen in den einzelnen Ortsvereinen liegt Leuschner vorne, und die Sache scheint klar. Doch bei der Wahlkreiskonferenz schwenken einige Delegierte auf Schröder-Köpf um. Leuschner, die bald darauf tief frustriert aus der SPD austritt, sieht sich hintergangen, nennt das Vorgehen «charakterlos» und vermutet «Absprachen» hinter den Kulissen.

Auffällig ist, dass Schröder-Köpf nach diesem Erfolg hohe Parteispenden leistet. Im Jahr 2013 spendet sie 32 725,26 Euro. Allein 25 000 Euro davon gehen als Einzelspende an den SPD-Stadtverband Hannover, 4600 Euro sind Mandatsträgerabgaben, rund 3000 Euro Kleinspenden. In der gesamten SPD in Deutschland gibt es 2013 nur eine einzige Person, die mit 83 000 Euro mehr spendet als Schröder-Köpf. Auch sie stammt aus Hannover. Der Fall geht bundesweit durch die Presse, weil eine so hohe

Privatspende so ungewöhnlich ist. Auch die dritthöchste Spende stammt 2013 aus dem SPD-Unterbezirk Hannover.

2014 überweist Schröder-Köpf nach Auskunft ihres Anwalts nochmals insgesamt 27 000 Euro an die SPD. Auch damit liegt sie wieder bundesweit in der Spitzengruppe.[5] Fünfstellige Spenden im Jahr sind für ranghohe Politiker zwar keine Seltenheit, aber solche Großspenden aus dem Portemonnaie einer Landtagsabgeordneten sind gerade bei der SPD eine Rarität.

Nach den ersten Nachrichten über eine Trennung von Gerhard Schröder im Frühjahr 2015 sinken die Spenden von Schröder-Köpf dann rapide und überschreiten erst 2019 wieder knapp die Schwelle von 10 000 Euro, die zur Veröffentlichung verpflichtet. Auf Anfrage der FAZ schreibt der Anwalt von Schröder-Köpf, dass Gerhard Schröder «nicht an Zahlungen unserer Mandantin an die SPD beteiligt» gewesen sei. Die vormalige Journalistin Doris Schröder-Köpf besitze eine Immobilie und verfüge «über weiteres eigenes Vermögen».

Die Führung der niedersächsischen SPD stellt den Vorgang bis heute so dar, als sei die Ablösung von Leuschner durch Schröder-Köpf ein Streit auf Ortsvereins-Ebene gewesen, auf den man keinerlei Einfluss genommen habe. Das ist aus mehreren Gründen wenig glaubwürdig. Denn die Parteispitze hatte schon 2009 um Schröder-Köpf geworben, und auch die Kandidatur 2013 wird «von oben» eingestielt, wie es in Hannover heißt. Die Landes-SPD hat daran ebenfalls Interesse. Denn die Gattin des Ex-Kanzlers ist bestens geeignet, dem Wahlkampf des damals noch als blass geltenden Stephan Weil Glamour zu verleihen. Diese Klatsch-und-Tratsch-Strategie war schon zu Schröders eigener Zeit als aktiver Politiker Bestandteil der SPD-Wahlkämpfe. Und Schröder-Köpf verfügt über Drähte zu den entsprechenden Boulevard-Blättern wie BUNTE und GALA. «Lady-Gipfel in Moskau (es geht um das Glück der Kinder)» betitelt beispielsweise

Bündnis mit dem Boulevard: Doris Schröder-Köpf 2007 im Kreml

die BUNTE 2007 eine seitenlange Hochglanzstrecke über einen Trip der Altkanzler-Gattin in den Kreml, darin enthalten Fotos mit Putins Ehefrau Ljudmila. Schröder-Köpf posiert für den Artikel auch mit dem damaligen Gazprom-Germania-Chef Hans-Joachim Gornig.

Von dessen DDR-Seilschaft erfahren die Leser der Bunten nichts, stattdessen berichtet Schröder-Köpf über ihre Freundschaft mit Ljudmila Putin und beklagt sich über eine «verzerrte Wahrnehmung» und «antirussische Ressentiments» in Deutschland, wo «Leute mit einer Härte über Russland urteilen, in übelster Stammtischmanier». Das sei «besonders schlimm, wenn es sich um Journalisten handelt, die ihre Meinung über die Medien noch verbreiten», verbreitet die ehemalige Journalistin ihre Meinung über das Medium BUNTE. Und Doris Schröder-Köpf rät, man möge es «den Russen selbst überlassen, wie sie die Politik ihres Präsidenten und ihrer Regierung bewerten».

Der Plan der niedersächsischen SPD reicht aber darüber hinaus, den «Hillary-Effekt» der Altkanzler-Gattin abzugreifen.

Denn Spitzenkandidat Stephan Weil hat politisch höhere Ziele für sie im Auge. Doris Schröder-Köpf wird im Wahlkampf als Weils Kandidatin für das neu zu schaffende Amt einer Landesbeauftragten für das Thema Migration präsentiert, das er nach der gewonnenen Landtagswahl 2013 direkt bei sich in der Staatskanzlei ansiedelt. Schröder-Köpf verfügt zwar über keine besondere Expertise, knüpft aber über die beiden adoptierten Kinder an das Thema Migration an.

An diesem Punkt muss eine weitere Facette sozialdemokratischer Russlandpolitik betrachtet werden. In Deutschland leben rund 2,5 Millionen Aussiedler aus der ehemaligen Sowjetunion. Bei den Parteien gelten die Russlanddeutschen als mehrheitlich konservativ eingestellt und darum lange Zeit als CDU-Wählerschaft. Besonders in Niedersachsen, in dem oft wenige Stimmen den Ausschlag über Sieg oder Niederlage zwischen politischen Lagern geben, ist es für die SPD hochattraktiv, in einer solch großen Gruppe Wähler zu gewinnen. Und wer wäre dafür geeigneter als die russlandfreundliche Gattin des russlandfreundlichen Ex-Kanzlers, zumal in deren Wahlkreis besonders viele Aussiedler aus der Russischen Föderation leben? Bei der niedersächsischen CDU durchschaut man die Absicht. Nach der Landtagswahl im Herbst 2017 beharrt die Union darum bei der Bildung der rot-schwarzen Koalition mit Nachdruck darauf, dass Schröder-Köpf ihre Zuständigkeit für die Russlanddeutschen verliert. Für die Aussiedler wird eine weitere Landesbeauftragte im CDU-geführten Wissenschaftsministerium installiert, Schröder-Köpf soll sich in der Staatskanzlei auf «Migration und Flüchtlinge» konzentrieren. Schröder-Köpf hält sich allerdings nicht an diese Aufteilung. Im August 2018 tritt sie gemeinsam mit Ministerpräsident Weil auf einer Veranstaltung von Heino Wiese in Gifhorn auf, bei der die deutsch-russische Freundschaft beschworen wird und Schröder-Köpf eine Rede zur «Erfolgsgeschichte» der Integration der Russlanddeutschen in Niedersachsen hält. Und als Schröder-Köpf im September 2020 in den Vorstand des Deutsch-Russischen Forums einrückt, schreibt sie: «Als Landesbeauftragte für Migration und Teilhabe in Niedersachsen habe ich regelmäßig mit Menschen zu tun, die aus Russland nach Deutschland gekommen sind.» Solch «wichtige und zuverlässige Brückenbauer» gelte es zu nutzen, wobei sie, «als Mutter zweier Kinder, die in St. Petersburg geboren wurden», gerne mithelfe.

Schröder-Köpf lässt sich auch weder durch die russische Annexion der Krim im Jahr 2014 noch durch die Trennung von ihrem Ehemann Gerhard Schröder im darauffolgenden Jahr davon abbringen, weiter Putin-Kitsch zu verbreiten. Wenige Tage vor der Landtagswahl 2017 schwärmt sie im russischen Propaganda-Portal Sputnik, der russische Präsident sei «ein ausgesprochen differenzierter, ein sehr kluger Mann, der durchaus auch Kritik einstecken kann». Auch auf ihre persönlichen Begegnungen blickt sie gerne zurück. «Als wir uns das erste Mal länger und etwas privater getroffen haben, haben wir die ganze Nacht durchgequatscht und uns über innen- und außenpolitische Themen unterhalten», berichtet die SPD-Politikerin. «Diese Nacht, diese Gespräche sind eine sehr schöne Erinnerung.» Angela Merkel habe jedoch die «starken Fäden» nicht aufgenommen, die ihr Ex-Mann nach Moskau geknüpft habe. «Es lag sozusagen eine Straße im Sonnenschein vor ihr, die sie nur hätte betreten müssen», erzählt Schröder-Köpf. «Sie ist darauf einfach nicht eingegangen – vielleicht aus einer gewissen verklärten, romantischen Haltung gegenüber den Vereinigten Staaten.»

Weder die niedersächsische SPD noch Ministerpräsident Weil erkennen ein Problem darin, dass die Migrationsbeauftragte des Landes mit einem russischen Propaganda-Medium kooperiert, das nach Einschätzung von Experten auf die Destabilisierung der westlichen Gesellschaften zielt. In anderen Parteien wird vermutet, dass das Interview kurz vor dem Wahltermin den Zweck hat, die zahlreichen Russlanddeutschen in Schröder-Köpfs Hannoveraner Wahlkreis auf die Seite der SPD zu ziehen, der bis 2017 lange Zeit fest in den Händen der Union war. Aus der CDU heißt es hernach angesäuert, man habe in Hannover-Döhren weniger gegen die SPD, sondern vor allem gegen Sputnik und GALA verloren.

Annexion? Die SPD bleibt entspannt

Das Jahr 2013 endet für Gerhard Schröder noch besser, als es begonnen hat. Nach dem Erfolg der Niedersachsen-SPD und seiner damaligen Ehefrau im Januar schafft es auch die Bundes-SPD zurück in die Regierung. Das Wahlergebnis von 25,7 Prozent ist zwar eine herbe Enttäuschung und führt zum Rückzug von Kanzlerkandidat Peer Steinbrück aus der Politik. Noch härter trifft es allerdings die FDP, die mit 4,8 Prozent aus dem Parlament fliegt. Angela Merkel muss sich also einen neuen Koalitionspartner suchen und tritt nach dem Scheitern ihrer Gespräche mit den Grünen in Verhandlungen mit der SPD ein. Wie schon 2005 kommt die Kanzlerin den Sozialdemokraten inhaltlich weit entgegen. Und personell landen am Ende enge Vertraute Schröders ganz weit vorne. Der SPD-Bundesvorsitzende Sigmar Gabriel bekommt das Ressort Wirtschaft und Energie und wird Vizekanzler. Staatssekretärin in seinem Ministerium wird Brigitte Zypries. Frank-Walter Steinmeier übernimmt wieder das Auswärtige Amt. Die Spitzen der beiden Schlüsselressorts für die deutsche Russlandpolitik sind für Schröder damit nur einen Telefonanruf entfernt. Die damit verbundenen Möglichkeiten wird der Lobbyist der Pipeline Nord Stream 2 intensiv nutzen.

Gazprom hat daran höchstes Interesse, denn die deutschen

Beziehungen nach Moskau verschlechtern sich bereits während der Koalitionsverhandlungen rapide. Am 21. November 2013 gibt die ukrainische Führung unter dem moskautreuen Präsidenten Viktor Janukowitsch bekannt, dass sie das Assoziierungsabkommen mit der EU doch nicht unterzeichnet. Janukowitsch knickt in letzter Minute ein, nachdem Putin ihm dafür 15 Milliarden Dollar sowie Erdgaslieferungen mit einem Rabatt von 25 Prozent versprochen hat. In Kiew kommt es auf dem Maidan, dem zentralen Platz der Hauptstadt, zu Demonstrationen gegen diese Entscheidung, der Platz wird Euro-Maidan genannt. Doch Steinmeier beharrt auf seinem Plan, die Politik aus seiner ersten Amtszeit als Außenminister fortzusetzen, und korrigiert lediglich die Tonalität. Die Modernisierungspartnerschaft mit Russland werde er weiter «nüchtern und ohne Verklärung» verfolgen, erklärt er in der Rede zur Amtsübergabe am 17. Dezember 2013 vor den Diplomaten des Auswärtigen Amts. Es gehe um Kooperation mit Moskau, aber auch um eine gemeinsame Zukunft, «in der Russland und der Westen nicht nur ökonomisch, sondern auch durch gemeinsame Grundüberzeugungen verbunden sind». Gemeinsame Grundüberzeugungen? Putin hat zwei Jahre zuvor Proteste nach der manipulierten russischen Parlamentswahl brutal niederschlagen und viele Demonstranten inhaftieren und zu langen Haftstrafen verurteilen lassen, er hat der Mittelschicht signalisiert, dass es keine politischen Reformen geben wird. Da Putin die Drahtzieher für die Proteste im Ausland sieht, ruft er im Februar dazu auf, gegen Nichtregierungsorganisationen vorzugehen, die finanzielle Unterstützung aus dem Ausland erhalten. Nach einem Gesetz, das im Juli 2012 beschlossen wird, sollen sie sich selbst zukünftig als «ausländische Agenten» bezeichnen.

Doch diese sichtbare weitere innenpolitische Verhärtung ficht Steinmeier nicht an. Seine Botschaft ist klar: Die Zeiten, in denen

Tuchfühlung: Die Außenminister Sergei Lawrow und Frank-Walter Steinmeier 2016 bei der Münchner Sicherheitskonferenz

die Politik gegenüber Moskau von der Menschenrechtsrhetorik des CDU-Mannes Andreas Schockenhoff bestimmt war, sollen vorbei sein. Und nach den Jahren von FDP-Außenminister Guido Westerwelle amtiert wieder ein Minister mit Gestaltungsanspruch.

Steinmeier glaubt, dass Putin rational und zugänglich ist. Mitte Februar 2014 fährt er nach Moskau, spricht dort anderthalb Stunden mit dem russischen Präsidenten. Gerade finden die Olympischen Winterspiele in Sotschi statt. Auf einer Pressekonferenz mit dem russischen Außenminister Sergei Lawrow lobt Steinmeier die «wunderbaren Sportstätten», deren Bau Putins Oligarchen zur eigenen Bereicherung nutzten. Vor allem aber stellt der deutsche Außenminister der russischen Seite in Aussicht, dass er seine Modernisierungspartnerschaft fortsetzen will. Steinmeier nennt sie nun «Positiv-Agenda». Es soll um Energieeffizienz gehen, um den Ausbau des Sozialsystems, darum, kleinere und mittlere Unternehmen zu fördern und mehr gemeinsam in der Wissenschaft zu machen. Der russischen Zeitung KOMMERSANT sagt er, ihm sei es wichtig, gleich zu Beginn seiner zweiten Amtszeit «eine vertrauensvolle und konstruktive Zusammenarbeit mit Russland» anzubieten. «Ohne Russland geht es nicht», sagt er auf der Pressekonferenz mit Lawrow. Der russische Außenminister gibt sich weniger offen. Er rügt die EU und die Vereinigten Staaten für deren Engagement in der Ukraine. Wenn «irgendwelche Emissäre» dort «jeden Tag und ohne Einladung» die Führung überreden wollten, «sich für Europa und die Vereinigten Staaten zu entscheiden», dann sei das ein Versuch, «Einflusszonen» zu schaffen. Das lehne Russland ab. Lawrow behauptet dreist, die Entscheidung des ukrainischen Präsidenten Janukowitsch von Ende November 2013, das geplante Assoziierungsabkommen mit der EU nicht zu unterzeichnen, sei nicht auf russischen Druck hin erfolgt.[6]

In Kiew hat sich die Situation zu diesem Zeitpunkt dramatisch zugespitzt. Aus den Zehntausenden Menschen, die dort zunächst auf die Straßen gingen, sind schon im Dezember Hunderttausende geworden. Die Demonstranten blockieren das Regierungsviertel, im Januar gibt es erste Tote in den Straßenschlachten mit der Staatsmacht. Es kommt zu regelrechten Kämpfen und dann zu Dutzenden Toten, als im Februar Heckenschützen in die Menge schießen. Steinmeier reist mit den Außenministern Polens und Frankreichs, Radoslaw Sikorski und Laurent Fabius, nach Kiew und verhandelt dort anderthalb Tage lang mit Janukowitsch, den Führern der Oppositionsparteien und dem Maidan-Rat der Demonstranten. Die drei Außenminister können einen Kompromiss herbeiführen, der ein weiteres Blutvergießen verhindern soll. Steinmeier reist mit dem Gefühl zurück nach Deutschland, Menschenleben gerettet zu haben. Doch die Ereignisse rollen über seine Mission hinweg. Noch am Abend des 21. Februar 2014, an dem die Vereinbarung unterzeichnet worden ist, flieht Janukowitsch aus Kiew, erst nach Charkiw, dann nach Russland. Die Opposition übernimmt die Macht.

Putin hat diese Runde im Ringen um die Ukraine verloren. Doch er sinnt auf Rache. Zweieinhalb Wochen später lässt er die Krim von seinen «grünen Männchen» besetzen, die sich vor den Regierungsgebäuden und den Kasernen der ukrainischen Streitkräfte postieren. Zunächst ist unklar, ob Putin sich mit der Einverleibung der Krim zufriedengibt oder die Ostukraine destabilisieren und weitere Gebiete annektieren will. «Dann würden die Investoren abwandern und der Russland-Handel zusammenbrechen. Und unsere Energieversorgung würden wir anders ausrichten», sagt Gernot Erler, der Russland-Beauftragte der Bundesregierung. Und fügt hinzu: «Von unserer Russlandpolitik wird dann wenig übrigbleiben.» Doch so kommt es nicht.

Das Zerwürfnis mit Moskau wegen der Krim-Annexion ist zwar für Steinmeier bitter; sein nur wenige Wochen alter Plan, an seine erste Amtszeit anzuknüpfen, liegt nun schockgefroren auf Eis. Aber der Sozialdemokrat zieht daraus nicht die Konsequenz, seinen Ansatz zu ändern. Der Glaube, dass Sicherheit auf dem europäischen Kontinent und in der Welt nur mit Russland zu haben ist, scheint bei Steinmeier felsenfest. Die Krim-Annexion erlebt er nicht als sein Damaskus, obwohl vieles dafürspricht, dass seine Russlandpolitik gescheitert ist. Er hofft jedenfalls zu Beginn der Krim-Krise, dass man mit den Russen übereinkommen könne. Anfang März hebt er in Telefonaten mit Kanzlerin Merkel die Idee einer internationalen Kontaktgruppe aus der Taufe, die Moskau und Kiew zu direkten Gesprächen bringen soll. Man müsse den Russen noch einige Tage Zeit geben, argumentiert er tags darauf auf dem Rat der EU-Außenminister. Im Gleichklang mit Merkel setzt er sich in den nächsten

Tagen dafür ein, noch keine Sanktionen gegen Moskau zu beschließen. Wirtschaftsminister Sigmar Gabriel, der eine seit langem geplante Moskau-Reise absagen will, weil er ein diplomatisches Debakel befürchtet, wird von Steinmeier und Merkel überzeugt, in die russische Hauptstadt zu fahren und sich mit Putin zu treffen. Der russische Präsident spricht dort eine Stunde mit Gabriel auf Deutsch und unter vier Augen. Er sagt ihm unter anderem, dass die Demonstranten auf dem Maidan in Kiew von Amerika bezahlte Faschisten seien. Erst als Moskau verkündet, das angekündigte Referendum auf der Krim unmittelbar abzuhalten, sehen Merkel und Steinmeier ein, dass die Russen gar nicht mehr verhandeln wollen, dass Putin sie hinters Licht geführt hat. Dann erst entsteht die Liste der EU-Sanktionen. Merkel kündigt sie am 13. März in einer Rede im Bundestag an. Es geht um Einreise- und Kontensperrungen, in einer weiteren Stufe droht sie mit wirtschaftlichen Konsequenzen.

Die Russen beginnen einen kaum verdeckten Krieg in der Ostukraine, wiederum haben sich Steinmeier und die Bundesregierung täuschen lassen. Russland wird aus dem Kreis der führenden westlichen Industrienationen, der G8, ausgeschlossen, erste Sanktionen werden von den Amerikanern und der EU verhängt. Am 17. Juli 2014 kommt es dann über der Ostukraine zum Abschuss einer Passagiermaschine, die von Amsterdam nach Kuala Lumpur unterwegs ist. 298 Menschen werden getötet. Nach Untersuchungen unabhängiger Experten wurde das Flugzeug mit einer russischen Rakete von durch Moskau unterstützten Rebellen abgeschossen. Es ist der Punkt, an dem die EU sich endgültig entschließt, schärfere Sanktionen gegen Moskau zu erlassen, die ab September in Kraft treten. Sie betreffen Banken, Erdölunternehmen, für die der Kauf einiger westlicher Technologieprodukte untersagt wird, schließlich Funktionäre aus dem russischen Regierungsapparat. Steinmeier setzt sich nun für

Verhandlungen zwischen Russland und der Ukraine ein, die im Normandie-Format zusammen mit Deutschland und Frankreich stattfinden. Ein Dutzend Mal treffen sich die Außenminister der vier Staaten in diesem Format, meist in der Berliner Villa Borsig, doch echte Fortschritte gibt es nicht.

Nicht alle Akteure, die sich mit Russland befassen, wollen allerdings Steinmeiers Politik mittragen, die von Nachsicht mit dem Kreml geprägt ist. Das gilt für einige Vertreter des Petersburger Dialogs. Wegen der Krim-Annexion und Russlands Krieg im Donbass erklären fünf Stiftungen und Vereine, die den zivilgesellschaftlichen Teil des Dialogs auf deutscher Seite repräsentieren, im Oktober 2014 in einem Brief an Kanzlerin Merkel und Steinmeier, dass sie an weiteren Treffen des Dialogs nicht mehr teilnehmen werden. Der Petersburger Dialog sei auf russischer Seite von Anfang an eine vom Kreml inszenierte und kontrollierte Veranstaltung gewesen, heißt es in dem Schreiben, das unter anderem von der Heinrich-Böll-Stiftung, Greenpeace und Amnesty International unterschrieben ist. Auch die deutsche Führung des Forums wird kritisiert. Sie werde von Personen dominiert, «die aus politischer und ökonomischer Opportunität dazu neigen, Kritik am Kurs der russischen Führung als Störung der deutsch-russischen Freundschaft zu betrachten». Kritik an Menschenrechtsverletzungen werde als «Kalte-Kriegs-Rhetorik» verteufelt. Kritiker aus der Zivilgesellschaft seien nur eine geduldete Minderheit, die der Veranstaltung «den Anschein von Pluralismus und offener Diskussion» verschafften. Die russische Seite fordert damals ultimativ, den Dialog wie bisher fortzusetzen. Wenn die deutsche Seite nicht zum nächsten Treffen in Sotschi erscheine, sei der ganze Austausch endgültig gescheitert, gibt Außenminister Sergei Lawrow seinem Kollegen Steinmeier zu verstehen. Der deutsche Außenminister knickt ein, will den russischen Wünschen nachkommen und bittet Merkel, die den

Dialog eigentlich unterbrechen will, um freie Hand in der Sache. Doch die revoltierenden deutschen Organisationen bleiben hart. Merkel ersetzt nach dem Vorfall den langjährigen Vorsitzenden, den CDU-Mann Lothar de Maizière, der die Kritiker als «Gesprächsverweigerer» abkanzelt, durch ihren früheren Kanzleramtschef Ronald Pofalla. Unter ihm wird die Zahl der kritisch zu Putins Regime eingestellten Mitglieder auf der deutschen Seite deutlich erhöht. Doch ein echter Dialog findet nie statt, weil die russischen Akteure weiter vom Kreml handverlesen sind.

Moskau führt unterdessen den Krieg in der Ostukraine weiter. Nachdem ein erster Versuch der OSZE, in der belarussischen Hauptstadt Minsk im Sommer 2014 einen Waffenstillstand zu vereinbaren, schon nach wenigen Wochen fehlgeschlagen ist, kommen im Februar 2015 die deutsche Kanzlerin, der französische Staatspräsident François Hollande und der neue ukrainische Präsident Petro Poroschenko mit Putin in Minsk zu einem Treffen zusammen. Es geht darum, ein Abkommen über einen Waffenstillstand und eine politische Beilegung des Konflikts auszuhandeln. Auch die Außenminister sind dabei. Fast 17 Stunden ringen Merkel, Hollande und Poroschenko mit dem Russen. Putin hat einen Trumpf in der Hand. In der kleinen Stadt Debalzewe in der Ostukraine, 70 Kilometer nordöstlich von Donezk, sind 5000 Soldaten der ukrainischen Armee eingekesselt. Das ist fast ein Drittel der Soldaten, die Kiew an der Front hat, ein Sechstel der gesamten Streitkräfte. Putin fordert, dass sie kapitulieren sollen, bevor über einen Waffenstillstand verhandelt wird – ein unannehmbares Angebot.

Der russische Präsident verlangt zudem von Poroschenko immer wieder, er solle direkt mit den Separatistenführern verhandeln, die eigens tagen, mit denen Putin aber über einen Berater Kontakt hält. Poroschenko lehnt das ab. Schließlich wird zunächst über alle anderen Punkte in unterschiedlichen Formaten verhandelt, über die Kontrolle der Grenze, die Wahlen in den von den Separatisten kontrollierten Gebieten und den Sonderstatus für die abtrünnigen «Volksrepubliken» in der ukrainischen Verfassung. Als scheinbar alle Schwierigkeiten einschließlich des Waffenstillstands umschifft sind, lehnen die Separatistenführer die Vereinbarung ab. Die ukrainischen Soldaten in Debalzewe sollen kapitulieren, bevor über einen Waffenstillstand geredet werden könne. Putin telefoniert angeblich noch einmal mit ihnen, kommt mit dem Vorschlag zurück, die Waffenruhe nicht in zwei, sondern in drei Tagen zu beginnen. Klar ist, dass die Russen mit dieser Finte Zeit gewinnen wollen, um einen Sieg in Debalzewe zu erringen. Doch die Lage der ukrainischen Soldaten ist so verzweifelt, dass auch Poroschenko am Ende zustimmt. «Es war ein russisches Spiel», soll Merkel am Ende in Minsk gesagt haben.

Das Minsker Abkommen rettet Menschenleben, weil die ukrainische Armee Gefahr läuft, völlig aufgerieben zu werden. Doch Minsk II, wie der Vertrag genannt wird, hat von Anfang an einen Konstruktionsfehler. Denn Russland ist Akteur und Befehlsgeber der Separatisten, keine unbeteiligte Macht, wie es von sich behauptet. Der Ukraine werden hingegen Verpflichtungen auferlegt, wie eine Verfassungsreform und Kommunalwahlen, die die Führung in Kiew politisch nur schwer durchsetzen kann. Steinmeier macht zudem 2015 einen Vorschlag, der als «Steinmeier-Formel» bekannt geworden ist. Danach wird den Separatistengebieten ein Sonderstatus für den Tag der Kommunalwahlen zugebilligt, der nach einer Begutachtung der Wahlen durch die OSZE permanent beibehalten werden soll. Weder ist in der Formel über den Abzug der russischen Truppen von der ukrainischen Grenze die Rede noch von dem weiteren Schicksal der Krim. Die Formel ist also gut für den Aggressor Russland und schlecht für die angegriffene Ukraine – Putin drängt lange darauf, dass die «Steinmeier-Formel» angenommen wird. Die Verhandlungen im Minsker Prozess stocken indes immer wieder. Deutschland hält dennoch an dem Friedensabkommen fest, obwohl schon klar ist, dass Moskau es nicht erfüllen will. Im Gegenteil. Putin lässt die Brücke auf die Krim bauen und greift Schiffe der ukrainischen Marine im Asowschen Meer an.

Militärische Bemühungen, Russland in die Schranken zu weisen, lehnen Merkel und Steinmeier ab, obwohl Putin den Krieg in der Ostukraine weiter fortsetzt. Der Außenminister, der sich gegenüber Merkel immer wieder Beinfreiheit ausbedingt und schon «wie eine Art Nebenkanzler» agiert, so der SPIEGEL, setzt in der Regel auf Mäßigung, will den Gesprächsfaden nicht abreißen lassen. Das führt dazu, dass mitunter verloren geht, wer der Aggressor und wer das Opfer ist. Manche von Steinmeiers Stellungnahmen könnten geradezu aus dem Kreml kommen. Als die Nato im Juni 2016 ein Manöver mit mehreren Zehntausend Soldaten in Polen und im Baltikum abhält und beschließt, 1000 Soldaten dauerhaft in Polen zu stationieren, sagt er in einem Zeitungsinterview: «Was wir jetzt nicht tun sollten, ist durch lautes Säbelrasseln und Kriegsgeheul die Lage weiter anzuheizen. Wer glaubt, mit symbolischen Panzerparaden an der Ostgrenze des Bündnisses mehr Sicherheit zu schaffen, der irrt.» Man dürfe keine neuen Vorwände für eine Konfrontation frei Haus liefern. Zwar hatte Steinmeier in dem Interview zuvor gesagt, dass niemand «den vorgesehenen Umfang der Nato-Maßnahmen als Bedrohung für Russland werten» könne, was in den Meldungen zum Interview nicht erwähnt wurde. Zugleich äußert er sich aber kritisch zu einer Abschreckungspolitik gegenüber Moskau: «Es wäre fatal, jetzt den Blick auf das Militärische zu verengen und allein in einer Abschreckungspolitik das Heil zu suchen.» Im Kanzleramt ist man entsetzt über Steinmeiers Säbelrassel-Kritik, auch in Steinmeiers eigenem Ministerium sind viele mit der Rhetorik des Ministers nicht einverstanden.

Steinmeier muss sich allerdings in der Russlandpolitik mit der Kanzlerin abstimmen. Dass Putin die Grenzen in Europa militärisch verschiebt, das hat Merkel schockiert. Wie sehr, wird bei einem Besuch in Moskau im Mai 2015 klar, bei dem die Kanzlerin, wohl unbeabsichtigt, eine unerwartet offene Einschätzung der Krim-Annexion abgibt: Sie nennt sie nicht nur völkerrechtswidrig, sondern «verbrecherisch und völkerrechtswidrig». Merkels politische Antwort auf Putins Tabubruch, seinen militärisch geführten Kampf um Einflusssphären lautet aber von Anfang an: Sanktionen. Das ist ein Einschnitt in der deutschen Politik gegenüber Russland, ein Kurswechsel. Merkel setzt sie in der EU mit einer Entschiedenheit durch, die Putin überrascht. Die Kanzlerin betreibt viel Aufwand, um alle EU-Staaten über Jahre geschlossen hinter der Sanktionspolitik zu halten. Denn einige Länder der Union wollen die Sanktionen lieber heute als morgen aufheben, vorneweg Ungarn, Österreich, Griechenland und Italien. Merkel hält die Sanktionen aber für unabdingbar, wohl wissend, dass sie sich nicht nur bei diesen EU-Partnern, sondern auch bei der deutschen Wirtschaft und einem nicht geringen Teil der Deutschen damit keine Freunde macht. Sie will den Bruch des Völkerrechts nicht hinnehmen, obwohl sie weiß, dass Sanktionen keine unmittelbare Änderung von Putins Politik bewirken werden. Zugleich aber scheut sie es, darüber hinauszugehen oder die Sanktionen entscheidend zu verschärfen. Überlegungen, wie sie ihr außenpolitischer Berater Christoph Heusgen anstellt, etwa Russland aus dem internationalen Bankenkommunikationssystem Swift weitgehend auszuschließen, finden bei ihr keine Unterstützung, sie gelten als nicht durchsetzbar.

Als Kiew darum bittet, die Ukraine durch die militärische Ausbildung der Armee und die Lieferung von Waffen zu unterstützen, lehnt die Kanzlerin das ebenso ab wie ihr Außenminister. Merkel und Steinmeier setzen auf eine von Sanktionen begleitete Diplomatie. Die Ausbildung der ukrainischen Streitkräfte und die Ausstattung mit Waffen überlassen sie den Amerikanern.

Auf Widerspruch stößt die Sanktionspolitik auch in der eigenen Großen Koalition, vor allem in der SPD. Der erstarkte Landesverband aus Niedersachsen schießt fortwährend quer. Auch die alte Garde der Partei – Helmut Schmidt, Egon Bahr, Erhard Eppler und Klaus von Dohnanyi – kritisiert die Sanktionen von Anfang an. Sie zeigen viel Verständnis für Putin und sehr wenig für die Ukraine. Einig sind sie sich darin, dass Russland ein Recht darauf habe, seine Einflusszonen zu wahren. Dohnanyi bescheinigt einer ukrainischen Journalistin, die auf das Selbstbestimmungsrecht ihres Landes pocht: «Sie können sich nicht einfach aus einer Einflusszone herauslösen.» Und Eppler heißt es gut, dass Putin sich «nicht von Ukrainern und Westlern auf der Nase herumtanzen lässt».[7] In seinen 2015 veröffentlichten Erinnerungen widmet Eppler am Ende ein Kapitel der aktuellen Lage in der Ukraine, in dem er fast vollständig die russische Sicht teilt. Die Ukraine sieht er als ein Land, das eigentlich kein Nationalstaat sei; die Abspaltung der Separatistenregionen Donezk und Luhansk sei nicht durch russische Regimenter, sondern durch «die ukrainische Polizei» erfolgt; Putins Aggression in der Ostukraine sei in Wirklichkeit Ausdruck «einer energischen und teilweise erfolgreichen Defensive». Die «russische Politik des Jahres 2014», also die Krim-Annexion und Putins Krieg im Donbass, sieht Eppler «als defensive Antwort auf den erkennbaren Versuch der Nato, sich bis nach Zentralrussland auszudehnen und damit die rote Linie Russlands zu überwinden». Schlimmer als Putin erscheint Eppler die Aussicht auf ein Europa, «das sich dauerhaft an die Rockschöße der Vereinigten Staaten klammern» müsste.[8] Zwar spricht Eppler, der als Vordenker der SPD galt, schon nicht mehr für die Partei, doch seine Haltung gegenüber Russland und der Ukraine ist nur ein drastisches Beispiel für die Denkschule, die in weiten Teilen der Sozialdemokratie immer noch vorherrscht. Das gilt auch für führende Vertreter der Partei, wie etwa das Agieren von Sigmar Gabriel seit seiner Zeit als Minister 2013 zeigt.

Vizekanzler und Wirtschaftsminister Gabriel ist ein ganz anderer Typ als Außenminister Steinmeier: unstet, launisch und unbeherrscht, aber auch ein guter Redner, voller Ideen, mit klarer Kante. Lässt man sein Wirken zwischen 2013 und 2017 Revue passieren, fällt allerdings auf, dass er mit Putin und Russland kaum kritisch umgeht. Im Gegenteil, der Wirtschaftsminister weckt regelmäßig Verständnis für die Belange des Kremls. Und Putin empfängt Gabriel, für einen ausländischen Gast im Rang eines Ministers sehr ungewöhnlich, immer wieder persönlich. Das hat wohl damit zu tun, dass Gabriel ebenso wie Steinmeier enge Verbindungen zu Schröder hat und dass er Putin freundlich, ja geradezu liebedienerisch begegnet. So dankt Gabriel dem russischen Präsidenten bei einem Treffen Ende Oktober 2015 in dessen Residenz in Nowo-Ogarjowo bei Moskau dafür, dass Putin sich so viel Zeit für ihn genommen habe. «Sie haben in diesen Tagen viel zu tun, gerade mit dem Konflikt in Syrien», sagt Gabriel und beteuert, dass ihm «völlig unklar» sei, was Russland und Deutschland binnen 15 Jahren so weit habe auseinanderbringen können. Hernach bittet der Vizekanzler Putin um ein Autogramm für die russischstämmige Zahnarzthelferin seiner Frau, womit er vollends aus seiner Rolle fällt.

Sinn und Dauer der Sanktionen stellt Gabriel bei vielen Gelegenheiten in Frage. So äußert er gegenüber Putin seine «persönliche Meinung», dass sie schrittweise aufgehoben werden sollten – und nicht erst, wie es die Europäische Union und Bundeskanzlerin Angela Merkel verlangen, wenn die Minsker Ver-

Autogramm auf Augenhöhe: Vizekanzler Gabriel bei Putin

einbarungen vollständig erfüllt sind. Gabriel, der getreu der Moskauer Lesart wiederholt von «Bürgerkriegsparteien» in der Ukraine spricht, fällt damit Merkel in den Rücken. Wie Steinmeier warnt Gabriel Anfang 2015 davor, die Sanktionen gegen Russland zu verschärfen, und greift dabei zugleich die USA an. Es gebe Kräfte, die «Russland jetzt wirtschaftlich und politisch noch mehr destabilisieren», den «anderen Supermacht-Rivalen endgültig am Boden sehen wollten». Erhöhter Druck ist für Gabriel nicht das geeignete Mittel, um Putin zu Zugeständnissen in seiner Ukraine-Politik zu bringen. «Wir wollen helfen, den Konflikt in der Ukraine zu lösen. Aber nicht, Russland in die Knie zu zwingen», sagt er.

Gabriel wirbt auch bei Veranstaltungen in Deutschland immer wieder dafür, die Sanktionen aufzuheben. So sagt er im Mai 2016 auf dem zweiten Russland-Tag in Rostock, den seine Parteifreundin Manuela Schwesig, Ministerpräsidentin von Mecklenburg-Vorpommern, organisiert: «Wir wissen alle aus unserer Erfahrung, dass Isolation auf Dauer gar nichts bringt.» Deshalb sei es nicht richtig von der EU zu sagen, «erst 100 Prozent Minsk und dann gibt es 100 Prozent Aufhebung der Sanktionen». Trotz Krim-Annexion und dem Krieg im Donbass fordert er einen «Neustart» der Beziehungen zwischen Berlin und Moskau, so etwa in seiner Festrede beim Deutsch-Russischen Forum im März 2016 in Berlin. Gabriel geht sogar so weit, ein Ende der Sanktionen bis zum Sommer ins Spiel zu bringen. Und auch zum Energielieferanten Russland äußert sich Gabriel sehr klar. «Es macht wenig Sinn», sagt der Wirtschaftsminister, «jeden Tag in Europa eine Debatte zu führen, als sei eine Kooperation im Feld der Energie die permanente Bedrohung des Einfalls der früheren Sowjetunion in Europa. Das hat damals nicht stattgefunden und ist auch heute eine völlig unsinnige Diskussion.»[9]

Der Ost-Ausschuss der deutschen Wirtschaft unterstützt Gabriel. Dessen Vorsitzender Eckhard Cordes, seit 2010 Nachfolger von Klaus Mangold und damals der Chef der Metro AG, fordert immer wieder wenn nicht das Ende der Sanktionen, so doch einen allmählichen Ausstieg. Zwar verstehe er, dass es «Sorgen der Ukraine» gegenüber Russland gebe, «auch wenn ich sie persönlich nicht für begründet halte», so Cordes Ende 2015, eines Jahres, in dem die Ukraine mehrere Tausend Tote durch die Angriffe Russlands im Donbass zu beklagen hat. Cordes gehört zu denen, die Russland absolute Verlässlichkeit in seinen Energielieferungen bescheinigen. «Seit mehr als 40 Jahren liefern die Russen jeden Tag treu das vertraglich vereinbarte Öl und Gas. Das wird auch in den nächsten 30 Jahren so bleiben. Russland wird nicht den Ast absägen, auf dem es sitzt», sagt er im Juni 2014. Mit dem Übergang des Vorsitzes von Cordes an Wolfgang Büchele, Manager von Linde und BASF, ändert sich an der Haltung des Ost-Ausschusses nichts. Zwar beklagen die Wirtschaftsvertreter die hohen Verluste, die sie durch die Sanktionen erleiden. Doch schon 2016 bessert sich die Lage wieder. Mehrere große Konzerne wie Metro oder BASF investieren wieder große Summen in Russland und bauen Werke, der Baustofffabrikant Knauf eröffnet 2018 ein weiteres Werk in Samara, BASF im gleichen Jahr in Krasnodar. Mit den neuen Werken wollen viele deutsche Konzerne die amerikanischen Sanktionen umgehen, die vor allem auf Export und Import zielen.

Mit ihrer Kritik, dass die Sanktionen kaum wirksam sind, liegt die SPD in einem Punkt durchaus richtig. Die Sanktionen werden von deutschen Behörden nämlich nur unzureichend überwacht. Ein ranghohes Regierungsmitglied bekennt im Rückblick, dass Deutschland bei der Durchsetzung wenig effektiv gewesen sei. Zu einer ähnlichen Einschätzung kommt im Sommer 2022 ein mit Sanktionen befasster BKA-Beamter. Nach der Annexion der Krim habe der politische Wille dafür gefehlt. Das BKA stellt nun immer wieder dieselben Vermögenswerte von Leuten fest, die schon 2014 sanktioniert waren. Das Vermögen war zunächst in Panik auf Strohleute, mitunter Familienmitglieder, überschrieben worden. Doch als nichts geschah, zogen die sanktionierten Russen ihr Vermögen wieder an sich.

Nord Stream 2 und Deutschlands naive Gaspolitik

Vier Jahre nach dem Ende ihrer gemeinsamen Regierungszeit treffen Joschka Fischer und Gerhard Schröder wieder aufeinander. Dieses Mal nicht als Partner, sondern als Gegner. Denn der ehemalige Grünen-Politiker Fischer wird 2009 Lobbyist für «Nabucco». Die geplante Pipeline gleichen Namens soll Erdgas vom Kaspischen Meer auf dem Landweg über die Türkei und Osteuropa bis nach Wien pumpen – unter gezielter Umgehung Russlands. Darin liegt die Pointe des Projekts. Die Leitung entspricht damit dem geostrategischen Interesse der EU: «Nabucco» würde Europa unabhängiger machen und besonders die große Abhängigkeit Südosteuropas von russischem Gas reduzieren.

Russland will die Pipeline verhindern. Gazprom-Lobbyist Schröder stichelt öffentlich gegen Fischers Projekt. Vor allem aber setzen die Russen «Nabucco» einen eigenen Plan entgegen: Eine neue Röhre namens South Stream soll russisches Gas durch das Schwarze Meer nach Osteuropa bringen; der SPD-Politiker Henning Voscherau wird auf Vermittlung seines Bruders Eggert, der im Vorstand von BASF sitzt, Aufsichtsratsvorsitzender. Solche Unterwasserleitungen sind allerdings deutlich aufwändiger in Bau und Betrieb als Leitungen auf dem Festland. In der Energiewirtschaft hegen manche daher Zweifel an der betriebswirtschaftlichen Rentabilität vieler Meeres-Pipelines. Das gilt für Nord Stream 2, aber zuvor schon für South Stream. Für solche Pipelines seien eher geostrategische Gründe ausschlaggebend.

Bei South Stream fällt auf, dass die Pipeline nicht auf kürzestem Weg durchs Schwarze Meer führen soll. Das Gas soll um die ausschließliche Wirtschaftszone der Ukraine herum gepumpt werden und stattdessen türkische Gewässer durchqueren, wofür sich Moskau die Zustimmung Ankaras einholt. Die Umgehung der Ukraine dürfte für die Russen allerdings nur ein Nebenaspekt sein. Das Hauptziel von South Stream besteht darin, die Rentabilitätserwartung von «Nabucco» zu zerstören. Anfang 2012 zeichnet sich tatsächlich ab, dass «Nabucco» scheitert. Im Rückblick klagt Fischer, Putin habe bei der Verhinderung der Pipeline «willige Helfer im Westen gefunden», ohne die Namen der beiden Sozialdemokraten Gerhard Schröder und Henning Voscherau ausdrücklich zu nennen.[10]

South Stream wird aber auch nicht gebaut. Denn Anfang 2014 annektiert Russland die Krim, weshalb die EU die regulatorischen Schrauben für die geplante Pipeline anzieht.[11] Putin erklärt während eines Besuchs bei Erdoğan daraufhin, South Stream wegen der «Blockadehaltung» der EU fallen zu lassen und stattdessen eine Röhre in die Türkei zu bauen. Die deutsche Wintershall AG, die an South Stream mit 15 Prozent beteiligt ist, erfährt von diesem Schritt Putins aus der Presse. Auch der Aktienkurs der Salzgitter AG sackt ab, denn das Unternehmen hat schon mit der Produktion der nötigen Röhren begonnen.

Das Scheitern von South Stream ist aufschlussreich. Es zeigt: Putin opfert schon im Jahr 2014 ein weit gediehenes Pipeline-Projekt auf dem Altar seiner großrussischen Träume. Die Planungen für Nord Stream 2, bei denen sich acht Jahre später dieses Muster wiederholt, werden in Berlin trotzdem nicht in Frage gestellt. Gabriels Amtszeit von 2013 bis 2017 nimmt auf dem Weg in die Abhängigkeit von russischem Gas eine Schlüsselstellung ein. Denn Deutschland wird in dieser Legislaturperiode zum energiepolitischen Geisterfahrer. In einer Zeit, in der Putins aggressiver Charakter so deutlich wie nie zuvor zutage tritt, verabschiedet sich Deutschland endgültig vom Gebot der Diversifikation und der alten 30-Prozent-Maxime. Liegt der Anteil Russlands an den deutschen Gasimporten vor dem Amtsantritt Gabriels im Jahr 2012 bei 34,6 Prozent, steigt er bis zum Jahr 2018, im Jahr nach seinem Ausscheiden, auf 54,9 Prozent und verringert sich bis zu Russlands Überfall auf die Ukraine 2022 nicht mehr wesentlich.[12]

In die Amtszeit des Wirtschaftsministers Gabriel fällt auch der Verkauf deutscher Gasspeicher an Gazprom, darunter der größte unterirdische Speicher im niedersächsischen Rehden. Der Verkauf ist Teil eines umfangreichen Tauschgeschäfts, das die BASF schon 2012 mit Gazprom vereinbart: Die Kasseler BASF-Tochter Wintershall erhält eine Minderheitsbeteiligung an neuen Erdgasfeldern in Sibirien. Im Gegenzug zieht sich

Wintershall aus dem Gashandel zurück und überlässt Gazprom seine Gasspeicher in Rehden, Jemgum sowie Anteile am Gasspeicher im österreichischen Haidach. Nach einer Prüfung durch die EU wird der Vertrag einen Tag vor Heiligabend 2013 unterschrieben und soll Mitte 2014 vollzogen werden. Dann aber schickt Wladimir Putin seine «grünen Männchen» auf die Krim und annektiert die Halbinsel. Der geplante Tausch mit Gazprom verzögert sich. Erst als sich die öffentliche Stimmung beruhigt, wird das Geschäft 2015 rückwirkend für 2013 vollzogen.

Angesichts des Kriegsausbruchs in der Ukraine wird oft erzählt, dass die Gasspeicher weitgehend unbemerkt von Politik und Öffentlichkeit verkauft worden sind. Stephan Weil behauptet am 21. Juni 2022 in der ZDF-Sendung «Markus Lanz», er könne sich nicht entsinnen, dass der Verkauf von Rehden problematisiert worden sei. Denn hätte er davon gewusst, beteuert der SPD-Politiker, so hätte er sicherlich seine Bedenken angemeldet. Moderator Lanz ist gut präpariert und hält dem Ministerpräsidenten eine Landtagsanfrage der niedersächsischen CDU aus dem Jahr 2014 vor, die damals nach den Risiken gefragt hat. Weils rot-grüne Landesregierung antwortete darauf, der bevorstehende Verkauf von Rehden sei «in erster Linie eine unternehmerische Entscheidung», die «niedersächsische Interessen und Interessen der Versorgungssicherheit nicht beeinträchtigt».

Fast gleichlautend antwortet Gabriels Bundeswirtschaftsministerium im Oktober 2015 auf eine Anfrage der oppositionellen Grünen im Bundestag: Beim Verkauf der Gasspeicher handele es sich um «unternehmerische Entscheidungen», die Versorgungssicherheit sei von dem Tauschgeschäft «nicht beeinträchtigt». Angesichts der Annexion der Krim habe auch keine neue Prüfung durch die Behörden stattgefunden, da dies nur bei Erwerbern von außerhalb der EU möglich sei. Die deutsche Gazprom-Tochter sei jedoch ein «unionsansässiges Unternehmen», schreibt Gabriels Ministerium in verblüffender Einfalt. Die Forderung des Bundesrats nach einer – später nie realisierten – nationalen Erdgasreserve befinde sich weiterhin in der Prüfung. Das Wirtschaftsministerium beteuert, dass man daran arbeite, die Energielieferungen aus Russland zu vermindern, während tatsächlich das Gegenteil geschieht.

Der langjährige Ruhrgas-Chef Burckhard Bergmann hält den Verkauf der Speicher für einen Fehler. «Ich habe nicht verstanden, warum Gazprom als größter Erdgaslieferant den größten deutschen Erdgasspeicher kaufen durfte. Die Bundesregierung hätte das aus meiner Sicht nicht genehmigen sollen», sagt Bergmann. «Es passt nicht zusammen, dass wir in Russland weniger Chancen haben, eine kleine Minderheitsbeteiligung an einem vergleichsweise kleinen Erdgasfeld zu erwerben, der dominante Lieferant aber umgekehrt die Möglichkeit haben soll, wesentliche deutsche Gasinfrastruktur mehrheitlich zu erwerben.» Der ehemalige Ruhrgas- und spätere Eon-Manager deutet damit auf die Strategie, die Russland unter Putin zunehmend verfolgt. Anfangs benötigte das Land noch westliches Kapital, um seine veraltete Gasinfrastruktur zu modernisieren, und zeigte sich daher offener für Beteiligungen. Die Ruhrgas konnte sich so ab Ende der 1990er Jahre zeitweilig mit 6,5 Prozent an Gazprom beteiligen. Im Jahr 2000 wird Burckhard Bergmann als einziger Ausländer ins Direktorium von Gazprom berufen, das «Heiligtum der russischen Gaswirtschaft». Bergmann erinnert sich, dass der staatliche Einfluss enorm war und Putin über alle relevanten Fragen «bestens informiert» gewesen sei. Im September 2006 lässt Putin dem Spitzenmanager von Eon/Ruhrgas die nächste Ehre angedeihen und ernennt ihn zum russischen Honorarkonsul in Düsseldorf. Bergmann erzählt, Putin habe ihm damals gesagt: «Sie sind jetzt mein neuer Mitarbeiter in Deutschland».

Angeblich bloß ein Scherz, aber einer mit ernstem Hintergrund. Denn die russische Seite hat zu diesem Zeitpunkt bereits mit Nachdruck gefordert, ebenfalls eine Beteiligung an Eon/Ruhrgas zu erhalten und damit selbst in den deutschen Markt einzudringen. Als der Konzern dieser Forderung nicht nachkommt, vertieft Gazprom die Zusammenarbeit mit der BASF und deren Tochter Wintershall, um den zunehmend geschwächten vormaligen Platzhirsch Eon/Ruhrgas unter Druck zu setzen und beide gegeneinander auszuspielen.

Der Trikot-Deal zwischen Gazprom und dem Fußball-Bundesligisten Schalke 04 im Jahr 2006 dürfte nicht zuletzt dazu dienen, den Boden für den Einstieg in das Privatkundengeschäft zu bereiten. Die Marke Gazprom soll bekannter gemacht werden. Gerhard Schröder ist an der Vermittlung des hochdotierten Werbevertrages beteiligt, und Schalke-Aufsichtsratschef Clemens Tönnies besucht den Herrscher im Kreml. «Putin bekam leuchtende Augen, als ich ihm von unserem Club erzählte», frohlockt der Fleischfabrikant, der später viel Geld in Russland investieren wird. Bei unbefangenen Beobachtern mögen die zahlreichen Transaktionen zwischen Deutschland und Russland den Eindruck erwecken, dass Steinmeiers Idee «Wandel durch Verflechtung» funktioniert. Die Geschäfte werden, wie von Burckhard Bergmann beschrieben, jedoch zunehmend asymmetrisch. Eon/Ruhrgas verkauft seine Gazprom-Anteile am Ende wieder und verliert auch seinen Sitz im Gazprom-Direktorium. Bergmann wird so nicht nur der erste, sondern auch der bisher letzte Ausländer in dem Gremium. Im Rückblick widerspricht der Gasmanager auch dem verbreiteten Bild, dass russisches Gas besonders günstig war. Gazprom sei keineswegs «der billige Jakob» gewesen. Der Preis sei zwar etwas niedriger als bei anderen Lieferanten gewesen, aber dafür war auch die Flexibilität der Lieferungen geringer. Bergmann ging stets davon aus, dass die russische Seite «in der Lage war, in Erfahrung zu bringen, was wir für Gas aus westlichen Quellen zahlen».

Die deutsche Politik setzt dem wachsenden Einfluss der Russen wenig entgegen. Statt auf eine stärkere Entflechtung der Energiekonzerne in einzelne Sparten für Förderung, Transport und Vertrieb zu setzen, ermöglicht die EU auf Drängen Berlins daneben laxere Varianten, die vor allem dem Giganten Gazprom in die Hände spielen, der seine Macht in allen Zweigen des Geschäfts erweitert. Auch bei der wichtigen Verbindungsleitung Opal wirft sich die Bundesregierung, wie schon beschrieben, für Gazprom in die Bresche.

Ähnlich agiert Berlin bei der Regulatorik für Nord Stream 2. Die beiden zusätzlichen Stränge für die Ostsee-Pipeline sind nicht nur das prägende Projekt der energiepolitischen Beziehungen zwischen Deutschland und Russland in der Amtszeit Sigmar Gabriels und darüber hinaus, sondern zugleich das umstrittenste. Viele Experten zweifeln am energiewirtschaftlichen Sinn des Projekts, für das rund 200 000 Röhrenelemente, jedes 20 Tonnen schwer, verlegt werden sollen. Die weiteren 55 Milliarden Kubikmeter Gas aus Russland könnten nämlich auch über das schon vorhandene Pipeline-Netz in den Westen gepumpt werden. Die Befürworter erwidern darauf, dass der Gasbedarf Europas künftig stark steigen werde, obwohl das mit der Darlegung, das Gas bilde lediglich eine «Brücke» in die grüne Zukunft, schwer in Einklang zu bringen ist. Die Kritiker vermuten andere Gründe: Nord Stream 2 bildet nicht die Ergänzung zu den kontinentalen Pipelines, sondern soll diese ersetzen – sei es bloß, um künftig keine Durchleitungsgebühren mehr zahlen zu müssen oder den strategischen Einfluss der Osteuropäer zu schwächen.

Obwohl Russland 2014 das Völkerrecht gebrochen und die Grenzen in Europa verschoben hat, obwohl es einen Krieg in der

Ukraine führt, hält die Bundesregierung an diesem Projekt fest. Anfang September 2015 wird der Bau im russischen Wladiwostok beschlossen. Dass die von Russland unterstützten Separatisten im Sommer zuvor eine Passagiermaschine über der Ukraine abgeschossen hatten, die fast 300 Menschen das Leben kostete, und dass Putin mittlerweile einen brutalen Krieg in Syrien führte, spielt dabei keine Rolle. Die Pipeline gilt als «privatwirtschaftliches Projekt», doch das sehen eigentlich nur die Deutschen so. In Wirklichkeit ist Nord Stream 2 ein hochpolitisches Unternehmen. Für die Verwirklichung der Pläne setzt Putin wie schon bei der ersten Nord-Stream-Leitung auf den Deutschen Matthias Warnig. Putin macht ihn zum Geschäftsführer der Nord Stream 2 AG. Und Gerhard Schröder fungiert auch für dieses Projekt als Präsident des Verwaltungsrats. Der alleinige Anteilseigner wird nach kurzer Zeit Gazprom, die westlichen Energiekonzerne OMV, Shell, Engie sowie die beiden deutschen Unternehmen Uniper (vormals Eon) und Wintershall finanzieren aber die Hälfte der Kosten und tragen jeweils rund eine Milliarde Euro bei.

Gegen diese Pipeline stellt sich international eine breite Front auf. Vor allem die osteuropäischen EU-Staaten und die Ukraine sind gegen die Leitung durch die Ostsee. Ein Beweggrund für die Ukraine und Polen könnten die Transiteinnahmen für das Gas sein. Aber der EU-Staat Polen warnt Berlin auch immer wieder und über alle Parteigrenzen hinweg vor diesem Projekt, weil es den russischen Einfluss in der EU stärken und dem russischen Imperialismus Auftrieb geben würde. Russland könne seine Energie als Waffe verwenden. Doch solche Einwände kommen in Berlin kaum an. Steinmeier sieht sie als typischen psychologischen Ballast, den die Polen aufgrund ihrer Geschichte mit sich schleppen. Doch auch die baltischen Staaten teilen innerhalb der EU diese Sicht. Die Schweden sehen die Pipeline ebenfalls kritisch, dann auch die Franzosen. Schließlich schaltet sich die EU-Kommission ein. Sie schaut mit Argusaugen auf Nord Stream 2, prüft die rechtliche Zulässigkeit – und befindet, dass der Bau einer neuen Pipeline nicht nötig ist, um die EU-Staaten mit Energie zu versorgen. Auch wird die zu hohe Abhängigkeit von Russland ins Feld geführt, die dann noch größer würde. Die Vereinigten Staaten schließen sich der Haltung der EU-Kommission an. Im Juni 2017 beschließt der amerikanische Senat Sanktionen gegen russische Pipelines. Nord Stream 2 wird so zu einem Streitthema zwischen Berlin und Washington. In Berlin aber wird die Position der USA, insbesondere in der SPD, nur als ein Trick verstanden. Den Amerikanern gehe es allein darum, ihr teures LNG-Gas in Europa zu verkaufen, heißt es. Matthias Platzeck befindet sogar noch 2020, Nord Stream 2 könne der «europäisch-russischen Nachbarschaft neues Leben einhauchen», das Projekt sei «ein Votum für ein Europa der Kooperation, das auch Russland mitnimmt». Wenn das Projekt «im Ausgleich mit der Ukraine» vollzogen werde, dann mache es «auch Schritte zu einer Deeskalation in der Ost-Ukraine denkbar».

Wie konnte es zu einer solchen Haltung trotz des Widerspruchs so vieler, ganz unterschiedlicher internationaler Partner kommen? Die Bundesregierung und insbesondere deren SPD-Teil argumentiert, die Leitung sei im nationalen Interesse, durch sie könne mehr Gas nach Deutschland und Europa gebracht werden, wenn es in Zukunft gebraucht werde. Und die Ukraine betrachten viele als möglichen Störenfried bei dem Transit, der damit ausgeschaltet wäre. Allein die Grünen wenden sich entschieden gegen den Bau der Pipeline und sparen nicht mit Kritik an dessen Cheflobbyisten Schröder. «Gerhard Schröder engagiert sich für den russischen Energieexport, aus dem der russische Kriegsexport finanziert wird. Er tut dies unbeirrt selbst in einem Moment, in dem die ganze Welt sich darüber entsetzt, welche Rolle Russland in Aleppo spielt», sagt der grüne Europaabgeordnete Reinhard Bütikofer. Aber auch Manfred Weber, Chef der konservativen EVP-Fraktion im Europaparlament und Mitglied im CSU-Präsidium, spricht sich dafür aus, Nord Stream 2 «unter allen Umständen» zu stoppen. Ebenso will der CDU-Mann Norbert Röttgen, Vorsitzender des Auswärtigen Ausschusses im Bundestag, den Ausbau der russisch-deutschen Gaspartnerschaft verhindern. «Das aggressive Vorgehen Russlands in der Ukraine und seine Kriegsführung in Syrien können nicht folgenlos bleiben. Wir können Verletzungen des Völkerrechts und des Kriegsrechts nicht durch Geschäfte mit Russland belohnen», sagt er.

Doch die Bundesregierung hält weiter Kurs auf Nord Stream 2. Das liegt nicht zuletzt am Lobbyismus, den das Schröder-Netzwerk in der SPD zusammen mit der russischen Seite für das Projekt betreibt. Eine Schlüsselrolle dafür spielt – neben Schröder – Sigmar Gabriel. «Nord Stream 2 liegt im deutschen Interesse», lautet sein Mantra. Als Gabriel Ende Oktober 2015 von Putin empfangen wird, spricht er mit dem russischen Präsidenten und Gazprom-Chef Alexei Miller rund zwei Stunden lang. Das Gespräch dreht sich wohl vor allem um das weitere Vorgehen bei Nord Stream 2. Schon am nächsten Tag trifft sich der Wirtschaftsminister mit Miller zu einem weiteren Gespräch in der russischen Hauptstadt. Gegenüber Putin sagt Gabriel, Deutschland wolle die «Einmischung von außen beschränken», was den Bau von Nord Stream 2 angehe. Das ist auf Brüssel gemünzt, wo man die Pipeline sehr kritisch betrachtet. Deutschland will die EU aus der Sache heraushalten.

Der Kontakt zwischen Gabriel und dem Gazprom-Chef Miller ist in dieser Zeit besonders eng. Zwischen Februar 2015 und November 2017 treffen sich Miller und Gabriel insgesamt fünfmal, es geht bei den Treffen vor allem um die neue Ostsee-Pipeline. Es ist ironischerweise der Russland notorisch zugeneigten Linkspartei zu verdanken, dass bekannt wird, wie oft die Vertreter von Gazprom und Nord Stream mit deutschen Ministern, Staatssekretären und Botschaftern über Nord Stream 2 reden. Denn die Linksfraktion stellt im Dezember 2017 eine Kleine Anfrage zum Thema «Lobbyismus und Drehtüreffekt beim Ostsee-Pipeline-Projekt Nord Stream».[13]

Die Antwort der Bundesregierung, die die Treffen auflistet, ist aufschlussreich, zeugt sie doch von großer Nähe zwischen den SPD-Ministern und den Pipeline-Lobbyisten. Gabriel trifft sich mindestens 15-mal mit Vertretern von Gazprom und Nord Stream. Noch häufiger als mit Gazprom-Chef Miller bespricht sich der Wirtschaftsminister mit Matthias Warnig, zwischen Februar 2015 und Januar 2017 siebenmal. Bei einem Treffen am 27. Februar 2015 ist Gerhard Schröder dabei. Nachdem Gabriel Anfang 2017 ins Auswärtige Amt gewechselt ist, trifft sich Warnig bis zum Juni 2017 noch weitere drei Mal mit dem Minister. Doch Warnigs Aktionsradius ist nicht auf Berlin beschränkt: Mit Reinhard Silberberg, dem Ständigen Vertreter Deutschlands bei der Europäischen Union in Brüssel, kommt der Nord-Stream-Chef zwischen Ende 2015 und September 2017 fünfmal in der belgischen Hauptstadt zusammen; im Juni 2016 gibt Silberberg ein Abendessen für Gerhard Schröder und Warnig. Man kennt sich: Unter Kanzler Schröder war Silberberg von 1998 bis 2005 Leiter der Europa-Abteilung im Kanzleramt, von 2006 bis 2009 war er unter Steinmeier Staatssekretär im Auswärtigen Amt. Von Besuchen Warnigs bei Merkel ist nichts bekannt.

Auch OMV-Chef Rainer Seele sucht Gabriel 2015 zweimal in Sachen Ostsee-Pipeline auf, einmal zusammen mit Gazprom-Chef Miller. Mario Mehren, Nachfolger von Seele bei Wintershall, bespricht den Stand des Projekts im Mai 2016 mit Außenminister Steinmeier, im Jahr zuvor hatte er sich schon zweimal mit dessen Staatssekretär Stephan Steinlein in der gleichen Angelegenheit getroffen. In der Deutschen Botschaft in Moskau sind die Nord-Stream-Lobbyisten ebenfalls regelmäßig zu Gast. Bundeskanzler a. D. Schröder, wie es in der Antwort der Bundesregierung auf die Kleine Anfrage heißt, wird am 23. Februar 2016 von Botschafter Rüdiger von Fritsch zu einem Abendessen empfangen. Thema des Gesprächs: Stand des Projekts Nord Stream 2. Warnig ist 2016 und 2017 gleich dreimal wegen der Ostsee-Pipeline beim deutschen Botschafter in Moskau. Die Phase von 2015 bis 2017 ist entscheidend für das Projekt, denn es geht um die Baugenehmigung für Nord Stream 2. Sie erfolgt im November 2017.

Auffällig ist, dass sich die Leute aus der Putin-Schröder-Connection ausschließlich an SPD-Politiker wenden. Die Beziehungen des CDU-geführten Kanzleramts sind zurückhaltender. Merkel trifft sich aber in der Zeit zweimal mit Gérard Mestrallet, dem Vorstandsvorsitzenden des französischen Energiekonzerns Engie, sowie mit Ben van Beurden, dem Vorstandschef von Royal Dutch Shell, der gemeinsam mit Peter Blauwhoff von Shell Deutschland im Juli 2015 zum Gespräch kommt. Kanzleramtsminister Altmaier spricht mit Klaus Schäfer, dem Vorstandsvorsitzenden von Uniper, sowie mit Peter Westhoff, dem Leiter Energiepolitik und Regierungsbeziehungen der Wintershall Holding. Alle Firmen investieren in die Ostsee-Pipeline. Mit den Leuten aus dem Umfeld Schröders trifft sich die Kanzlerin nicht. Und als der CDU-Mann Altmaier das Wirtschaftsministerium übernimmt, brechen auch die Kontakte von Warnig und anderen in das Ministerium offenbar weitgehend ab.

Gabriels Ministerium macht immer wieder klar, dass Deutschland mehr Gas brauche, um die Energiewende zu steuern. Das Projekt sei «unter wirtschaftlichen Interessen vernünftig». Bedenken, dass Russland angesichts der Verhärtung seines innen- wie außenpolitischen Kurses der falsche Partner dafür sei, wird mit dem Hinweis begegnet, dass man kluge Geschäfte gerade in Zeiten außenpolitischer Spannungen machen solle, «um zu zeigen, dass überhaupt noch etwas geht». Die Gefahr, dass Russland Energie als Waffe einsetzen könnte, hält Gabriel für nichtexistent. Moskau sei immer ein verlässlicher Partner gewesen, deshalb sei eine Kooperation im Bereich der Energie «keine Bedrohung», sagt er in einer Festrede beim Deutsch-Russischen Forum.

Bundeskanzlerin Merkel bleibt bis zum Ende ihrer Amtszeit eine Befürworterin der Pipeline. Wirtschaftspolitiker ihrer Partei, wie etwa der wirtschaftspolitische Sprecher Joachim Pfeiffer, der später wegen Lobbyismus-Vorwürfen aus dem Bundestag ausscheidet, machen sich für Nord Stream 2 stark. Auch ihr Wirtschaftsberater Lars-Hendrik Röller ist für die Gasleitung, anders als ihr außenpolitischer Berater Christoph Heusgen. Ein Nein zur Pipeline will Merkel auf jeden Fall nicht selbst verantworten. Mit dem Wissen der Kanzlerin ruft Heusgen mehrfach den damaligen EU-Kommissar für die Energieunion, den Slowaken Maroš Šefčovič, an und macht ihm klar, dass Berlin sich beugen werde, falls Brüssel den Betrieb der Leitung aus rechtlichen Gründen untersagt. Doch ebenso werden die Pipeline-Befürworter in Brüssel vorstellig, um ein solches Votum zu verhindern.

Verstehen kann man Merkels Haltung nur, wenn man ihren machtpolitischen Pragmatismus in Rechnung stellt. Die Pipeline kommt in Mecklenburg-Vorpommern an, sie ist beliebt in dem ostdeutschen Bundesland, in dem die Landesregierung auf gemeinsame Geschäfte mit Russland setzt. Ein Einknicken in der Frage käme bei der örtlichen Bevölkerung wohl mehrheitlich schlecht an. Zudem besteht die SPD auf der Pipeline, und Merkel hat wenig Lust, sich deswegen ernsthaft mit dem Koalitionspartner anzulegen. Mit den Sozialdemokraten existiert außerdem eine Art Deal: Wenn die SPD die von ihr ungeliebten Sanktionen gegen Russland weiter mitträgt, dann wird Merkel nichts gegen das Lieblingsprojekt der Genossen, die Gaspipeline, unternehmen. Die deutsche Energiewirtschaft ist auch für den Bau der Leitung, mit ihr will Merkel ebenfalls nicht in Konflikt geraten.

Im Oktober 2016 macht SPD-Chef und Vizekanzler Gabriel einen Vorstoß. Steinmeier soll als Nachfolger von Joachim Gauck der nächste Bundespräsident werden. Merkel ist strikt dagegen, doch aussichtsreiche Gegenkandidaten, CDU-Bundestagspräsident Norbert Lammert und auch Marianne Birthler von den Grünen, sagen ihr ab, so dass Merkel einlenken muss. Gabriels Coup für das Schloss Bellevue macht allerdings einen Ministerwechsel bei der SPD erforderlich. Im Zuge von Steinmeiers Wechsel ins Bundespräsidentenamt übernimmt Gabriel selbst dessen Amt als Außenminister. Den frei gewordenen Platz an der Spitze des Wirtschaftsministeriums tritt Gabriels bisherige Parlamentarische Staatssekretärin Brigitte Zypries an. Die alte Schröder-Garde aus Hannover besetzt jetzt noch einen Spitzenposten mehr in Berlin und erlangt damit noch größeren Einfluss als zuvor. Wintershall-Chef Mario Mehren trifft sich 2017 zweimal mit Gabriels neuem Staatssekretär Walter Lindner im Außenministerium. Die neue Wirtschaftsministerin Zypries empfängt Schröder und Miller am 16. Februar 2017. Am nächsten Tag hat sie einen Termin mit Mehren bei Wintershall in ihrer Heimatstadt Kassel.

Moskau attackiert den Westen

Fritz Felgentreu kann sich noch gut erinnern. An einem Tag im Mai 2015 ruft den damaligen Abgeordneten der SPD ein Mitarbeiter in seinem Büro im Bundestag aufgeregt zu sich an den Computer. Felgentreu kann auf dem Bildschirm mit ansehen, wie Dateien, die er und seine Mitarbeiter auf dem Rechner gespeichert hatten, wie von Geisterhand verschwinden. Eine nach der anderen. Was der Sozialdemokrat damals erlebt, ist Folge des bisher größten Hackerangriffs auf den Deutschen Bundestag. Über Monate hatten sich die Gegner im Netzwerk des Parlaments aufgehalten, sich des Hauptservers bemächtigt und sich Zugang zu den Daten zahlreicher Parlamentarier verschafft, einschließlich der Abgeordneten Dr. Angela Merkel. Das Netz des deutschen Parlaments steht schutzlos da und muss für Tage abgeschaltet werden. Spezialisten des Bundesamts für Sicherheit in der Informationstechnik (BSI), das die Kommunikation der Bundesregierung und von Bundesbehörden schützt, untersuchen den Vorfall. Sie finden heraus: Mehrere Abgeordnete hatten eine E-Mail bekommen mit der Endung «un.org». Sie gingen davon aus, dass der Absender von den UN, den Vereinten Nationen, stammte. Wer jedoch auf den vermeintlichen Newsletter der UN klickte, machte den Weg frei für Cyber-Spione. Als der Angriff entdeckt wird, ist schon eine große Datenmenge von geschätzt 19 Gigabyte abgeflossen, und der Datenabfluss kann nicht gleich gestoppt werden.

Monatelang untersuchen die deutschen Sicherheitsbehörden den Vorfall. Dann sind sie überzeugt: Der Angriff kommt aus Russland. Eine Hackergruppe namens APT28 wird als Angreifer identifiziert, sie ist auch als «Fancy Bear» oder als «Sofacy Group» bekannt und wird dem Militärgeheimdienst GRU zugerechnet. Im Netz ist sie seit Jahren aktiv, greift immer wieder bestimmte Ziele an: europäische Regierungen, die Nato, westliche Rüstungsfirmen, Unternehmen der Luft- und Raumfahrtbranche, auch einmal den Vatikan. Ziel ist es, möglichst viele geheime Informationen aus dem Inneren westlicher Regierungen zu ergattern und die Rüstungsbranche dieser Länder auszuspionieren.

Fünf Jahre nach dem schweren Hackerangriff auf den Bundestag finden die Ermittlungsbehörden nach mühevoller Kleinarbeit den mutmaßlichen Haupttäter. Es ist der damals 29 Jahre alte russische Soldat Dmitri Badin. Er soll für den Geheimdienst GRU arbeiten. Badin wird in Deutschland mit Haftbefehl gesucht. Der Generalbundesanwalt wirft ihm «geheimdienstliche Agententätigkeit» vor. Die amerikanische Bundespolizei FBI fahndet schon seit Jahren nach dem Mann wegen mehrerer Hackerangriffe, unter anderem auf die Welt-Doping-Agentur Wada, vor allem aber auf die Demokratische Partei im amerikanischen Wahlkampf 2016. Badin soll zu den Hackern gehören, die erbeutete E-Mails der demokratischen Kandidatin Hillary Clinton veröffentlichten und damit ihrem Gegner Donald Trump halfen.

Russische Hacker gehen geschickt und professionell vor; wegen der guten Ausbildung in Mathematik, Informatik und Naturwissenschaften gehören russische IT-Spezialisten zur Weltspitze. Die ersten russischen Cyberangriffe gab es schon 2007 in den baltischen Staaten. Doch Deutschland erkennt die Gefahr erst spät. Anfang des Jahres 2013 kursieren Nachrichten über eine großangelegte Cyberspionage-Operation. Deutsche Verfassungsschützer identifizieren technische Merkmale, die sie aus einer seit dem Jahr 2009 andauernden Angriffswelle auf die Bundesverwaltung kennen. Hauptziel der Angriffe ist das Auswärtige Amt, vor allem die deutschen Botschaften in Osteuropa. Aber auch andere Berliner Ministerien werden ausgespäht. Alles deutet darauf hin, dass Russland hinter dem Angriff steckt. Er bekommt den Namen «Roter Oktober». Seither wird die Bedrohung durch russische Cyberspionage in Berlin ernster genommen.

Zu Recht. Denn schon seit 2004 lässt Putin eine schlagkräftige russische Cyber-Armee aufbauen. Westliche Nachrichtendienste gehen von bis zu 10 000 Cyber-Rekruten aus, die ihr Gehalt von russischen Diensten beziehen. Das Besondere an der russischen Cyber-Streitmacht ist die Verbindung von Geheimdiensten und organisierter Kriminalität. Die Kriminellen bekommen regelmäßig Aufträge von den Diensten, die wiederum lassen militärische Programme von der organisierten Kriminalität finanzieren. Die Zusammenarbeit hat für beide Seiten Vorteile. Die russischen Dienste lassen sich bestimmte Werkzeuge von Kriminellen besorgen, die organisierte Kriminalität kann wiederum unter dem Schutz der Geheimdienste ihre finanziellen Interessen verfolgen.

Seit sich die Beziehungen zum Westen im Zuge der Krim-Annexion verschlechtert haben, setzt Putin seine Cyber-Streitmacht nicht nur für Spionage, sondern auch für Sabotage ein. Das bevorzugte Spielfeld ist dabei die Ukraine. Im Herbst 2014 setzen russische Angreifer die Computer der ukrainischen Wahlkommission just vor der Parlamentswahl außer Gefecht. Im Dezember 2015 wird die Stromnetzleittechnik in der Westukraine so manipuliert, dass 700 000 Einwohner stundenlang ohne Strom sind. Dieser Sabotage-Akt ist gesteuert von der russischen Hacker-Gruppierung «Sandworm». Ihre Aktionen zielen darauf, die Infrastruktur von Staaten zu manipulieren. Vor solchen Sabotage-Angriffen ist Deutschland nicht gefeit. In einem Fall konnte eine Forschungseinrichtung noch rechtzeitig gewarnt werden, heißt es in Sicherheitskreisen. «Es gibt aber auch Fälle, wo wir die Angriffe zu spät merken», sagt ein hoher Sicherheitsbeamter.

Cyberangriffe sind Teil einer Strategie der hybriden Kriegsführung, in der Politik, Militär, Geheimdienste und Medien koordiniert vorgehen. Das Konzept hat der russische Generalstabschef Waleri Gerassimow Anfang 2013 in einem Vortrag über «neue Formen und Mittel der Führung von Kampfhandlungen» erläutert: «Die ‹Regeln des Krieges› haben sich grundlegend geändert. Die Rolle nichtmilitärischer Mittel bei der Erreichung politischer und strategischer Ziele ist gewachsen, die in einer Reihe von Fällen in ihrer Effektivität die Kraft der Waffen übersteigen», heißt es in einem wegweisenden Aufsatz Gerassimows. Eine wichtige Rolle in dieser neuen Art, Krieg zu führen, spielt die Propaganda. Unter Putin wird auf alte Geheimdienstrezepte zurückgegriffen, doch werden sie der neuen technischen Entwicklung angepasst, nicht zuletzt der Kommunikation durch soziale Medien. Sie ermöglichen es, gezielt einzelne Gruppen der Bevölkerung im In- und Ausland zu beeinflussen. Eine Propaganda-Taktik ist es, so viele widersprüchliche Geschichten zu verbreiten, dass kaum jemand mehr Lüge und Wahrheit entwirren kann. Sie wird vor allem angewendet, wenn es darum geht, einen Verdacht von Russland abzulenken – so wie im Fall des von prorussischen Rebellen über der Ostukraine abgeschossenen malaysischen Passagierflugzeugs MH17. Ein anderer Ansatz ist es, so nah wie möglich an der Wahrheit zu bleiben, dann aber eine Lüge einzuarbeiten. In Deutschland ist etwa die Flüchtlingskrise 2015/2016 aus Sicht des Kremls besonders geeignet, ein Bild von einem unsicheren Deutschland zu zeichnen, in dem die Sicherheit der Bevölkerung gefährdet ist.

Wie Russland mit Desinformation in die Innenpolitik eines anderen Landes eingreift, erlebt die Bundesrepublik Anfang 2016. Am 23. Januar demonstrieren rund 700 Menschen vor dem Kanzleramt in Berlin. «Schützt unsere Frauen und Kinder» und «Heute mein Kind, morgen Dein Kind» steht auf den Plakaten. Einige junge Leute tragen weiße T-Shirts. «Lisa, wir sind mit Dir!» oder «Deutschland in Gefahr» steht darauf geschrieben. Das Spektakel ist Teil eines Falls, der bundesweit Aufsehen erregt. Nachdem die 13 Jahre alte Lisa, ein Berliner Mädchen aus einer russlanddeutschen Familie, 30 Stunden vermisst wird, verbreiten sich zunächst im Internet Gerüchte, die schließlich vom russischen Staatsfernsehen in einer abendlichen Hauptnachrichtensendung als Tatsache verbreitet werden: Das Mädchen sei von drei Männern, dem Aussehen nach Südländer, entführt, geschlagen und vergewaltigt worden, aber die deutschen Behörden weigerten sich aufgrund politischer Korrektheit, den Fall zu verfolgen. Anschließend berichtet Sputnik-News unter der Schlagzeile «Minderjährige vergewaltigt, Polizei tatenlos». Auf Facebook wird der Bericht des Fernsehkanals mehr als eine Million Mal abgerufen, über russischsprachige Plattformen wird die Nachricht von der angeblichen Vergewaltigung in Deutschland verbreitet. In mehreren deutschen Städten gehen insgesamt mehr als 10 000 Russlanddeutsche auf die Straße. Der russische Außenminister Sergei Lawrow fordert von den deutschen Behörden in ultimativem Ton Auskunft über das Schicksal von «unserem Mädchen Lisa» – und äußert sich besorgt, dass da etwas von den deutschen Behörden unter den Teppich gekehrt werde. Es müssten «Wahrheit und Gerechtigkeit» siegen.

Die Geschichte bricht schnell in sich zusammen: Das Mädchen hatte wegen Problemen in der Schule bei einem Bekannten übernachtet, dann aus Angst vor Strafe eine Geschichte erfunden. Polizei und Staatsanwaltschaft stellen das klar. Von den rund 2,5 Millionen Russlanddeutschen in Deutschland hatte sich nur ein kleiner Teil an den Protesten beteiligt. Doch wurde das Ziel erreicht, Zwietracht in die Gesellschaft zu tragen. Außenminister Lawrow bleibt dabei, dass etwas verheimlicht werden solle. Das Kanzleramt teilt der Russischen Botschaft seine Verwunderung mit, dass derlei noch behauptet wird, nachdem die Polizei schon klargestellt hat, dass es weder Entführung noch Vergewaltigung gegeben hat. Als Angela Merkel den Fall Putin vorhält, tut der Russe so, als wisse er nicht, worum es geht. Wovon sie eigentlich spreche, soll er zu Merkel gesagt haben.

Für seine Propaganda im Ausland unterhält der Kreml zahlreiche Medien. Der Fernsehsender Russia Today, später RT genannt, und das Nachrichtenportal Sputnik sind die wichtigsten. Sie gehören zum Medienunternehmen «Russland heute», Rossija Sewodnja, einer modernen Nachrichtenfabrik, die 2013 geschaffen wurde. Chef von «Russland heute» ist Dmitri Kisseljow, ein nationalistischer Chauvinist und Schwulenhasser, der wegen seiner antiwestlichen Hetze von der EU mit einem Einreiseverbot belegt wurde. RT und Sputnik nutzen Aufreger-Themen von der Flüchtlingskrise bis zur Corona-Pandemie, um den Westen als dekadent darzustellen. Ziel ist es, die gesellschaftliche Stimmung anzuheizen und die Glaubwürdigkeit der demokratischen Institutionen zu untergraben. Die russische Führung gibt für «Russland heute» jedes Jahr mehr Geld aus: Bekam Putins Propaganda-Instrument nach Angaben westlicher Geheimdienste 2015 noch 301 Millionen Euro im Jahr, so wuchs der Betrag über 387 Millionen Euro im Jahr 2017 bis auf 431 Millionen im Jahr 2020. Das wichtigste Instrument ist der Fernsehsender RT, schon 2005 gegründet, um «das Monopol der angelsächsischen Medien zu brechen», wie Putin selbst sagte. Politiker der AfD und der Linkspartei, die Putins Politik unterstützen, sind bei RT Deutsch regelmäßig zu Gast. Doch auch der SPD-Vorsitzende Sigmar Gabriel gibt dem Propagandasender im September 2017 als Außenminister ein Interview kurz vor der Bundestagswahl. «Wir müssen uns doch als deutsche Politiker daran gewöhnen, dass es nicht nur unsere etablierten Medien gibt», sagt Gabriel dazu. Die Zuschauer von RT wolle er «jedenfalls nicht der AfD überlassen». Auch Matthias Platzeck gibt RT 2017 ein Interview; zwei Jahre später tut das auch die SPD-Politikerin und Bundesjustizministerin Katharina Barley.

Neben seinen Propagandasendern setzt Putins Regime verdeckte Einflussagenten ein. Was Journalisten der regierungskritischen Zeitung Nowaja Gasjeta für das russische Internet aufdecken, wird wenig später auch in Bezug auf das Ausland offenbar. Der Kreml unterhält eine große Zahl sogenannter Internet-Trolle, die verdeckt arbeiten, um die öffentliche Meinung im Sinne der russischen Führung zu beeinflussen. Am bekanntesten ist der Fall einer «Trollfabrik» geworden. In einem Bürohaus in der Sawuschkina-Straße in St. Petersburg arbeiten rund 400 meist junge Leute für die Auslandspropaganda im Netz. Das Unternehmen tarnt sich unter dem Namen Agentur zur Analyse des Internets. Von morgens bis abends schreiben die Angestellten, etwa Studenten mit guten Fremdsprachenkenntnissen, Kommentare auf Foren westlicher Nachrichtenportale und Online-Zeitungen. Sie verfassen Beiträge auf Facebook, Twitter und für andere soziale Medien und nehmen an Internetchats teil. Dabei treten sie als scheinbar private Nutzer auf. Ihre Chefs, unter ihnen alte KGB-Veteranen, geben ihnen vor, was sie zu schreiben haben, um die westliche Meinungsbildung zu manipulieren. Die Angestellten müssen Vorgaben erfüllen, etwa mindestens 50 Einträge täglich auf Online-Seiten verfassen oder auf Facebook sechs Accounts betreiben. Den Vorgesetzten wird regelmäßig berichtet, wie viele Aufgaben erledigt worden sind. «Insgesamt 305 Tweets abgesetzt», schreibt eine Angestellte in ihrem Wochenbericht an ihren Vorgesetzten am 22. April 2014 laut einer Mail, die neben zahlreichen anderen Dokumenten von anonymen Informanten auf einem russischen Blog veröffentlicht worden ist.

Die Mitarbeiter der Trollfabrik erhalten mehrere hundert Euro im Monat – für russische Studenten ein guter Verdienst. Die junge Russin Ljudmila Sawtschuk macht öffentlich, wie sie als «Troll» in Nachrichtenportalen, Chat-Rooms und Blogs Putins Politik loben «und seine Gegner niedermachen» sollte. Sie schreibt bis zu 100 Kommentare am Tag und erhält ein Salär zwischen 640 und 800 Euro im Monat, bis sie den Job aufgibt und an die Öffentlichkeit geht.

Der Erfolg der Troll-Kampagnen ist durchschlagend. Webseiten großer Zeitungen in den Vereinigten Staaten und in Europa werden nach der Krim-Annexion und zu Beginn des Kriegs im Donbass mit Kommentaren überflutet, die mehrheitlich auf Linie des Kremls liegen. In den Beiträgen werden immer wieder dieselben Feindbilder – Amerika, der Westen und die EU – beschworen, Berichte über Russlands Vorgehen in der Ostukraine als Hetze bezeichnet, in Wirklichkeit sei dort eine Nato-Aggression gegen Russland im Gange. Viele Nachrichtenseiten in Deutschland schalten ihre Kommentarfunktionen ab, weil sie nicht zwischen «Trollen» und normalen Nutzern unterscheiden können.

Als Auftraggeber der Trollfabrik wird der Petersburger Gastronomie-Unternehmer Jewgeni Prigoschin ausgemacht. Er hatte Putin in den 1990er Jahren in St. Petersburg kennengelernt, als er ein Kasino führte und Putin für die Kontrolle über das Glücksspiel in der Petersburger Stadtverwaltung tätig war. Prigoschin, als «Putins Koch» bekannt, soll die Trollfabrik finanziert haben, ein großer Teil des Geldes fließt in die Gehälter der Mitarbeiter, die in zwei Schichten rund um die Uhr arbeiten. Die Monatsabrechnungen der Trollfabrik werden an Prigoschins Unternehmen Concord geschickt. Aus den Enthüllungen über die Trollfabrik ergibt sich zudem: Die Rechenschaftsberichte über deren Arbeit gehen direkt an den stellvertretenden Leiter der Präsidialadministration im Kreml, Wjatscheslaw Wolodin. Prigoschin wird später als Chef der russischen Söldnergruppe «Wagner» bekannt; er sorgt nach dem Überfall Russlands auf die Ukraine 2022 dafür, dass russische Strafgefangene in diese Truppe aufgenommen werden, um in der Ukraine zu kämpfen. Nicht alle Beiträge werden von der «Troll-Armee» verfasst. Auf viele

Schlagwörter reagieren nur noch Bots, also Roboter, die nach bestimmten Algorithmen Aussagen liken oder Tweets absetzen. Auch für den Brexit in Großbritannien und im amerikanischen Wahlkampf 2016 werden Troll-Kampagnen eingesetzt. Offiziell bestreitet Russland diese Einmischung. Erst im November 2022 gibt Prigoschin in dem russischen sozialen Netzwerk VK anlässlich der Kongresswahlen in den USA zu: «Wir haben uns eingemischt, wir tun es und wir werden es weiter tun.»

Eine besondere Art von Einmischung vollzieht der Putin-Vertraute Wladimir Jakunin im Sommer 2016 in Berlin. Er gründet ein sogenanntes Forschungsinstitut, das sich dem «Dialog der Zivilisationen» widmet. So nennt sich die Stiftung, die Jakunin seit langem aus Wien betreibt. Das Berliner Institut soll nun das Hauptquartier eines weltweiten Netzes von Denkfabriken werden, das die russische Sicht auf die Welt populär machen und politische Debatten, etwa über die Ukraine, im russlandfreundlichen Sinne beeinflussen soll. Jakunin ist ein enger Weggefährte von Putin. Er kennt den russischen Präsidenten seit vielen Jahren aus St. Petersburg, war in den 1990er Jahren Mitglied der Datschenkooperative «Osero», deren Mitglieder unter Putin in höchste Kreise der russischen Wirtschaft und Politik aufstiegen. Für den sowjetischen Geheimdienst hat Jakunin 22 Jahre lang gearbeitet; es heißt, zuletzt als ranghoher General des Auslandsgeheimdienstes SWR. Von 2005 an war er zehn Jahre lang Chef der Russischen Eisenbahnen und ist steinreich geworden. Jakunin setzt sich ganz nach dem Willen Putins für orthodoxe Staatsideologie und einen imperialen russischen Nationalismus ein. In Berlin erregt er schon einmal Aufsehen, als er bei einer Veranstaltung sagt, Menschen, die beim Eurovision Song Contest für den österreichischen bärtigen Travestiekünstler Conchita Wurst gestimmt hätten, besäßen «eine abnorme Psychologie». Er lobt das russische Gesetz, das Zurschaustellung von Homosexualität verbietet, weil Kinder bis 16 Jahre sexuell noch nicht orientiert seien und daher geschützt werden müssten. Für die ersten fünf Jahre seines Berliner Instituts hat er 25 Millionen Euro mitgebracht.

Im Kanzleramt und im Auswärtigen Amt sieht man das Institut als ein weiteres Instrument der hybriden Kriegsführung Moskaus gegen den Westen. Dennoch kommen zur Eröffnungsveranstaltung der Vorsitzende des Deutsch-Russischen Forums, Matthias Platzeck, und der ehemalige Kanzleramtschef Ronald Pofalla von der CDU, der dem Petersburger Dialog vorsteht. Zu den Freunden des neuen Think-Tanks von Putins Gnaden gehört der ehemalige Bundeswehr-General Harald Kujat. Er warnt davor, das Institut «vorauseilend als russischen Propaganda-Coup» abzutun. Ko-Gründer des Instituts ist der österreichische ÖVP-Politiker Walter Schwimmer, einst Generalsekretär des Europarats und bisher für Jakunins Stiftung in Wien tätig. Der zweite Ko-Gründer ist Peter W. Schulze, Honorarprofessor der Universität Rostow am Don und bis 2003 viele Jahre Leiter der Moskauer Filiale der SPD-nahen Friedrich-Ebert-Stiftung. Im Aufsichtsrat des Instituts sitzen neben Jakunin, Schwimmer, Schulze und Kujat der EU-Gegner und ehemalige Präsident der Tschechischen Republik Václav Klaus, der auf einem Bundesparteitag der AfD gesprochen hat, und der ehemalige österreichische Kanzler und SPÖ-Vorsitzende Alfred Gusenbauer. Der genaue Einfluss des Instituts bleibt unklar – sicher ist nur, dass es trotz des Engagements einer Headhunter-Firma nicht gelingt, bekannte Russland-Fachleute aus anderen Institutionen abzuwerben.

Neben der Arbeit von «Denkfabriken» und der Propaganda durch moderne Medien gibt es als russisches Einflussinstrument die traditionelle Spionage – sie erreicht unter Putin wieder das Niveau des Kalten Krieges. Ein zentraler Ort für diese Aktivitäten ist die Russische Botschaft in Berlin-Mitte, Unter den Linden 63–65. Der Komplex mit zwei langen Seitenflügeln, einem Paradeeingang und einem Ehrenhof atmet noch den Geist seiner Entstehungszeit in den Jahren 1949 bis 1951, der Zeit des Spätstalinismus. Sehr viele der russischen Diplomaten, die dort oder in einem der über Deutschland verteilten Konsulate tätig sind, arbeiten für die Geheimdienste. Deutsche Sicherheitsbehörden gehen davon aus, dass es ein Drittel sind. Einige wenige tun das offiziell, sind als Vertreter der russischen Nachrichtendienste angemeldet. Die meisten Geheimdienstleute sind aber einfach als Diplomaten akkreditiert. Wer etwa mit einem Kulturattaché oder einem Botschaftssekretär zu tun hat, kann in Wirklichkeit auf einen Mann oder eine Frau aus den russischen Geheimdiensten treffen. Auch Mitarbeiter russischer Firmen, etwa der Fluggesellschaft Aeroflot, oder russischer Nachrichtenagenturen sind nach Erkenntnissen der deutschen Spionageabwehr für die russischen Dienste tätig. Nicht alle russischen Spione in Deutschland werden indes von der Botschaft aus geführt. Reiseagenten agieren unabhängig von der diplomatischen Vertretung, unterstehen direkt der Geheimdienstzentrale in Moskau. Solche klassischen Agenten, die dem deutschen Verfassungsschutz als erfahrene Profis gelten, haben die besondere Aufmerksamkeit der politischen Führung in Moskau, namentlich des ehemaligen KGB-Obersts Wladimir Putin. Der interessiert sich persönlich für diesen Königsbereich der Geheimdienste und trifft selbst die wichtigen Entscheidungen. Agenten, die mit einer aufwendigen Tarnung im illegalen Bereich arbeiten, werden in der Regel aus den Nachbarstaaten Deutschlands geführt. Besonders beliebt sind die Beneluxstaaten, der skandinavische Raum oder Österreich. Es ist üblich, dass ein Land von Agentenführern als sicherer Hafen genutzt wird, von dem aus Spione im Nachbarland geführt werden. Solche Netze zu enttarnen ist eine schwierige Operation.

Russische Spionage zielt in Deutschland vor allem auf Außen- und Sicherheitspolitik. Die deutsche Energiepolitik gehört zu den zentralen Feldern, die das an Rohstoffen so reiche Russland auskundschaftet, sie gilt als «hervorgehobenes Spionageziel», wie Verfassungsschützer sagen. Moskau will einen Informationsvorsprung haben. Die Frage, wie Deutschland den Verzicht auf Atomkraft kompensiert oder welche Bedeutung die regenerativen Energiequellen bekommen, ist für einen Lieferanten fossiler Brennstoffe ebenso von enormer Bedeutung wie die Vertragskonditionen von Gaslieferanten anderer Länder. Auf dem militärischen Feld interessieren sich die Russen für die europäische Verteidigungspolitik und den Kurs der Nato.

Das Anwerben von Informanten beschränkt sich allerdings nicht auf den unmittelbaren politischen Bereich wie den Bundestag oder Ministerien, wo vor allem Mitarbeiter angesprochen werden. Die russischen Dienste haben auch Leute an Universitäten oder Forschungseinrichtungen im Visier. Der jeweilige Mitarbeiter erhält Einladungen, etwa zu Konferenzen, man stellt Kontakte zu einer russischen Stiftung her oder gewährt finanzielle Unterstützung für ein Projekt. «In vielen Fällen ist es reine Naivität, dass sich Leute auf so etwas einlassen», sagt ein Verfassungsschützer. Bei denen, die bewusst auf eine Zusammenarbeit eingehen, kommen Motive wie verletzte Eitelkeit, Rachsucht oder das Gefühl der eigenen Wichtigkeit hinzu. Geheimdienste sind spezialisiert darauf, die Schwächen derjenigen zu erfahren, die sie anwerben wollen – das kann von Spielsucht über Drogen- oder Alkoholabhängigkeit bis zu sexuellen Affären reichen. Hinzu kommt der Faktor Geld.

Die russischen Geheimdienste setzen zudem auf Instrumente aus der Sowjetära, von denen selbst Fachleute der deutschen Spionageabwehr nicht glaubten, dass sie noch existieren. Das zeigt der Fall der 2011 enttarnten hauptamtlichen Agenten Heidrun und Andreas Anschlag. Die beiden russischen Staatsbürger waren durch die damals noch sowjetischen Geheimdienste in einer aufwendigen Operation mit gefälschten Identitäten ausgestattet und jahrelang auf ihren Einsatz als sogenannte Illegale vorbereitet worden. In Deutschland spionieren sie als scheinbar bürgerliches Ehepaar 23 Jahre lang unbemerkt. Hunderte Unterlagen, unter anderem geheime Dokumente der Nato und der Europäischen Union, deponieren sie zunächst in «toten Briefkästen». Ihre Erkenntnisse schicken sie ein- bis zweimal in der Woche über verschlüsselte Funkverbindungen mit einem Gerät in der Größe einer Brotdose nach Moskau, von wo sie direkt aus der Zentrale des Auslandsgeheimdienstes SWR geführt werden. Später kommuniziert Heidrun Anschlag mit der Moskauer Zentrale auch über verschlüsselte Kommentare zu Filmen auf YouTube. Sie nennt sich dabei «Alpenkuh 1».

Der Verfassungsschutz rechnet seit dem Auffliegen des Paares damit, dass sich noch mehr illegale Agenten in Deutschland aufhalten. «Wir sind sicher, dass es weitere solche Pärchen geben muss», sagt ein Mann der Spionageabwehr. Nur mit einer gewissen Dichte an Agenten scheine deren Arbeit sinnvoll. Auf diese Illegalen zu stoßen ist allerdings schwer, wenn es keine Überläufer von der anderen Seite gibt. Die Russen setzen nach Einschätzung der deutschen Sicherheitsbehörden alle Mittel der Spionage ein, die sie zu Zeiten des Kalten Krieges angewendet haben. Selbst zu Zeiten der angeblich so engen Freundschaft zwischen Bundeskanzler Schröder und Putin sei das billigend in Kauf genommen worden. Im Dezember 2022 gelingt es dem BND, mit Hilfe von einem Partnerdienst einen hochrangigen Beamten als Spion zu enttarnen, der für Russland arbeitete.

Dass das Putin-Regime auch vor anderen Instrumenten, die in Sowjetzeiten zum Arsenal des Kalten Krieges gehörten, nicht zurückschreckt, zeigt ein politischer Mord, der im August 2019 die bundesdeutsche Politik erschüttert. Der ehemalige tschetschenische Feldkommandeur Selimchan Changoschwili, der in Berlin als Asylbewerber lebt, wird auf offener Straße im Kleinen Tiergarten von einem Killer erschossen. Der Täter kann auf der Flucht gefasst werden. Es erweist sich, dass er mit einer gefälschten Identität eingereist ist und offenbar Helfer hatte, die ihn logistisch unterstützten. Russland weigert sich, bei der Aufklärung des Falls zu helfen. Am Ende eines Strafprozesses wird Wadim Krassikow, ein FSB-Agent, der sich selbst laut gefälschtem Pass als Wadim Sokolow ausgab, zu lebenslanger Haft verurteilt; die besondere Schwere der Schuld wird festgestellt, was eine vorzeitige Entlassung verhindert. Für die deutschen Sicherheitsbehörden ist schnell klar, dass ein solcher Mord ohne Billigung von ganz oben nicht möglich ist. Putin zeigt sich öffentlich gut informiert über den Fall und äußert sich gleich zweimal dazu. Am 9. Dezember 2019 sagt er auf dem Gipfel zur Ukraine in Paris, das Opfer sei «kein Georgier, sondern ein Kämpfer und ein sehr blutiger und harter Mann». Bei seiner Jahrespressekonferenz Ende Dezember 2019 vor mehr als 1000 Journalisten sagt er über Changoschwili: «Das war ein absolut blutiger Mörder. Bei einer einzigen Aktion im Kaukasus hat er 98 Menschen vernichtet.»[14]

Das Berliner Gericht weist in seiner Urteilsbegründung darauf hin, dass die Tötung zur Gefahrenabwehr nach einem russischen Anti-Terror-Gesetz vom 6. März 2006 auch im Ausland möglich sei. Das bedürfe zwar einer Anordnung des Präsidenten, sei aber «durchaus ein Mittel des politischen Handelns». Da der FSB schon 2012 Changoschwili als Terroristen eingestuft habe, sei eine solche Tötung anzunehmen. Doch sei es nicht, wie von dem Gesetz vorgesehen, um Gefahrenabwehr gegangen, da von Changoschwili keine Gefahr mehr ausgegangen sei. «Das Motiv war nicht Gefahrenabwehr, sondern nichts als Vergeltung und Rache», sagt der Vorsitzende Richter. Dass Changoschwili mitten am Tag vor Zeugen getötet worden sei, das sei kein Zufall. «Es sollte ein Zeichen gesetzt werden», sagt der Richter und fügt hinzu: «Das ist nichts anderes als Staatsterrorismus.»

Ein Auftragsmord auf deutschem Boden, der von einem Gericht als «Staatsterrorismus» bezeichnet wird, hätte eine harte politische Reaktion zur Folge haben müssen. Doch die Reaktion Berlins erschöpft sich darin, während des Prozesses zwei als Diplomaten getarnte Geheimdienstmitarbeiter auszuweisen, nach dem Urteil zwei weitere. Im Vergleich zur britischen Reaktion auf die versuchte Vergiftung des Ex-Agenten Skripal sieht die deutsche Antwort sehr zurückhaltend aus. London hatte zunächst 23 russische Diplomaten ausgewiesen und später erreicht, dass in einem Akt der internationalen Solidarität mehr als 140 russische Diplomaten und Geheimdienstleute aus 28 Staaten ausgewiesen wurden. Offenbar will die Bundesregierung die angespannten Beziehungen zu Moskau nicht wegen des Todes eines Mannes belasten, der selbst durch seine Rolle im zweiten Tschetschenienkrieg Blut an den Händen hatte. Im Kanzleramt und im Auswärtigen Amt gilt immer noch die Überzeugung, dass man Russland zur Lösung einer Vielzahl von internationalen Konflikten braucht, etwa in der Ukraine, in Syrien oder Libyen.

Der Mord im Tiergarten ist aber nur eine von vielen aggressiven Operationen Russlands gegenüber Deutschland, der EU und dem Westen insgesamt. An ihnen hätte die Bundesregierung den Charakter dieses Regimes schon früher erkennen und sich entsprechend wehren müssen. Doch Berlin reagiert auf diese Attacken hilflos. Zwar sieht man im Kanzleramt, dass die Resilienz der Deutschen gegen russische Propaganda und Desinformation gestärkt werden muss. Vor der Bundestagswahl 2017, bei der die Bundesregierung mit russischen Manipulationsversuchen rechnet, wird das Thema Fake News und Propaganda von Regierungsmitgliedern thematisiert, auch von Bundeskanzlerin

Merkel selbst. Sie sieht die zunehmenden Versuche Putins, den Westen zu spalten und die EU zu schwächen. Doch zu entschiedenerem Vorgehen kann sie sich nicht durchringen.

Als die deutschen Nachrichtendienste Merkel im Frühjahr 2020 in einem Vortrag darüber informieren, wie beim Cyberangriff auf den Bundestag 2015 ihr eigenes E-Mail-Konto und ihre Mail-Box ausspioniert wurden, ist die Kanzlerin allerdings sehr verärgert. In ihrem Abgeordnetenbüro wird vor allem der Schriftverkehr mit ihrem Wahlkreis abgewickelt, die politische Kommunikation als Kanzlerin findet dort nicht statt. Merkel findet es aber empörend, dass die Russen in ihren Konten herumschnüffeln, auch angesichts der Tatsache, dass sie viel Zeit aufwendet, um die deutsch-russischen Beziehungen zu verbessern. Gegen Ende ihrer langen Amtszeit offenbart sie ihre Frustration darüber in einer Fragestunde des Bundestags im Mai 2020 ungewohnt offen. Sie spricht von der «Strategie der hybriden Kriegsführung», zu der «Cyber-Desorientierung» und «Faktenverdrehung» gehörten. Den Cyberangriff auf den Bundestag nennt sie «ungeheuerlich». Dann kommt Merkel auf den Tiergartenmord zu sprechen, sagt schließlich, die Regierung behalte sich noch weitere Schritte gegen Russland vor. Und sie lässt erkennen, dass ihr das Verhalten Russlands und damit Putins nahegeht. «Ich darf sehr ehrlich sagen: Mich schmerzt es.» Schließlich bemühe sie sich «tagtäglich um ein besseres Verhältnis zu Russland». Sie spricht von einem Spannungsfeld, in dem sie sich bewege, das entspringe auch «dem Wunsch nach guten Beziehungen zu Russland». Das sei etwas, «das auch ich nicht ganz aus meinem Inneren streichen kann».[15]

Wie sind diese Sätze zu verstehen? Merkel hat wohl keine grundsätzliche Sympathie für Putin, keine emotionale Bindung an ihn. Aber sie will ihn besser verstehen, trifft ihn so oft wie keinen anderen Regierungschef und gewinnt über die Jahre trotz allen Streits eine gewisse Nähe zu ihm. Sie hofft darauf, ihn einhegen und so das Schlimmste verhindern zu können. Merkel hat allerdings aufgrund ihrer Biografie, ihrer Reisen in der Jugend in die Sowjetunion, eine emotionale Bindung an Russland. Vielleicht ist es diese Emotionalität, die ihr einen Streich spielt, es verhindert, dass sie den Hebel in der deutschen Russlandpolitik entschieden in Richtung Härte, Isolation und Abschreckung umlegt.

Spenden, Delegationen und schöne Titel

Wenn einflussreiche Sozialdemokraten über die deutsche Russlandpolitik sprechen, können die Kategorien oft nicht groß genug sein. Es geht um die historische Schuld Deutschlands, das Vermächtnis Willy Brandts, die Abhängigkeit von Rohstoffimporten oder das geostrategische Dilemma der EU zwischen Amerika, Russland und China. Das «big picture», die großen Münzen der Politik. In diesem Abschnitt soll gezielt auf die kleinen Münzen wie Parteispenden geschaut werden, über die man weniger gerne spricht, die aber ebenfalls eine Rolle spielen. Was die Höhe der Parteispenden betrifft, herrscht in Deutschland in der Regel jedoch keine große Transparenz. Nach dem Parteiengesetz müssen solche Zahlungen nur offengelegt werden, wenn ihre Summe im jeweiligen Jahr 10 000 Euro pro Person übersteigt. Das kann man umgehen, wenn man Spenden geschickt stückelt oder Strohmänner einsetzt. Eine solche Konstruktion ist in einem anderen Zusammenhang erst vor wenigen Jahren rund um die Regensburger SPD aufgedeckt worden. Da vonseiten der niedersächsischen SPD keine Bereitschaft besteht, auch Spenden unter 10 000 Euro offenzulegen, muss man sich also mit den Angaben zu Spenden oberhalb dieser Schwelle begnügen.

Die auffällig hohen Überweisungen von Doris Schröder-Köpf während ihres Einstiegs in die niedersächsische Landespolitik sind schon beschrieben worden. Aus den Rechenschaftsberichten der Partei geht hervor, dass auch Gerhard Schröder nach seinem Ausscheiden aus dem Kanzleramt weiterhin an die SPD spendet. Daran ist zunächst nichts Ungewöhnliches; neben aktiven Politikern spenden ausgeschiedene Mandatsträger häufiger in gewissem Umfang an ihre Partei. Auffällig ist allerdings, dass Schröders Spenden laut der Datenbank von Lobbypedia in den Jahren 2011, 2012, 2014, 2015 und 2017 die Grenze zur Veröffentlichungspflicht übersteigen, also in dem Zeitraum, in dem die deutsche Abhängigkeit von russischem Gas in ihre kritische Phase eintritt und die niedersächsische SPD vor entscheidenden Landtagswahlen steht. Die höchste Summe spendet Schröder mit 18 400 Euro im Jahr 2012. Auch Schröders Hannoveraner Freund Michael Frenzel zeigt sich in genau diesem Zeitraum besonders großzügig. Seine Spenden liegen in exakt denselben Jahren 2011, 2012, 2014, 2015 und 2017 über der 10 000er-Schwelle. Den Spitzenwert bilden 23 401,92 Euro im Wahljahr 2017. In diesem Jahr spendet auch die Günter Papenburg AG 12 500 Euro an die SPD, obwohl der Bauunternehmer und Schröder-Freund Papenburg nach eigenen Angaben über Jahrzehnte der CDU angehörte. In der exklusiven Loge bei Hannover 96 gibt es mit Heino Wiese noch einen vierten großzügigen Geldgeber für die SPD. Seine Spenden liegen 2009, 2011 und 2015 über der Schwelle zur Veröffentlichungspflichtigkeit. «In der SPD gibt es nicht viele Leute, die das Geld haben, um spenden zu können», sagt Wiese dazu. «Denen wird dann gesagt: ‹Mensch, gib doch mal was ab›.»[16] Der Berater mit dem Schwerpunkt im Russland-Geschäft bestreitet allerdings, dass die Zahlungen mit «irgendeiner Einflussnahme in Sachen Russlandpolitik» zu tun gehabt hätten.

Dass es diesen Anschein zu vermeiden gilt, scheint Wiese bewusst gewesen zu sein. 2016 wird Wiese nämlich zum Honorarkonsul Russlands in Hannover. Den Posten bekommt er nach eigenen Angaben durch die Vermittlung von Günter Papenburg, der in diesem Zeitraum selbst zum kasachischen Honorarkonsul wird. Heino Wiese ahnt augenscheinlich, dass er als diplomatische Stimme Moskaus in Hannover besser nicht als Spender der dortigen SPD in Erscheinung tritt. Denn im Jahr 2017 ist es nicht mehr Heino Wiese, der großzügig spendet, sondern die Wiese Consult GmbH: 14 000 Euro, davon allein 10 000 Euro an den SPD-Landesverband Niedersachsen.

Der Vorgang wird dadurch allerdings nicht weniger problematisch. Denn nach der Annexion der Krim im Jahr 2014 hilft der niedersächsische Ministerpräsident und SPD-Landesvorsitzende Stephan Weil seinem alten Genossen Heino Wiese und dessen Beratungsfirma mit zahlreichen Auftritten dabei, das Russland-Geschäft weiter am Laufen zu halten und wichtige Entscheider aus der Wirtschaft positiv zu stimmen. Am 1. Dezember 2014 findet im Hannoveraner Nobelhotel Luisenhof ein von der Wiese Consult mitveranstalteter Gesprächskreis «Deutsch-Russisches Business in Krisenzeiten» statt, den Ministerpräsident Weil mit einem Grußwort zur «Bedeutung der deutsch-russischen Beziehungen für das Land Niedersachsen» beehrt. Am 13. April organisiert die Wiese Consult dann einen «Abendsalon zu Russland» in Hannover. Weil hält dort eine Rede zu den «Perspektiven der Deutsch-Russischen Beziehungen und den Auswirkungen auf die Wirtschaft beider Staaten». Auch bei der Ernennung von Heino Wiese zum Honorarkonsul am 17. Februar 2016 spricht der Ministerpräsident.

Wladimir Grinin erinnert sich in einem Buch daran, dass Heino Wiese «sehr nützliche Wirtschaftstreffen» in der Russischen Botschaft in Berlin organisiert habe.[17] Der russische Botschafter könnte an das «Niedersächsisch-Russische Wirtschaftsgespräch» gedacht haben, das am 11. Mai 2017 stattfand. Wiese und Grinin diskutieren damals unter den alten Sowjet-Kron-

Alte Vertraute: Der damalige niedersächsische Ministerpräsident Sigmar Gabriel (rechts) und sein Wahlkampf-Manager Heino Wiese am 12. August 2002 in der niedersächsischen Landesvertretung in Berlin

leuchtern der Botschaft mit Ministerpräsident Stephan Weil sowie Rainer Seele. Der frühere Wintershall-Chef Seele führt zu dieser Zeit gerade die österreichische OMV in eine fatale Abhängigkeit von russischem Gas. 2019 findet ein weiteres «Deutsch-Russisches Wirtschaftsgespräch» im Hannoveraner Luisenhof mit Wiese statt, wieder kommt der Ministerpräsident. Wiese lässt es sich auch nicht nehmen, für den russischen Botschafter Grinin am 18. November 2017 eine eigene Feierlichkeit der Hannoveraner Moskau-Connection zu dessen 70. Geburtstag zu organisieren. Gerhard Schröder «hielt eine launige Rede, die mir sehr gefiel», notiert Grinin in seinen Erinnerungen. Auch der damalige Außenminister Sigmar Gabriel nimmt sich Zeit und wirbt in seiner Rede zu Ehren des Botschafters für «einen neuen Anlauf der Entspannungspolitik». Zu dem Termin in der Musikhochschule erscheinen auch Papenburg und der damalige Hannoveraner Regionspräsident Hauke Jagau. Der SPD-Politiker Jagau war 2015 mit einer Delegation unter Führung von Altkanzler Schröder ins chinesische Yingkou gereist, wo Heino Wiese die Geschäftsidee einer «Gesundheitsstadt» für 300 000 Menschen verfolgt – ein 20 Milliarden-Projekt, für das sich Wiese auch auf einer gemeinsamen Reise mit Minister Gabriel nach China einsetzt.

Zu den Gästen des Grinin-Geburtstags zählt sogar Doris Schröder-Köpf, obwohl sie sich zu diesem Zeitpunkt öffentlich mit der Beziehung ihres damaligen Noch-Ehemanns Gerhard Schröder zu seiner neuen Partnerin aus Korea beschäftigt. Schröder-Köpf selbst ist zu diesem Zeitpunkt bereits mit dem niedersächsischen Innenminister Boris Pistorius liiert. Der spätere deutsche Verteidigungsminister gehört zwar nicht zur Speerspitze der Moskau-Fraktion in der niedersächsischen SPD. Das alte Schröder-Wiese-Netz kennt er natürlich trotzdem, denn Pistorius war persönlicher Referent von Schröders Innenminister Glogowski. Nach der Annexion der Krim zählt auch Pistorius zu den Kritikern der EU-Sanktionen. Und im November 2016 tritt Pistorius gemeinsam mit Wiese, Grinin sowie dem russischen Generalkonsul Ivan Chotulew bei einem Termin in Hannover auf, wo ebenfalls ein Ende der Sanktionspolitik gefordert wird. Für einen Lobbyisten wie Wiese ist die häufige Präsenz solch hochrangiger Politiker ein Glücksfall, denn erst sie verleihen den eigenen Auftritten und Veranstaltungen Glanz und Gewicht.

Beratungsfirmen sind daneben darauf erpicht, einen der Plätze für Unternehmensvertreter bei Delegationsreisen zu bekommen, die ranghohe Politiker ins Ausland unternehmen. Heino Wiese hatte es diesbezüglich gut, denn er oder Mitarbeiter seiner Wiese Consult durften nicht nur an Reisen der SPD-geführten Landesregierung nach Russland teilnehmen, sondern auch in die Türkei oder nach Iran mitfahren. Wiese erzählt sogar freimütig, dass er Stephan Weil bei der Organisation solcher Reisen behilflich gewesen sei. Weils Staatskanzlei erklärt, dass es darauf «weder aus der Aktenlage noch aus der Erinnerung» Hinweise gebe. Der niedersächsische Ministerpräsident wird in der Rückschau sehr schmallippig bei seinen Russland-Kontakten. Seine Staatskanzlei schreibt, dass die Gespräche von Weil mit seinem alten Trink- und Singfreund Heino Wiese seit dessen Ernennung zum Honorarkonsul 2016 vertraulich seien. Auskünfte könnten aus Rücksicht auf das «Staatswohl» und «die diplomatischen Interessen des Landes Niedersachsen» nicht erteilt werden. Für die Zeit vor 2016 bestehen «aufgrund des Zeitablaufs» hingegen «keine Erinnerungen an die Inhalte» beim Ministerpräsidenten. Mit Blick auf einen möglichen Austausch zwischen Stephan Weil und Gerhard Schröder über die deutsche Russlandpolitik bedient sich die Landesregierung im Landtag einer Zwei-Körper-Theorie. Als Ministerpräsident habe Weil über dieses Thema mit dem Altkanzler nicht gesprochen – und über die Gespräche, die Weil als SPD-Landesvorsitzender mit Schröder führte, bestehe kein Auskunftsanspruch.

Sehr aufschlussreich sind die Delegationsreisen der SPD-Minister auf der Bundesebene in der Zeit 2013 bis 2017. Bundeswirtschaftsminister Sigmar Gabriel lässt seinen Freund und Wahlkampfmanager Heino Wiese nach China und nach Russland mitfliegen. Madjid Samii begleitet Gabriel auf seinen beiden Reisen nach Iran, und Michael Frenzel fliegt mit Gabriel nach Griechenland. Günter Papenburg bevorzugt offenbar die Nähe von Außenminister Frank-Walter Steinmeier, mit dem er nach Kasachstan, Usbekistan, Kirgistan, Tadschikistan und nach Georgien reist. Mit Ausnahme von Gerhard Schröder, der sich als Altkanzler schwerlich einer Ministerdelegation anschließen kann, und Klaus Meine, der mit seinen Scorpions genug durch die Welt tourt, ist die Hannover-96-Loge damit vollständig vertreten. Die «Frogs» sind bei der SPD weiter an Bord, vorwiegend wenn es in die Autokratien der Welt geht. Der Fleischbaron Clemens Tönnies, zugleich Chef des Gazprom-gesponserten Bundesligisten Schalke 04, begleitet Sigmar Gabriel ebenfalls, nach China und nach Serbien. Und noch ein Name fällt auf: Bei den Reisen von Außenminister Steinmeier in den Libanon und die Vereinigten Arabischen Emirate und von Wirtschaftsminister Gabriel nach Ägypten und Marokko reist Jürgen Hogrefe von der Hogrefe Consult mit, die sich auf ihrer Homepage als «Spezialist für deutsch-arabische Beziehungen» bezeichnet.

Hogrefe gehört zu den vielen Figuren, die der Hannoveraner Politikszene der 1980er Jahre angehörten und sich seither in Schröders Orbit bewegen. Der gebürtige Niedersachse arbeitet zunächst bei einem maoistisch ausgerichteten Verlag, wird Pressesprecher der niedersächsischen Grünen-Fraktion und wechselt danach zum SPIEGEL. Während Schröders Kanzlerschaft veröffentlicht Hogrefe ein wohlwollendes Buch über ihn, an dessen Ende er dem Ehepaar Schröder «für ihr Verständnis, ihr Vertrauen und für die Zeit, die sie für mich hatten», in «ganz besonderer Weise» dankt. Kurz darauf folgt Hogrefe dem Hannoveraner «Frog» Utz Claassen zur EnBW und wird bei dem Energiekonzern als Generalbevollmächtigter installiert. Im Schröder-Netz dürfte man Hogrefe noch für ein zweites Buch dankbar sein, das allerdings viel kritischer als sein Kanzler-Porträt ausfiel: eine «Niedersächsische Skandalchronik» aus dem Jahr 1990, die sich mit den Affären der damaligen CDU-Landesregierung beschäftigt und damals kurz vor der Landtagswahl veröffentlicht wird, durch die Schröder zum Ministerpräsidenten aufsteigt.

Im Fall von Gerhard Schröder finden sich mehrere solch wohlgestimmte publizistische Wegbegleiter. Überhaupt muss man die Frage stellen, wer das gewinnende Image von Schröder als tatkräftigem und charismatisch-raubeinigem Aufsteiger entworfen und popularisiert hat. Der SPIEGEL-Reporter Jürgen Leinemann, ein langjähriger Freund Schröders, wurde schon erwähnt, die hilfreichen Handgriffe von Manfred Bissinger im Hintergrund ebenfalls. Zu nennen ist noch Béla Anda, der sich ebenso wie Hogrefe nach dem Verfassen einer wohlwollenden Schröder-Biografie sein Geld im Schröder-Netz verdient. In der Pandemie startet Anda einen Podcast mit Schröder, in dem der Altkanzler den ukrainischen Botschafter Andrij Melnyk als «Zwerg aus der Ukraine» verspottet. Die Anda Business Communication GmbH startet übrigens auch einen Podcast mit Clemens Tönnies und dessen Sohn, in dem der Fleischbaron über seine «Männerfreundschaft» mit Wladimir Putin berichtet.

Die Zuständigkeit für die historische Einordnung der Kanzlerschaft Schröders obliegt allerdings nicht Journalisten. Diese Aufgabe übernimmt der bekannte Geschichtswissenschaftler Gregor Schöllgen, dem Schröder ab 2011 Zugang zu seinen Papieren gewährt. Vier Jahre später legt Schöllgen, der an der Universität Erlangen-Nürnberg ein «Zentrum für Angewandte Geschichte» aufbaut, eine 1038 Seiten lange Biografie vor. Das dicke Buch von Schöllgen avanciert aufgrund seiner detaillierten Darstellung und Einordnung sofort zum Standardwerk über Schröder. In seiner Beurteilung der Kanzlerschaft Schröders ist Schöllgen allerdings sehr wohlwollend. «Lobhudeleien für 35 Euro», schreibt die TAZ. Der Universitätshistoriker Schöllgen verschweigt die heiklen Punkte in der Karriere Schröders natürlich nicht. Aber er ordnet sie so ein, dass an dem SPD-Politiker kaum etwas hängen bleibt. Die Kritik an Schröders Tätigkeit für Gazprom beispielsweise sei «sicher nicht haltbar», urteilt Schöllgen. Denn die baltischen Staaten und Polen hätten inzwischen ihren Frieden mit Nord Stream gemacht, weiß der Historiker, was «sehr wesentlich das Verdienst Gerhard Schröders» sei. Das Engagement des Altkanzlers bei Gazprom habe sich somit als «goldrichtig» erwiesen. Euphorisch bilanziert Schöllgen: «Keine Frage, der Platz in den Geschichtsbüchern ist diesem Mann sicher.»[18]

Solch starke Werturteile stehen auch einem Historiker frei. Von einem Wissenschaftler erwartet man allerdings, dass bei seinen Einschätzungen finanzielle Erwägungen keine Rolle spielen. An diesem Punkt allerdings gibt es Zweifel. Denn als Schöllgen mit seiner Arbeit an der Schröder-Biografie beginnt, treffen bei dem von ihm geleiteten Zentrum für Angewandte Geschichte Spenden ein. Das Geld stammt von der eng mit Gazprom verbündeten Wintershall, wie die Recherchen für dieses Buch ergeben. Die BASF-Tochter nimmt im Jahr 2011 nämlich zweimal die Dienste von Gerhard Schröder in Anspruch. Das eine Mal tritt Schröder als Redner auf einer Wintershall-Veranstaltung in Oslo auf, das andere Mal in Kassel. Auf Anfrage teilt das Unternehmen mit, das «in solchen Fällen oft übliche Vortragshonorar» in Höhe von 100 000 Euro sei an Schöllgens Institut geflossen. Ein Dreiecksgeschäft, wie man es bei Schröder öfters beobachtet. Der Vorteil solcher scheinbar wohltätigen Spenden liegt darin, dass man Geld fließen lassen kann, ohne dass der eigentliche Leistungserbringer, in diesem Fall Schröder, erkennbar wird.

Schöllgen dementiert die Zahlungen von Wintershall auf Anfrage nicht, antwortet jedoch ausweichend. Er geht nicht auf die Fragen ein, wofür die Gelder genau verwendet wurden und warum er sie in dem Buch an keiner Stelle erwähnt. Stattdessen behauptet er, private Drittmittel hätten auf seine Deutungen keinen Einfluss gehabt.

Es fließt auch noch weiteres Geld aus Schröders Dunstkreis nach Erlangen. Laut einem Bericht von Hans-Martin Tillack in der WELT lässt der fränkische Milliardär Bernd Freier wenige Monate nach dem Erscheinen von Schöllgens Biografie Geld an die dortige Friedrich-Alexander-Universität überweisen.[19] Diese Zahlungen werden auf Anfrage weder von der Universität noch von Schöllgen dementiert. Allerdings wollen beide Seiten keine Auskunft zur Herkunft, zum Zweck und zur Höhe geben. Bernd Freier, der Gründer des Textilunternehmens S. Oliver, kennt nicht nur Schröder seit etlichen Jahren, sondern beschäftigte wie erwähnt dessen Vertrauten Heino Wiese ab 2003 als Exportdirektor, der sich dort besonders um Russland, China und die Türkei kümmert. 2005 stellt sich Freier hinter eine Kampagne zur Wiederwahl Schröders, die von Heino Wiese organisiert wird.

Freier gehört auch zu den großzügigen Spendern der SPD. Allein im Wahljahr 2009 spenden er und sein Sohn Christian 88 000 Euro an die SPD. 2011 und 2017 folgen weitere veröffentlichungspflichtige Spenden von Freier selbst sowie von seinem Unternehmen S. Oliver. Der SPD-Bundesvorsitzende von 2009 bis 2017 war Sigmar Gabriel. Als Bundeswirtschaftsminister besuchte Gabriel im Jahr 2015 die Firmenzentrale von S. Oliver nahe Würzburg. Die Recherche Tillacks ergibt, dass dabei als zentrales Gesprächsthema das Russland-Geschäft vorgesehen war.

Eine besondere Form, deutsche Politiker und Wirtschaftsvertreter zu vereinnahmen, sind Ehrungen. Als besonders anfällig für Auszeichnungen durch den Putin-Staat und seine Institutionen erweisen sich Politiker der SPD. Bundeskanzler Schröder bekommt 2003 die Ehrendoktorwürde der Universität St. Petersburg verliehen, und zwar von der juristischen Fakultät, an der Putin einst studierte. Der offizielle Grund sind seine Bemühungen um die internationale Entspannungspolitik. Seltsamer mutet an, dass Schröder im Mai 2008, nun Aufsichtsratschef bei Nord Stream, in die Russische Akademie der Wissenschaften aufgenommen wird, und zwar als korrespondierendes Mitglied der Abteilung für Gesellschaftswissenschaften. Welche wissenschaftlichen Leistungen er dafür genau erbracht hat, ist schwer zu erahnen, jedenfalls zählen offiziell seine «Arbeiten zur Sozialdemokratie» dazu. Solche akademischen Titel schmücken einen Politiker, ebenso wie Ehrendoktorwürden polieren sie das Image auf. So erhält Außenminister Steinmeier im Dezember 2010 die Ehrendoktorwürde der Boris-Jelzin-Universität in Jekaterinburg. Zwei Jahre zuvor hatte er dort einen Vortrag über die Modernisierungspartnerschaft Deutschlands mit Russland gehalten.

Besonders skurril erscheint die Ehrendoktorwürde des Schröder-Vertrauten Heino Wiese, dem im Mai 2016 nach einem Vortrag an der Akademischen Universität St. Petersburg «überraschend» ehrenhalber die Titel Professor und Doktor verliehen werden. Mit dem Orden der Freundschaft, der höchsten staatlichen Auszeichnung Russlands, die an Ausländer vergeben wird, werden 2017 die SPD-Politiker Matthias Platzeck und Erwin Sellering ausgezeichnet, die seit Jahren enge Beziehungen mit der russischen Regierung pflegen. Angela Merkel hingegen erhielt während ihrer politischen Laufbahn 20 Ehrendoktorwürden aus aller Welt und fast ebenso viele staatliche Auszeichnungen – es ist allerdings kein einziger russischer Ehrendoktor und auch sonst keine russische Auszeichnung darunter.

Russland-Streit in der SPD und der Fall Nawalny

Nach zwei gescheiterten Anläufen möchte die SPD bei der Bundestagswahl 2017 wieder ins Kanzleramt zurückkehren. Aber in welcher personellen Aufstellung? Als Parteivorsitzender der SPD hat Sigmar Gabriel das Zugriffsrecht auf die Kanzlerkandidatur und spielt lange ernsthaft mit dieser Option. Der SPD-Chef macht sich auch Gedanken, wie der Wahlkampf finanziert werden soll. Heino Wiese bekommt im Herbst 2015 den inoffiziellen Auftrag, als Eintreiber von Geldern für die Wahlkampfkasse tätig zu werden, wie die Journalisten Balser und Ritzer schreiben.

Gabriel habe dazu mit Wiese auch selbst Kontakt gehabt.[20] Diese Darlegung wird von informierter Stelle bestätigt.

Angesichts seiner dürftigen Umfragewerte, vielleicht auch wegen Selbstzweifeln verzichtet Vizekanzler Gabriel auf die Kanzlerkandidatur und schlägt Anfang 2017 in einem Interview überraschend den EU-Parlamentspräsidenten Martin Schulz als SPD-Spitzenkandidaten für die Bundestagswahl vor. Gabriel bringt damit für einige Wochen den «Schulz-Zug» ins Rollen. Denn Schulz gilt im deutschen Politikbetrieb zunächst als unverbraucht und geerdet, zudem hatten ihn einige Feuilletonisten zuvor zu einem Vordenker Europas stilisiert. Weniger im Fokus stehen seine Drähte nach Russland. 2009 hatte Schulz die Ehrendoktorwürde der Universität Kaliningrad erhalten. Die Laudatio hält Gerhard Schröder. Der Altkanzler lobt seinen Parteifreund aus Brüssel besonders dafür, dass er «um die Bedeutung der europäisch-russischen Wirtschafts- und Energiebeziehungen» wisse und sich «mit ganzer Kraft für die wichtigen europäisch-russischen Infrastrukturprojekte» einsetze.

Und auch der Wahlkampf von Martin Schulz 2017 dürfte im Kreml auf Gefallen gestoßen sein. Denn ein fester Bestandteil der SPD-Kampagne wird eine klare Absage an das Zwei-Prozent-Ziel der Nato. Deutschland hatte sich zwar beim Nato-Gipfel 2014 in Wales angesichts der russischen Aggression nochmals zu dem Ziel bekannt, künftig 2 Prozent seines Bruttoinlandsprodukts für Verteidigung auszugeben. Doch Anfang 2017 beginnt im heraufziehenden Wahlkampf zunächst Sigmar Gabriel, sich von diesem Ziel zu distanzieren. «Auch mir ist klar, dass wir eine Verpflichtung eingegangen sind», sagt der SPD-Chef im Februar 2017. Aber man müsse «ein bisschen aufpassen, dass man es nicht überinterpretiert». Im März gilt die Verpflichtung für Gabriel nurmehr als «eine Richtschnur». Und Kanzlerkandidat Schulz geht noch weiter: Im Sommer 2017 lässt er in das SPD-

Wahlprogramm schreiben, das Zwei-Prozent-Ziel von 2014 sei «falsch und unsinnig» und überdies «in Deutschland nicht parlamentarisch legitimiert».

Die Absage an das vereinbarte Ziel bietet für den SPD-Wahlkampf mehrere Vorteile: Schulz kann sich in der Tradition von Entspannungspolitik und Friedensbewegung präsentieren und vor einer neuen «Aufrüstungsspirale» warnen. In diese Strategie fügt sich auch die 2017 energisch fortgesetzte Blockade der Anschaffung von Kampfdrohnen durch die SPD. «Abrüsten statt Wettrüsten», lautet die Parole von Schulz. Das eingesparte Geld aus dem Verteidigungshaushalt kann für weitere Sozialausgaben verplant werden. Und wenn CDU und CSU auf die Einhaltung des Zwei-Prozent-Ziels pochen, kann man ihnen vorwerfen, dass sie am Gängelband des neuen US-Präsidenten Donald Trump laufen. Völlig außer Acht lässt Schulz dabei, dass Europa gerade wegen der Unzuverlässigkeit Trumps gut beraten wäre, die eigene Verteidigungsfähigkeit zu stärken.

Mitten in den Wahlkampf von Schulz platzt allerdings die Nachricht, dass Gerhard Schröder für den Aufsichtsrat des staatlichen russischen Ölkonzerns Rosneft nominiert worden ist. Der neue Posten ist außerordentlich lukrativ, denn russische Konzerne vergüten ihre Aufsichtsräte deutlich besser als deutsche. Die Vergütung bei Rosneft soll bei rund 600 000 Euro pro Jahr liegen. Als Vorsitzender des Aktionärsausschusses bei Nord Stream soll er 250 000 Euro jährlich erhalten haben. Hinzu kommen die umfangreichen staatlichen Leistungen für den Bundeskanzler a. D. und die Einnahmen aus seinen weiteren Tätigkeiten, deren Gesamthöhe sich schwerlich beziffern lässt. Übereinstimmend heißt es jedoch, dass sich Schröders Einkünfte spätestens mit Rosneft jährlich im siebenstelligen Bereich bewegen. «Das ist mein Leben und nicht das der deutschen Presse», verteidigt sich Schröder Ende August 2017 bei einem

Wahlkampfauftritt in Hannover. Denn der Altkanzler wird von der niedersächsischen SPD weiter eingespannt. Auf Einladung von Yasmin Fahimi, damals Staatssekretärin im Sozialministerium, ist Schröder in den Gartensaal des Hannoveraner Rathauses gekommen. Fahimi tritt hier im Wahlkreis Stadt Hannover II gegen die damalige Verteidigungsministerin Ursula von der Leyen von der CDU an. Bei Schröders Auftritt werden die russlandpolitischen Implikationen und der untergründige Antiamerikanismus dieser SPD-Wahlkampagne deutlich. Aus seinem schwarzen Ledersessel heraus wettert der Altkanzler ausführlich gegen die drohende «neue Aufrüstungsspirale». Wer glaube denn eigentlich, dass jemand in Europa aggressiv werde, fragt er. «Ich hoffe, die SPD ist mutig genug zu sagen: Von wem werden wir eigentlich bedroht?» Schröder behauptet, dass das Zwei-Prozent-Ziel «niemals beschlossen» worden sei. Fahimi im Sessel nebenan pflichtet Schröder bei und nennt das Zwei-Prozent-Ziel «totalen Wahnsinn». Der Streit, ob das Steuergeld in ihr eigenes Sozialressort oder in den Verteidigungsressort ihrer Gegnerin im Wahlkreis fließe, sei der «eigentliche Konflikt in Deutschland», sagt Fahimi. «Dann mach ihn doch auch zum Konflikt», rät Schröder. Zum Publikum im Rathaus gehört Michael Vassiliadis, der nicht nur Fahimis Lebensgefährte ist, sondern auch Chef der IG BCE. Der Chemie-Gewerkschafter, der in den Aufsichtsräten von BASF, RAG und Steag sitzt, gehört zu den einflussreichen Fürsprechern von Nord Stream 2.

Doch der erhoffte Siegeszug mit Schulz endet für die SPD im Fiasko. Immer mehr wird klar, dass dem SPD-Kandidaten, zwischenzeitlich mit 100 Prozent zum Parteivorsitzenden gewählt, Profil und Orientierung fehlen. Am Ende landet die SPD bei einem neuen historischen Tiefpunkt: Nur 20,5 Prozent wählen die Partei. Der Weg in die Opposition scheint vorgezeichnet. Doch als FDP-Chef Christian Lindner nach vier Wochen Sondierungen das geplante Dreierbündnis aus Union, Grünen und FDP im November platzen lässt, steht Deutschland ohne Regierungsperspektive dar. Das ist die Stunde von Frank-Walter Steinmeier. Der Bundespräsident drängt die SPD-Spitze dazu, abermals eine große Koalition mit der Union unter Kanzlerin Merkel einzugehen. Schulz, der zunächst gesagt hatte, er werde einer Regierung Merkel keinesfalls angehören, will sich in das Amt des Außenministers retten, er gerät darüber in Streit mit Gabriel, der seinen Posten behalten will. Gabriel greift in einem Zeitungsinterview zu einem peinlichen Mittel gegen Schulz, er bringt seine kleine Tochter Marie in Stellung gegen den Konkurrenten. Die habe ihm gesagt: «Du musst nicht traurig sein, Papa. Jetzt hast du doch mehr Zeit mit uns. Das ist doch besser als mit dem Mann mit den Haaren im Gesicht.» Schließlich legt Schulz aufgrund des öffentlichen Drucks alle Ämter nieder. Doch Gabriel kämpft weiter um seinen Posten. Er zieht alle Register, damit er im Rampenlicht steht. Er macht sich für die Freilassung des in der Türkei inhaftierten Journalisten Deniz Yücel stark, reist mehrfach in die Türkei, trifft zweimal Staatspräsident Erdoğan. Und stellt, als Yücel freigelassen wird, das als seinen persönlichen Erfolg dar. Im Hintergrund war aber auch Gabriels Unterstützer Gerhard Schröder aktiv, der Erdoğan ebenfalls zweimal traf. «Schröder ist ein guter Freund der Türkei. Und wann immer es Turbulenzen in der Beziehung gibt, interveniert er gewissermaßen», sagt der türkische Außenminister Mevlüt Çavuşoğlu.

Auf der Münchner Sicherheitskonferenz im Februar 2018, die mit der Freilassung Yücels zusammenfällt, wiederholt Gabriel seine Forderung nach einem Abbau der Sanktionen gegenüber Russland, auch wenn das Minsker Abkommen nicht erfüllt sei. Der Vorsitzende des Ost-Ausschusses Wolfgang Büchele bedankt sich zugleich und sagt: «Hoffentlich werden Sie, lieber Herr Gabriel, auch persönlich wieder Akzente setzen können.»

Mit öffentlicher Unterstützung will Gabriel so viel Druck erzeugen, dass der kommissarische Vorsitzende Olaf Scholz und die designierte Parteivorsitzende der SPD Andrea Nahles an ihm nicht vorbeikommen. Doch Scholz und Nahles sehen in dem unbeherrschten Mann aus Goslar eine Gefahr für eine funktionierende Regierung wie für eine stabile Parteiarchitektur. Die Nähe zu Putin ist nicht der Grund für Gabriels Ablösung. Aber bei der Auswahl seiner Nachfolgerin oder seines Nachfolgers spielt Russland durchaus eine Rolle. Nahles und Scholz wollen niemanden, der zur Schröder-Steinmeier-Gabriel-Connection gehört. Bei dem Saarländer Heiko Maas, der besonders von Nahles unterstützt wird, ist das der Fall – er bekommt den Zuschlag. Nahles, Scholz und Maas einigen sich zu Beginn der neuerlichen Großen Koalition auf eine Akzentverschiebung in der Russlandpolitik. Schon in seiner Antrittsrede im Weltsaal des Auswärtigen Amtes und in einem Interview macht der neue Außenminister klar: «Russland agiert zunehmend feindlich.» Nach der versuchten Vergiftung des russischen Ex-Agenten Sergei Skripal in Großbritannien lässt er vier russische Diplomaten ausweisen. Konnte Steinmeier mit seinem Pendant Lawrow trotz Differenzen auch mal ein Bier trinken und eine Zigarette rauchen, so hält Maas nichts von solchen Männerbräuchen.

Die unmittelbare Schröder-Umgebung sieht diese Entwicklung mit größter Sorge. Für das Geschäftsmodell von Heino Wiese wäre eine Abkehr der SPD von ihrer bisherigen Russlandpolitik ein schwerer Schlag, nach dem Ausscheiden Gabriels aus der Spitzenpolitik ist es der zweite binnen kurzer Zeit. Wiese mag Heiko Maas und seinen Staatsminister Michael Roth beide überhaupt nicht leiden. Der russische Honorarkonsul gibt beim Schröder-nahen Institut Forsa eine Umfrage in Auftrag. Das Ziel besteht darin, dem negativen Russland-Bild in den meisten Leitmedien Volkes Stimme entgegenzusetzen. Rund 2000 Bürger werden befragt. Die Ergebnisse dürften Heino Wiese gefallen haben: Für 79 Prozent der Deutschen geht die größte Gefahr für den Weltfrieden vom damaligen amerikanischen Präsidenten Trump aus, lediglich 13 Prozent nennen Putin. 83 Prozent der Deutschen haben persönlich keine Angst vor Russland, nur 13 Prozent wollen schärfere Sanktionen. 57 Prozent der Deutschen halten Moskau für einen verlässlichen Energielieferanten, unter den SPD-Wählern sind es 64 Prozent, unter den Mitgliedern sogar 78. Die Zahlen sollen ein Wink an Olaf Scholz und Andrea Nahles sein, damit sie verstehen, dass sie sich mit ihrem russlandkritischeren Kurs gegen ihre Partei stellen.

Maas lässt sich davon nicht beeindrucken. Bei seinem Antrittsbesuch in Moskau im Mai spricht er einen Russland zugeschriebenen Hackerangriff auf das Auswärtige Amt an, der «alles andere als gastfreundschaftlich» gewesen sei. Im Fall des Anschlags auf den Ex-Agenten Skripal sei Moskau nicht bereit zur konstruktiven Aufarbeitung gewesen. Die kühle Art, mit der Maas die Sünden Moskaus zur Sprache bringt, sind die Russen von einem deutschen Außenminister, noch dazu einem von der SPD, nicht gewohnt. Dabei spricht Maas nur das aus, was Sache ist – und was ihm Russland-Kenner in seinem Amt sagen. Maas vollzieht allerdings keine 180-Grad-Wende in der deutschen Russlandpolitik, er nimmt nur eine Kurskorrektur vor. Der kumpelhafte Umgang mit Putin oder Außenminister Lawrow soll aufhören, Menschenrechtsverletzungen sollen offensiver angesprochen, die Konflikte und Differenzen mit Moskau klarer benannt werden. Von einer internationalen Isolation des Putin-Regimes, entschiedeneren Sanktionen gegen Moskau und einer Aufrüstung der Bundeswehr ist nicht die Rede.

Doch für manche führenden Sozialdemokraten ist der realistischere und nüchterne Umgang mit Moskau schon zu viel des Guten. Sie fragen sich, «ob Heiko noch einer von uns» sei, so wird es in der SPD erzählt. Druck hätten vor allem die «üblichen Verdächtigen» gemacht, erzählt ein Sozialdemokrat: Weil, Schwesig, Woidke. Ende April machen sie ihrem Missmut im Vorstand Luft, Weil spricht von «Irritationen», Maas ist da nicht dabei. Ende Mai wird der Außenminister in den SPD-Vorstand vorgeladen, um sich für seine Haltung zu rechtfertigen. Die drei Ministerpräsidenten aus Niedersachsen, Mecklenburg-Vorpommern und Brandenburg sind die Wortführer. Ein Anwesender hat die Sitzung als «Tribunal» in Erinnerung. Man wirft Maas vor, die Grundprinzipien der Ostpolitik von Willy Brandt zu verraten, was einer Ketzerei gleichkommt, da diese Politik ja zu Frieden und Freiheit geführt habe. Maas und sein Staatssekretär Michael Roth verteidigen sich. Der Blick auf Willy Brandt sei einseitig, er habe in den Zeiten seiner Ostpolitik immer auf eine glaubhafte Abschreckung gesetzt. Maas macht zudem klar, dass man auf vielen Feldern weiter im Dialog mit Moskau sei. Nahles und Scholz springen Maas bei, die SPD-Vorsitzende sagt, dass Maas die Entscheidung, die Diplomaten auszuweisen, mit ihr und Scholz abgestimmt habe. Man einigt sich schließlich auf die Formel, dass man «mit Russland nicht weniger, sondern mehr Dialog» brauche.[21] Maas wahrt das Gesicht, aber die Partei hat ihm Grenzen aufgezeigt.

Letztlich ist die SPD in ihrer Haltung zu Moskau gespalten: Ein Teil bleibt der Schröder-Linie treu, ein anderer setzt sich von ihr ab – etwa der Außenpolitiker Nils Schmid oder der Verteidigungspolitiker Fritz Felgentreu, der selbst Russisch spricht. Eine auf persönlichen Beziehungen basierende Russlandpolitik, wie sie von Schröder, Steinmeier und Gabriel vertreten wurde, soll der Vergangenheit angehören, finden sie. «Die alte Russlandpolitik der SPD war stark vom Ansatz geprägt: Führende Politiker setzen sich abends für einige Stunden mit Putin zusammen, danach wird sich schon etwas in die gewünschte Richtung bewegen. Das hat sich aber als Fehleinschätzung erwiesen», sagt etwa Nils Schmid.

Auch Bundeskanzlerin Merkel vollzieht im Frühjahr 2018 einen leichten Schwenk in ihrer Haltung zu Russland. Nach einem Gespräch mit dem ukrainischen Präsidenten Petro Poroschenko im April macht sie nach eigenen Angaben in einem Telefongespräch mit Putin klar, «dass ein Projekt Nord Stream 2 – ohne dass wir Klarheit haben, wie es mit der ukrainischen Transitrolle weitergeht – aus unserer Sicht nicht möglich ist». Merkel hatte schon früher gefordert, dass der Ukraine ein Gastransit aus Russland erhalten bleiben müsse, wenn Nord Stream 2 in Betrieb geht. Das eigentlich Überraschende ist ein anderer Satz. Bisher hatte die Kanzlerin jegliche Forderung nach einem Stopp von Nord Stream 2 mit der Begründung abgelehnt, dass es sich um ein reines Wirtschaftsprojekt handele. Nun sagt sie, dass «natürlich auch politische Faktoren zu berücksichtigen sind». Merkels Schwenk hat auch mit der neuen Koalition zu tun, der Gabriel und Steinmeier nicht mehr angehören. Das Wirtschaftsministerium führt nun der Merkel-Vertraute Peter Altmaier von der CDU. Und im Außenamt sitzt der Sozialdemokrat Heiko Maas, der sich nicht anschickt, die Russlandpolitik der «Schröderianer» Gabriel und Steinmeier fortzusetzen. Zugleich versucht die EU, das Projekt über eine geänderte Gasrichtlinie zu Fall zu bringen. Durch sie sollen die bestehenden Binnenmarktregeln auf Gasleitungen angewendet werden, die Drittstaaten mit der EU verbinden. Nach den Regeln darf ein Gaslieferant nicht zugleich die Pipeline betreiben. Auch muss der Betreiber anderen Konzernen Zugang zu der Leitung gewähren. Gazprom lehnt das ab. Neben dem Europäischen Parlament müssen die Mitgliedstaaten der EU der Neuregelung zustimmen. Die Bundesregierung stellt sich dagegen. Letztlich kann sich Merkel doch nicht dazu durchringen, gegen das Projekt Stellung zu beziehen. Die Bundesregierung setzt sich lediglich erfolgreich dafür ein, dass Moskau der Ukraine weiter Transitgaslieferungen verspricht.

Die Zweifel, ob Nord Stream 2 politisch noch durchzusetzen ist, wachsen dennoch, da Moskau sich zunehmend aggressiv gebärdet. Eine große Rolle spielt dabei ein innenpolitischer Fall, der aber schnell eine internationale, vor allem eine deutsche Dimension bekommt. Fast zweieinhalb Jahre nach dem Giftanschlag auf den Ex-Agenten Sergei Skripal in Großbritannien wird im August 2020 in Sibirien ein Mordanschlag verübt. Ziel ist der führende russische Oppositionspolitiker Alexei Nawalny. Nach der weitgehenden Ausschaltung der Oppositionsparteien in Russland durch Putin hat sich der 1976 geborene Anwalt in ganz Russland mit ungewöhnlichen Aktionen einen Namen gemacht. Mit investigativen Dokumentarfilmen, die er über das Internet verbreitet, hat er die Korruption führender russischer Politiker aufgedeckt; der bekannteste Film, der sich um die Reichtümer des ehemaligen Präsidenten Dmitri Medwedjew dreht, wird 36 Millionen Mal auf YouTube geklickt. Nachdem er selbst im Herbst 2013 bei einer Oberbürgermeister-Wahl in Moskau 27 Prozent erreicht und eine Stichwahl nur knapp verpasst hat, verwehrt ihm Putin jede weitere Wahlbeteiligung. Nawalny baut aber während seiner Bewerbung für die Präsidentenwahl 2018 ein Netz von Regionalstäben in ganz Russland auf und erfindet die Strategie des «schlauen Wählens», mit der er seine Anhänger dazu aufruft, immer für jene Kandidaten zu stimmen, die der Kreml-Partei «Einiges Russland» am gefährlichsten werden könnten.

Auf allen seinen Reisen durch Russland wird Nawalny seit Jahren von Leuten des Geheimdienstes FSB beschattet. Das ist auch so bei der Sibirien-Reise im August 2020, auf der sich Nawalny mit Anhängern wegen der bevorstehenden Regionalwahl trifft. Zur gleichen Zeit protestieren in Belarus Hunderttausende gegen die Wahlfälschung des Diktators Alexander Lukaschenko, weswegen im Kreml Anspannung herrscht. Auf dem Heimflug vom sibirischen Tomsk nach Moskau bricht Nawalny unter großen Schmerzen zusammen und wird bewusstlos; nach der Notlandung des Flugzeugs in Omsk wird er in einem städtischen Krankenhaus behandelt. Die Ärzte stellen eine Vergiftung fest und verabreichen das Gegenmittel Atropin. Später erklären sie offenbar unter Druck von oben, eine Vergiftung sei «definitiv» auszuschließen, und behaupten zugleich, der Patient sei nicht transportfähig. Nawalnys Ehefrau Julia aber setzt sich dafür ein, ihren Mann zur Behandlung ins Ausland zu verlegen, das tut auch Bundeskanzlerin Merkel. Über den finnischen Präsidenten Sauli Niinistö, der ein lange geplantes Telefonat mit Putin führt, lässt sie anfragen, ob der Oppositionspolitiker nach Deutschland gebracht werden kann. Putin stimmt zu, wie er später selbst bestätigt. Einen Märtyrer auf eigenem Boden will er offenbar nicht haben.

Nawalny wird am 22. August nach Berlin geflogen und sofort in die Charité verlegt. Die Ärzte der Berliner Klinik stellen eine Vergiftung fest. Der Fall des russischen Oppositionellen ist nun zu einem deutschen Politikum geworden. Labore in Schweden und Frankreich kommen unabhängig voneinander im September zu dem Befund, dass der Politiker mit einer neuartigen Variante des militärischen Nervengifts Nowitschok vergiftet worden ist, mit dem schon der russische Ex-Agent Skripal von Agenten des Geheimdienstes GRU beinahe getötet worden war. Die deutschen Sicherheitsbehörden gehen davon aus, dass Nawalny nur von einem russischen Geheimdienst das Gift verabreicht bekommen konnte und noch an Bord des Flugzeugs sterben sollte. Merkel lässt sich täglich über den Gesundheitszustand des russischen Patienten unterrichten und besucht ihn in seinem Krankenzimmer in der Charité. Putin nimmt ihr den Einsatz für seinen Erzfeind Nawalny persönlich übel.

Die Aufregung über den Mordversuch ist im politischen Berlin so groß, dass Außenminister Heiko Maas sogar das Ende des Baus von Nord Stream 2 ins Spiel bringt. «Ich hoffe nicht, dass die Russen uns zwingen, unsere Haltung zu Nord Stream 2 zu ändern», sagt er. Auch die neue CDU-Vorsitzende Annegret Kramp-Karrenbauer zeigt sich offen, die Ostsee-Pipeline in mögliche Sanktionen einzubeziehen. Nord Stream 2 sei für sie «kein Herzensprojekt». Nawalny selbst sagt in ersten Interviews nach seiner über einen Monat währenden Behandlung, dass Putin hinter der Tat stehe. Er fordert, Sanktionen gegen führende Personen aus Putins Umfeld zu verhängen und den Bau von Nord Stream 2 einzustellen. Über Gerhard Schröder sagt Nawalny, der Altkanzler sei ein «Laufbursche Putins, der Mörder beschützt». Zwar könne er es nicht schwarz auf weiß beweisen, doch habe er keinen Zweifel daran, dass Schröder «verdeckte Zahlungen bekommt». Schröder hingegen äußert in einem Podcast die Meinung, es gebe keine gesicherten Fakten zur Vergiftung des russischen Oppositionellen, «jedenfalls nicht über die Tatsache, wer verantwortlich ist für diesen Anschlag auf Herrn Nawalny». Gegen die Aussagen Nawalnys ihn betreffend will der Altkanzler gerichtlich vorgehen.

Schröder ist nicht der einzige SPD-Politiker, der die Vergiftung des russischen Oppositionellen herunterspielen will. Stephan Weil äußert nach dem Anschlag auf Nawalny, er sei «ganz und gar nicht» der Meinung, dass nun schärfere Maßnahmen gegen den Kreml erforderlich seien. Am 7. September 2020 veröffentlicht der niedersächsische SPD-Landesvorsitzende einen Text mit der Überschrift «Sanktionen sind Sackgassen», den er nach eigenen Angaben eigenhändig und ohne Zuarbeit erstellt hat. Dort heißt es, dass hinter den Forderungen nach einem

Stopp von Nord Stream 2 «amerikanische Interessen an dem Verkauf von amerikanischem Gas» stünden, denen Deutschland nicht folgen sollte. Zur Begründung erinnert Weil an Egon Bahr, «der die Entspannungs- und Friedenspolitik geprägt hat», und zitiert ein Diktum Bahrs aus einem Gespräch mit Schülern im Jahr 2013: «In der internationalen Politik geht es nie um Demokratie und Menschenrechte. Es geht um die Interessen von Staaten. Merken Sie sich das, egal, was man Ihnen im Geschichtsunterricht erzählt.» Das ist ein erstaunliches Zitat für einen Sozialdemokraten, dessen Genossinnen und Genossen auf ihrem Bundesparteitag im Jahr zuvor noch stolz gesungen haben: «Die Internationale erkämpft das Menschenrecht».

Noch verstörender ist, was Heino Wiese im September 2020 über den Anschlag auf den führenden russischen Oppositionellen erzählt. «Es gibt keinen Beweis für irgendwas», erklärt Wiese am Telefon. «Man muss sich fragen: Wem nützt das? Drei Monate vor der Fertigstellung von Nord Stream 2 nützt es Russland offensichtlich nichts.» Nawalny sei zudem ein strammer Nationalist, warnt Wiese. «Der steht rechts von der AfD.» Zwar hat sich Nawalny in den 2000er Jahren nationalistisch geäußert und nahm an oppositionellen Demonstrationen teil, bei denen Nationalisten mitliefen. Doch hat er diesen Kurs später nicht weiterverfolgt.

Mitte Dezember 2020 überführt Nawalny die Täter vom FSB dann selbst. Er ruft von Deutschland aus mit einer manipulierten Nummer den FSB-Agenten Konstantin Kudrjawzew an und gibt sich als persönlicher Mitarbeiter von Nikolai Patruschew aus, des Putin-Vertrauten und Sekretärs des russischen Sicherheitsrates. Der FSB-Agent erzählt, dass er die Kleidung Nawalnys nach dem Anschlag einsammeln und von den Spuren des Gifts reinigen musste. Unter anderem habe er Rückstände des Gifts von Nawalnys blauer Unterhose entfernt. Dass Nawalny überlebt habe, sei auf die Notlandung und die schnelle Behandlung in Omsk zurückzuführen – ein Vorgang, der nicht geplant war. Drei Tage später sagt Putin auf seiner Jahrespressekonferenz im Kreml über den Oppositionellen, er sehe keinen Grund für eine Vergiftung. «Wer ist er schon? Wenn man das gewollt hätte, dann hätte man das auch zu Ende geführt.»

Als Nawalny am 17. Januar 2021 aus Deutschland nach Russland zurückkehrt, wird er unmittelbar am Moskauer Flughafen Scheremetjewo festgenommen und in einem Schnellverfahren für zunächst 30 Tage festgesetzt. Einige Tage später kommt es zu Demonstrationen seiner Anhänger in Moskau und anderen Städten; deutsche, schwedische und polnische Diplomaten sind dabei. Sie werden – entgegen allen diplomatischen Regeln – des Landes verwiesen. Obwohl Putin weiter auf Konfrontationskurs ist, hält die Bundesregierung weiter daran fest, dass Nord Stream 2 gebaut werden müsse.

Und so sieht es auch der Bundespräsident. Frank-Walter Steinmeier, der dieses Amt seit 2017 bekleidet, kritisiert in einem Interview Anfang Februar 2021 die Verhaftung Nawalnys in Russland scharf. An Nord Stream 2 aber hält er weiter fest. «Nach der nachhaltigen Verschlechterung der Beziehungen in den vergangenen Jahren sind die Energiebeziehungen fast die letzte Brücke zwischen Russland und Europa», sagt Steinmeier, offenbar noch seiner alten Rolle als Außenminister verhaftet. Problematisch ist Steinmeiers Haltung auch, weil er den Bau der Pipeline mit den Millionen Toten des Zweiten Weltkriegs in Verbindung bringt, die Deutschland in der Sowjetunion auf dem Gewissen hat. Steinmeier erinnert an den deutschen Überfall auf die Sowjetunion, der sich bald zum 80. Mal jähre. «Mehr als 20 Millionen Menschen der damaligen Sowjetunion sind dem Krieg zum Opfer gefallen. Das rechtfertigt kein Fehlverhalten in der russischen Politik heute, aber das größere Bild dürfen wir nicht aus dem Blick verlieren», sagt Steinmeier. Dass von diesen Opfern rund acht Millionen Ukrainer waren, kommt beim Bundespräsidenten nicht vor, und auch nicht, dass deren Nachfahren seit Jahren von Russland mit einem Krieg überzogen werden.

Die alten Fronten in dem Streit bleiben also bestehen. Nicht zuletzt setzt sich der Ost-Ausschuss der deutschen Wirtschaft immer noch vehement für die weitere Pipeline ein. Dafür geht er eine ungewöhnliche Allianz ein. Sein Geschäftsführer Michael Harms tritt am 16. Juni 2020 mit dem Linken-Politiker Klaus Ernst im Fraktionssaal der Linken im Bundestag auf. Anlass dafür ist der gemeinsame Einsatz für Nord Stream 2. Amerikanische Senatoren haben einen Gesetzentwurf auf den Weg gebracht, nach dem Unternehmen und Personen, die am Verlegen der Leitung beteiligt sind, mit Sanktionen belegt werden sollen. Die Erdgas-Pipeline diene der Versorgungssicherheit, der Wettbewerbsfähigkeit Deutschlands und der EU sowie dem Klimaschutz, sagt Harms. Dass durch sie die Abhängigkeit von russischer Energie steige oder Deutschland sich gar erpressbar mache, das alles seien «Fake News». Ernst schlägt Strafzölle auf amerikanisches Gas vor und direkte Maßnahmen gegen amerikanische Politiker, welche die Sanktionspolitik unterstützten. Der Forderung nach Gegensanktionen schließt sich Harms zwar nicht an, ansonsten aber habe der Ost-Ausschuss mit der Linksfraktion in dieser Frage «80 bis 90 Prozent Übereinstimmung». Ernst lächelt, seine Operation scheint gelungen.

Parallel dazu werden allerdings die fast 50 Jahre alten Pläne für ein LNG-Terminal in Wilhelmshaven wieder hervorgekramt. Diese waren bis dahin beim Eon-Nachfolger Uniper in der Schublade vergilbt, weil das Projekt in Deutschland unter Verweis auf fehlende Rentabilität abgelehnt wurde und strategische Erwägungen keine Rolle spielten. Andere europäische Länder hatten hingegen langst solche Terminals errichtet. Die baltischen Staaten wurden dadurch nicht nur unabhängiger von Russland, sie konnten mit ihrem Terminal in der Hinterhand auch erfolgreicher mit Gazprom über den Preis verhandeln.

Nun aber versucht die Bundesregierung, die US-Administration mit dem Angebot zu ködern, den Bau eines LNG-Terminals mit einer Milliarde Euro öffentlichen Mitteln zu fördern. Im Gegenzug soll Washington die Fertigstellung der Pipeline Nord Stream 2 zulassen. Finanzminister Olaf Scholz schickt die Offerte seinem amerikanischen Gegenüber Steven Mnuchin schriftlich, aber informell zu.[22] Ein Beteiligter berichtet von einer ranghohen Telefonkonferenz in einem abhörsicheren Raum. Teilnehmer: US-Finanzminister Mnuchin, US-Außenminister Mike Pompeo und die beiden eher russlandkritischen Sozialdemokraten Olaf Scholz und Heiko Maas. Auch Wirtschaftsminister Peter Altmaier ist eingebunden. Doch das Vorhaben scheitert. Über das Warum gibt es unterschiedliche Angaben. Die CDU-Seite verweist darauf, dass die Wirtschaft weiterhin kein Interesse gezeigt habe. Von der SPD-Seite heißt es hingegen, Altmaiers Leute hätten das Projekt durchgestochen und so verhindert. Die öffentliche Debatte fokussiert sich jedenfalls sofort auf Donald Trump und sein Interesse, Deutschland sein teures Fracking-Gas aufs Auge zu drücken. Auch Beteiligte aus Wilhelmshaven erzählen, die verbreitete Ablehnung von Fracking-Gas aus Amerika sei ein entscheidender Punkt gewesen. Uniper habe keine ausreichende politische Unterstützung erkannt und das Projekt deshalb Ende 2020 zurück zu den Akten gelegt.

Schwesig und die Fake-Stiftung

An der Ostsee stoßen Spaziergänger im Mai 2018 an den Stränden des Greifswalder Boddens auf merkwürdige Gegenstände. Die Ostsee hat Hunderte rosa Klumpen aus Fett angespült, manche groß wie eine Faust. Die Behörden warnen öffentlich davor, die Klumpen zu berühren. Nach tagelangem Rätseln teilt das mecklenburg-vorpommerische Umweltministerium mit, dass die Klumpen mit hoher Wahrscheinlichkeit bei den kurz zuvor begonnenen Bauarbeiten für die Pipeline Nord Stream 2 freigesetzt worden sind. Die Nord Stream 2 AG gibt später bekannt, dass durch ein unentdecktes Leck am Baggerschiff «Peter the Great» 145 Kilogramm Schmierfett ausgetreten sind.

Die rosa Klumpen am Strand halten die Bauarbeiten an der Pipeline allerdings bloß einige Wochen auf. Eine größere Gefahr für das Projekt geht von den Sanktionen aus, die der amerikanische Präsident Donald Trump auf den Weg bringt. Der Schlüssel zu ihrer Umgehung liegt in der mecklenburgischen Landeshauptstadt Schwerin, wo die Landesregierung seit 20 Jahren von der SPD angeführt wird. Die russische Seite erkennt solche Anknüpfungspunkte im föderalen System Deutschlands, in dem sich einige Länder wie Bayern, Sachsen oder Niedersachsen darin gefallen, eine Nebenaußenpolitik zu betreiben. In Mecklenburg-Vorpommern hat das Gazprom-Duo aus Matthias Warnig und Gerhard Schröder schon seit Jahren vorgearbeitet: Zahlreiche Gespräche mit Regierungsvertretern sind geführt worden, und man hat Maßnahmen nach bewährtem Muster getroffen, die den Boden bereiten. Nord Stream tritt als Sponsor des «Baltic Sea Philharmonic»-Orchesters auf sowie des Schweriner Volleyballvereins SSC, wo Gerhard Schröder beim Heimspiel vorbeischaut. Ein bisschen Hochkultur, ein bisschen Spitzensport.

Schon im Juli 2009 hatte unter persönlichem Einsatz von

Angela Merkel ein russischer Investor in dem Bundesland zudem wichtige Werften nach einer Insolvenz übernommen. Der 29 Jahre alte Witali Jussofow ist der Sohn von Gazprom-Spitzenmann Igor Jussofow, Putins früherem Energieminister. Jussofow Junior kennt das Pipeline-Business ebenfalls, denn er war zuvor Büroleiter von Matthias Warnig und Geschäftsführer der Moskauer Nord-Stream-Niederlassung. Mit der Gründung des Ostinstituts Wismar wird im Jahr 2009 noch eine weitere Verbindung nach Russland geschaffen. Das Institut widmet sich schwerpunktmäßig wirtschaftsrechtlichen Aspekten des Russland-Geschäfts. In seinen Vorstand rückt später der für Russland zuständige Wintershall-Manager Ties Tiessen sowie der Russland-Netzwerker und Moskauer Rechtsanwalt Falk Tischendorf ein. Vom Ostinstitut geht der Anstoß für den großen «Russlandtag» in Mecklenburg-Vorpommern aus, der ab 2014 alle zwei Jahre veranstaltet wird – und an dessen Organisation sich die Schweriner Staatskanzlei beteiligt. Zu den wichtigsten Sponsoren zählen Gazprom, das Nord-Stream-2-Konsortium und Gascade, die gemeinsame Tochter von Gazprom und Wintershall. Der Stargast des ersten Russlandtags 2014 ist Gerhard Schröder. Beim zweiten Russlandtag 2016 hält Sigmar Gabriel die Festrede beim «Russland-Gala-Abend». Vor dem dritten Russlandtag im Jahr 2018 mit dem damaligen Bundestagsvizepräsidenten Thomas Oppermann fragen die Grünen, warum die Landesregierung nicht auch einen «Polentag» veranstaltet, denn das Nachbarland ist für Mecklenburg-Vorpommern wirtschaftlich weitaus bedeutender. Die Grünen verweisen zudem auf die Missachtung der Menschenrechte durch das Putin-Regime, die in der Schweriner Russland-Folklore fast nie beleuchtet wird.

Die regierenden Sozialdemokraten zeigen sich von solchen Querschüssen unbeeindruckt. Die neue Ministerpräsidentin Manuela Schwesig, die im Juli 2017 den erkrankten Erwin Sellering ablöst, reist nur wenige Wochen nach ihrem Amtsantritt mit einer großen Delegation nach Russland. Auf Initiative ihres Vorgängers Sellering wird im Herbst 2018 zudem der Verein Deutsch-Russische Partnerschaft gegründet. Den Vorsitz übernimmt Sellering gleich selbst, im Vorstand arbeiten außerdem der Rechtsanwalt Tischendorf, Vorstandsmitglied des Ostinstituts Wismar, sowie Steffen Ebert, der Kommunikations-Chef von Nord Stream 2, mit. Das Unternehmen fördert den Verein mit 20 000 Euro jährlich. Die Landesregierung möchte deutlich mehr Geld für Sellerings neues Hobby geben; über vier Jahre sollen 600 000 Euro als Anschubfinanzierung fließen. Die Zusammenarbeit mit Moskau ist Top-Priorität in Schwerin.

Besonders engagiert beim Thema Russland zeigt sich ein SPD-Quartett: Sellering, Schwesig, der junge Energieminister Christian Pegel sowie Heiko Geue, den Schwesig im Mai 2019 als Staatskanzleichef nach Schwerin holt. Heiko Geue ist ein Weggefährte von Frank-Walter Steinmeier und kennt Gerhard Schröder seit langem. Während der Kanzlerschaft Schröders ist Geue der persönliche Referent Steinmeiers im Bundeskanzleramt, vor der Bundestagswahl 2013 leitet er das Wahlkampfteam des damaligen SPD-Kanzlerkandidaten Steinbrück. Pegel wiederum ist ein außergewöhnlich fleißiger Spender der SPD. 2016 ist der Energieminister neben dem später wegen Korruption verurteilten Regensburger Oberbürgermeister Joachim Wolbergs die einzige Person, die mehr als 50 000 Euro spendet, und liegt mit 78 648 Euro bundesweit auf Platz 1. Im Jahr 2020 liegt Pegel bundesweit unter allen Personen mit 35 292 Euro auf Platz 2 der SPD-Spender.

In wechselnder Besetzung tauschen sich Sellering, Schwesig, Pegel und Geue mehrere Dutzend Male mit dem Duo Matthias Warnig und Gerhard Schröder oder ihren Managern von Nord Stream 2 aus. Im September 2020 trifft sich Ministerpräsidentin

Schwesig mit Warnig und Schröder zu einem dreistündigen Abendessen auf Usedom. Es gibt einiges zu besprechen: Die schwarz-rote Bundesregierung hat sich zwar in Brüssel für Nord Stream 2 starkgemacht, und der Bundestag macht im November 2019 den Weg für die Pipeline frei. Doch kurz vor Weihnachten verhängt die amerikanische Regierung Sanktionen gegen die beteiligten Baufirmen, die ihre Spezialschiffe daraufhin unverzüglich abziehen. Die 1224 Kilometer lange Pipeline ist zwar bis auf die letzten 160 Kilometer fertiggestellt. Doch ohne Verlegung der fehlenden Röhren haben Gazprom & Co. geschätzte zehn Milliarden Euro auf dem schlammigen Grund der Ostsee versenkt.

Doch es gibt eine Lösung – und der Schlüssel dazu liegt im russlandfreundlichen Schwerin. Denn die Sanktionsschraube, die Präsident Trump immer fester anzieht, zielt auf private Firmen; staatliche Akteure sind davon ausgenommen. So entsteht die Idee, dass das Land Mecklenburg-Vorpommern eine Stiftung gründet. Sie soll gewährleisten, dass Nord Stream 2 trotzdem fertiggebaut wird. Die Stiftung wird so nah am deutschen Staat angesiedelt, dass Trumps Sanktionen nicht greifen, und ist zugleich so weit von ihm entfernt, dass man die Pipeline weiter als privatwirtschaftliches Projekt verkaufen kann. Im Herbst 2020 treffen sich Schwesig, Geue und Pegel also in dichter Taktung mit den Managern von Nord Stream. Eine offene Frage lautet, wer die Konstruktion mit der Stiftung ersonnen hat. Die SPD-Politiker legen im Nachhinein Wert darauf, dass es sich um ihren eigenen Plan handelte und sie sich ihr Handeln nicht von den Nord-Stream-Leuten diktieren ließen. Indizien deuten jedoch auf starke Einflussnahme beim Entwerfen der Stiftung hin. Energieminister Pegel funkt nach einem Gespräch mit Nord Stream («NoStr 2ler») deren Wünsche an die Staatskanzlei: «Ihnen lagen drei Änderungen am Herzen, die ich eingefügt und gelb markiert habe.»[23] Auch die Bundesregierung wird in das Vorhaben eingeweiht, zeigt sich allerdings wenig begeistert. Am 18. Dezember spricht Schwesig mit Angela Merkel; die Kanzlerin hält den Plan mit der Stiftung laut einem Bericht für ein durchsichtiges Manöver. Wirtschaftsminister Peter Altmaier sagt den Schwerinern, er sei «not amused».

Für den 6. Januar 2021 wird eine Dringlichkeitssitzung des Landtags angesetzt. Einer von zwei Tagesordnungspunkten: Zustimmung zur Errichtung einer «Stiftung des Landes Mecklenburg-Vorpommern für Klimaschutz und Bewahrung der Natur», kurz: «Stiftung Klima- und Umweltschutz MV». Nicht ein Parlamentarier von SPD, CDU, Linkspartei und AfD stimmt dagegen; FDP und Grüne sind zu diesem Zeitpunkt nicht im Landtag vertreten. Nur einen Tag später stimmt die Stiftungsaufsicht zu. Chef der Stiftung wird Erwin Sellering, der Amtsvorgänger Schwesigs. Sellering muss auch nicht weit laufen zur Stiftung, denn sie hat zunächst dieselbe Adresse und denselben Briefkasten wie sein Verein Deutsch-Russische Partnerschaft.

«Unser Schwerpunkt liegt auf der Förderung der Klima- und Umweltprojekte», behauptet Ministerpräsidentin Schwesig anlässlich der Stiftungsgründung in einem mit zukunftsfrohen Klängen unterlegten Video. Umweltverbände verweigern allerdings umgehend die Zusammenarbeit, denn die grüne Gloriole um die neue Stiftung ist offenkundige Heuchelei. Das legt auch eine E-Mail an Geue nahe, die nur einen Tag vor der Abstimmung im Landtag verschickt wurde. Darin heißt es, dass «unsere Einfügungen ‹Naturschutz› und ‹Umweltschutz› bei den Stiftungszielen bei Erwin Sellering auf Gegenwehr stoßen werden», weil dieser sich dann mit dem Landwirtschaftsministerium seines Parteifreundes Till Backhaus abstimmen müsse, mit dem Sellering schon in der Vergangenheit nicht immer einer Meinung war.

Auch Schwesigs heutige Darlegung, dass die Fertigstellung von Nord Stream 2 bloß «zeitweiliger Nebenzweck» der Stiftung gewesen sei und nicht der eigentliche Grund ihrer Errichtung, wirkt angesichts der Finanzströme wenig glaubwürdig.[24] Das Land stattet die Stiftung bei ihrer Errichtung mit einer Einlage von 200 000 Euro aus; Nord Stream gibt 20 Millionen Euro für den vorgeblich guten Zweck. Die Stiftung startet auch Aktionen und zahlt Kitas 500 Euro für die Begrünung («Buddeln für Bäume»). Für den Weiterbau der Pipeline indes werden 165 Millionen Euro über die Stiftung abgewickelt. Zweifelhaft ist auch die Darlegung von Schweriner SPD-Politikern, die Stiftung werde die Pipeline nicht selbst bauen und diene lediglich als Materiallager für die Baustelle. Denn im Sommer 2021 erwirbt die Stiftung den Spezialfrachter «Blue Ship», damit dieser bei der Fertigstellung hilft.

Diese windige Konstruktion führt zu kritischen Fragen der Presse, bei deren Beantwortung der Nord-Stream 2-Kommunikationschef Steffen Ebert der SPD-geführten Landesregierung offenkundig so eng wie möglich zur Seite stehen möchte. «Wir sollten versuchen, die Stiftung mit einem Augenzwinkern als ‹smarte Antwort› auf das Hardliner-Gebaren der USA zu positionieren», schreibt Ebert am 25. November 2020 an Pegel. Ebert hat vielfach direkten Kontakt zur Ministerpräsidentin, sendet Schwesig Argumentationshilfen und lobt sie nach einer Rede im Bundestag zu Nord Stream 2. «Vielen Dank für Ihre klare und entschiedene Haltung zu unserem Projekt und Ihre starke Unterstützung», schreibt Ebert. Der PR-Mann Ebert, der in den 1980er Jahren unter dem Decknamen «Stier» als Inoffizieller Mitarbeiter der Stasi geführt wurde, drängt sogar darauf, ein Hintergrundgespräch mit Journalisten mitschneiden zu dürfen.

Wie bedenkenlos die SPD-Politikerin mit Akteuren mit Geheimdiensthintergrund umgeht, zeigt eine Episode aus dem

Röhre im Blick: Die SPD-Politiker Dirk Wiese, Manuela Schwesig, Matthias Platzeck in Moskau 2018

April 2021. Damals nimmt sie in Greifswald an einer Gedenkveranstaltung teil, die aus Anlass der kampflosen Übergabe der Hansestadt an die Rote Armee am Ende des Zweiten Weltkriegs stattfindet. Der Russe Oleg Eremenko, ein Enkel des damaligen Befehlshabers an diesem Frontabschnitt, hat die Sache initiiert und eine Gedenktafel anfertigen lassen. Neben ihm und dem Oberbürgermeister von Greifswald nimmt der russische Botschafter Sergei Netschajew teil, mit dem Schwesig seit Jahren auf zahlreichen Veranstaltungen auftritt. Was der Ministerpräsidentin allerdings entgeht: Eremenko arbeitet in Berlin für einen ominösen russischen Verein namens «Offiziere Russlands». Für ihn sammelt er jahrelang Gelder in Deutschland, unter anderem für die «Verteidiger des Donbass», also die separatistischen «Volksrepubliken» Donezk und Luhansk. Der Russe arbeitet mit dem ehemaligen DDR-Topagenten Rainer Rupp zusammen, der unter dem Decknamen «Topas» bis 1989 zwölf Jahre lang das Nato-Hauptquartier ausspionierte. Dank Rupps Engagement kann Eremenko große Summen entgegennehmen. So wird ihm

Anfang 2021 nach Rupps Angaben ein Scheck von gut 100 000 Euro am Sowjetischen Ehrenmal am Berliner Tiergarten für noch lebende sowjetische Veteranen übergeben. Mit der Aktion solle ein Zeichen «gegen eine Außenpolitik der Sanktionen» gegenüber Russland gesetzt werden, sagt ein Redner. Verbindungen unterhält Eremenko auch zum «Verband zur Pflege der Traditionen der Nationalen Volksarmee und der Grenztruppen der DDR». In einem Brief an den Verband schreibt Eremenko im Januar 2022 in gebrochenem Deutsch, dass er mit dem gesammelten Geld Veteranen «in faschistischer Ukraine und Baltikum» unterstützen wolle, denn sie würden da nicht als Helden, sondern als Verräter behandelt. In der Heimat setzen sich die «Offiziere Russlands», die Verbindungen zu Geheimdiensten haben, für die Wiedererrichtung des Denkmals für Feliks Dzierżyński ein, den Gründer des bolschewistischen Geheimdienstes Tscheka, dessen Terror Zehntausende zum Opfer fielen. Seine Statue am Lubjanka-Platz in Moskau vor dem Sitz des Geheimdienstes KGB wurde 1991 entfernt. Die Wiedererrichtung des Denkmals wird von ehemaligen Mitarbeitern des «Wachregiments Feliks Dzierżyński des Ministeriums für Staatssicherheit der DDR» befürwortet, denn in einer Zeit, in der Russland diskreditiert werde, müsse man im Kampf mit den Feinden Russlands dem Beispiel Dzierżyńskis folgen. Nach Angaben von Schwesigs Sprecher habe die Ministerpräsidentin weder Eremenko noch dessen Aktivitäten gekannt. Anfang 2022 wird bekannt, dass Eremenko für den russischen Militärgeheimdienst GRU arbeitete.

Im September 2021 gelangt die Koalition aus Landesregierung und der Gazprom-Tochter Nord Stream 2 endlich zum Ziel: Die Röhre ist fertig. Europa hat für sie keinen Bedarf, da die vorhandenen Pipelines ausreichen. Sinn ergibt das Projekt hingegen für den Kreml, wenn er die Röhren durch Polen und die Ukraine künftig nicht mehr wie bisher nutzen oder die Konflikte in Osteuropa militärisch eskalieren möchte. Ein solches Szenario hat der neue amerikanische Präsident Joe Biden vor Augen, zugleich will er aber anders als sein Vorgänger eine einvernehmliche Lösung mit Deutschland. Im Juli 2021 einigen sich Washington und Berlin daher auf eine Linie: Sollte Russland versuchen, «Gas als eine Waffe einzusetzen», oder in anderer Weise aggressiv gegen die Ukraine vorgehen, werde Deutschland auf nationaler und europäischer Ebene mit «effektiven Maßnahmen» reagieren, wozu Sanktionen gehören. Entscheidend ist der folgende Satz: «Diese Vereinbarung soll sicherstellen, dass Russland keine Pipeline missbraucht – auch nicht Nord Stream 2 –, um aggressive politische Ziele mittels des Einsatzes von Energie als Waffe zu erreichen.» Seitdem ist in der Bundesregierung klar, dass der zweite Strang der Ostsee-Pipeline nicht in Betrieb gehen wird, wenn Russland in größerem Maße als bisher militärisch gegen die Ukraine vorgeht. Anzeichen dafür gibt es bereits, während die Röhren noch verlegt werden. Im April 2021 zieht Putin etwa 100 000 Soldaten entlang der Grenze zur Ukraine zusammen.

In den deutschen Gasspeichern von Gazprom geschieht in dieser Zeit zudem Merkwürdiges: Der russische Staatskonzern lässt seinen Speicher in Rehden so leerlaufen wie nie seit dem Erwerb im Jahr 2015. Es wird kein Gas für den nächsten Winter eingespeichert; der Speicher dümpelt bei einem Füllstand zwischen 5 und 10 Prozent herum. Die Bundesregierung müsste alarmiert sein: Allein in Rehden befindet sich ein Fünftel der deutschen Speicherkapazität. Zudem liegt nahe, dass der militärische Aufmarsch an der ukrainischen Grenze und die leeren Speicher in Deutschland zusammenhängen. Doch die deutsche Regierung bleibt untätig. Ein Politiker erzählt zwar, dass er sich irgendwann im Herbst Gedanken gemacht habe. Von den Beamten im Bundeswirtschaftsministerium habe es jedoch geheißen, die Nichtbefüllung sei auf den Gaspreis zurückzuführen, der höher als üblich liege. Die Frage wäre gewesen, warum der Gaspreis da schon höher als üblich lag. Auch zogen die Preise erst ab Juli merklich an; die Nichtbefüllung war aber schon zuvor auffällig. Zu den Beschwichtigern zählt OMV-Chef Rainer Seele, der sich im August 2021 als Präsident der Deutsch-Russischen Auslandshandelskammer zu der These versteigt, die leeren Speicher seien auf «technische Schwierigkeiten in einer Kondensat-Anlage in Nordsibirien» zurückzuführen. Wenn dem so gewesen wäre, hätte das allerdings alle deutschen Speicher betreffen müssen und nicht nur die Speicher von Gazprom. In der Speicherbranche wird erzählt, dass man es bei Gazprom mit der vorgeschriebenen Trennung zwischen den Konzernsparten nicht so genau nahm. Während andere Firmen sich peinlich genau an die EU-Regeln für den liberalisierten Gasmarkt halten, sei Gazprom sich selbst der beste Kunde gewesen. Im Oktober 2021 entsteht laut einem Medienbericht eine 54 Seiten lange Risikoanalyse im Bundeswirtschaftsministerium zur Abhängigkeit von russischem Erdgas. Die Experten geben Entwarnung. Es gebe «keine ausreichenden Anhaltspunkte für eine konkrete Gefährdung der Gasversorgungssicherheit».

Kunst, Konsuln und ein Friedensnobelpreis für Putin

In Hannover kommt Gerhard Schröder im Jahr 2017 auf den Gedanken, als Mäzen eines großen Kunstwerks in Erinnerung zu bleiben. Der Altkanzler hat stets die Nähe zur Kunst gesucht und sich gerne als kulturbeflissener Mensch präsentiert. Dabei half ihm sein enger Draht zu einer Riege prominenter Maler wie Markus Lüpertz, Georg Baselitz oder dem verstorbenen Jörg Immendorff. Mit ihrer Nähe zum Kanzler konnten die Maler wiederum ihre Bekanntheit und indirekt den Marktwert ihrer

Werke steigern. Besonders freundschaftlich ist Schröders Kontakt zum «Malerfürsten» Markus Lüpertz, dem langjährigen Direktor der einflussreichen Kunstakademie in Düsseldorf. Die Idee des Altkanzlers besteht darin, seine Heimatstadt Hannover durch ein Kunstwerk von Lüpertz zu bereichern. Als Ort dafür bietet sich die gotische Marktkirche im Herzen der Altstadt an, zumal in dieser Zeit gerade das 500-jährige Jubiläum der Reformation begangen wird. Schröder ist nach eigenen Angaben zwar nicht sehr gläubig, ist aber bewusst Mitglied der evangelischen Kirche geblieben. Und an der Spitze des Kirchenvorstands der Marktkirche steht Reinhard Scheibe, einer der ältesten und engsten Freunde Schröders. Der Sozialdemokrat Scheibe war einst der erste Chef von Schröders Staatskanzlei.

Bei einem Treffen in seinem Haus an der Eilenriede erklärt Schröder das Vorhaben. Beim Eintreten verlassen gerade ältere Herren das Büro und rufen dem Altkanzler zum Abschied «Wir sehen uns dann in Moskau» zu. Schröder nimmt zwischen seinen zahlreichen Gemälden Platz und erzählt, dass er zunächst im Sinn gehabt habe, eine Statue neben dem Eingangsportal der Marktkirche aufzustellen. «Mensch, lass' doch den Lüpertz da einen Luther hinbauen.» Die Idee sei allerdings bei der Kirchengemeinde gar nicht gut angekommen. Am Ende habe man sich daher auf ein Fenster geeinigt. In den Jahren zuvor war es zu einer gewissen Mode geworden, dass bekannte Künstler Kirchenfenster gestalten. Gerhard Richter schuf eines für den Kölner Dom, Neo Rauch gleich mehrere für den Dom in Naumburg. Warum also sollte Schröders Freund Lüpertz nicht ein großes Reformationsfenster für die Marktkirche gestalten? Für einen Stifter, der lange im Gedächtnis bleiben möchte, eignet sich ein Fenster in einer historischen Kirche ebenfalls: zentraler Ort, lange Nutzungsdauer, vergleichsweise geringe Kosten. Lüpertz entwirft also ein Fenster, das bei vielen Bürgern jedoch auf

Widerstand stößt. Die Stadtgesellschaft stößt sich weniger an der Darstellung des Heilands, der auf dem Fenster einem geröntgten Ritter ähnelt. Die Bürger erregen sich vor allem über die fünf fetten und bläulich schimmernden Fleischfliegen, die Lüpertz über sein Motiv krabbeln lässt. Bei einer öffentlichen Aussprache mit Lüpertz im Jahr 2018 will ein Teilnehmer in den Fliegen eine Warnung vor dem Insektensterben erkennen, ein anderer interpretiert sie als Symbol für die fünf Ehefrauen Schröders. Die Erben des Architekten, der die backsteinerne Marktkirche nach dem Zweiten Weltkrieg wieder aufbaute, ziehen sogar vor Gericht, weil ihnen die Farbigkeit des Fensters missfällt, das die «schmucklose Wucht und ruppige Großartigkeit» des Kirchenraums störe. Der angestrengte Prozess ist zwar juristisch wenig aussichtsreich, verzögert die Sache aber mehrere Jahre.

Auch über die Finanzierung des Fensters wird diskutiert. Der Altkanzler zahlt das Fenster nämlich nicht selbst. Das Honorar für Lüpertz übernehme ein Sponsor, der den Künstler ebenso kenne wie er selbst, sagt Schröder. Das Geld für die Herstellung des Fensters stammt nach seinen Angaben von Firmen, die Schröder als Redner einladen und statt eines Honorars eine Spende überweisen. Den Verdacht, dass das Geld aus Russland stammt, weist Schröder zurück, ebenso die Marktkirche. Die Liste der Spender wird allerdings unter Verschluss gehalten, auch der Finanzier des Künstlerhonorars bleibt anonym. Damit steht der Verdacht im Raum, dass für das Fenster Gelder fließen sollen, die wahrscheinlich nicht direkt aus Russland kommen, aber von Unternehmen, die dort aktiv sind und darum die Nähe des Altkanzlers suchen.

***

Sigmar Gabriel steht nach seinem Aus als SPD-Chef und Außenminister im Sommer 2018 dort, wo er sich schon 2003 befand, nämlich nah an der politischen Bedeutungslosigkeit. Aber Gabriel hat eine Idee. Es ist dieselbe wie damals nach der verlorenen Landtagswahl: Er gründet ein Beratungsunternehmen. Am 7. August 2018 wird in das Berliner Handelsregister die Firma VIB International Strategy Group GmbH & Co KG eingetragen. Zu den Gesellschaftern der Firma zählt neben Gabriel der Berliner Steuerberater Lutz Lehmann. Das ist jener Schulfreund, mit dem der SPD-Politiker schon 2003 bei der CoNeS zusammenarbeitete, die kurz nach Gabriels Ausscheiden aus dem VW-Aufsichtsrat einen Beratervertrag aus Wolfsburg erhielt. Die Adresse der VIB International Strategy Group lässt ebenfalls aufmerken: Die Firma residiert in der wohlbekannten Behrenstraße 73 der Wiese Consult. Heino Wiese zählt nämlich auch zum Kreis der Gesellschafter. Der vierte Kommanditist ist die 4Pro Projektmanagement- und Kommunikations GmbH. Die 4Pro gehört zu gleichen Teilen dem ehemaligen österreichischen Bundeskanzler Werner Faymann von der SPÖ und seinem einstigen Sprecher Matthias Euler-Rolle, der zugleich als persönlich haftender Gesellschafter der VIB wirkt.

Die VIB hat große Pläne, bezeichnet sich auf ihrer Homepage als «Toplevel-Netzwerk von Managern und Entscheidungsträgern», zur Expertise gehören Galadinner, Konferenzen, Delegationsreisen. Als erste Kundengruppe wird die Energiewirtschaft genannt. Doch die Hoffnungen erfüllen sich offenbar nicht. Die Firma sei mittlerweile «pandemiebedingt geschlossen» worden, heißt es. Faymann und sein Sprecher konzentrieren sich fortan auf ihre Immobiliengeschäfte. Gabriel steigt schon im April 2019 aus. Aus dem Umfeld der Firma ist von Differenzen mit dem ehemaligen deutschen Außenminister zu hören, auch das Verhältnis der alten Freunde Wiese und Gabriel trübt sich ein. Ein

Fußball, Schweinefleisch, Erdgas: Sigmar Gabriel mit Ehefrau, Warnig, Schröder und Ehefrau im VIP-Bereich des Tönnies-Clubs Schalke 04

Grund ist möglicherweise, dass der Tausendsassa Gabriel sich keineswegs auf die VIB Strategy Group zu beschränken gedenkt. Im März 2020 wird Gabriel für Tönnies tätig, der Schweinefleisch-Konzern zahlt monatlich 10 000 Euro plus ein vierstelliges Honorar pro Reisetag. Nach Angaben des Unternehmens geht es um die damaligen Probleme in China. Mit dem umfangreichen Russland-Geschäft von Tönnies sei Gabriel nicht befasst gewesen. Gabriel übernimmt zudem einen Aufsichtsratsposten bei Siemens Energy, einem bedeutenden Gasturbinen-Hersteller, und zieht in den Aufsichtsrat der Deutschen Bank ein. Der ehemalige SPD-Chef wird dort auf Drängen von Katar installiert, das nicht nur Großaktionär von Volkswagen, sondern auch der Deutschen Bank ist.

Ende 2019 tritt Gabriel zudem als Redner auf der 125-Jahr-Feier von Wintershall in Kassel auf. Das Unternehmen, für dessen Interessen bei Nord Stream 2 sich der SPD-Politiker während seiner Amtszeit so nachdrücklich eingesetzt hat, bezahlt dafür 20 000 Euro an dessen Agentur, wie eine Recherche für dieses Buch ergibt. Das sei, so teilt die Firma auf Anfrage mit, «ein übliches Honorar».

***

Heino Wiese findet derweil Gefallen an der Welt der Honorarkonsuln, in der er sich seit seiner Ernennung 2016 bewegt. Der altgediente Sozialdemokrat fährt zwar nicht mit dicker Limousine und CC-Zeichen herum. Trotz seines Ehrendoktor- und Ehrenprofessorentitels aus Russland kann Wiese auch nicht mit der beeindruckenden Titelsammlung des Schröder-Weggefährten Klaus Goehrmann mithalten, der peruanischer Honorarkonsul, Grand Officier de l'Ordre de Mérite du Grand-Duché de Luxembourg sowie Ritter des Ordens von Mardara ist, um nur eine kleine Auswahl zu nennen.[25] Doch Wiese schickt sich an, dem langjährigen Vorstandschef der Deutschen Messe AG Goehrmann zumindest im Corps Consulaire Deutschland (CCD) nachzueifern und dort Präsident zu werden. Goehrmann stand bis 2013 an der Spitze dieser Vereinigung der Honorarkonsuln und gab das Amt ab, als Plagiatsvorwürfe gegen ihn laut wurden und in seiner Titelsammlung daher bald die eine oder andere schmerzliche Lücke klaffte.

Für das Präsidentenamt im Corps Consulaire Deutschland bringt Heino Wiese beste Voraussetzungen mit, denn Ende 2019 ist er bereits Doyen des Konsularischen Corps in Niedersachsen geworden. Zur Feier gibt es ein festliches Dinner, an dem auch Schröder und Goehrmann teilnehmen. Die Konsuln-Clique aus Hannover hat auch auf der nationalen CCD-Ebene Einfluss. «Niedersachsen ist hier ganz stark», berichtet Goehrmann stolz. Und so bereitet Wiese alles für eine erfolgreiche Wahl vor: Er greift zum Telefon, um die Berliner Vertretung des Landes Niedersachsen als Tagungsort für den November 2021 zu buchen. Der festliche Teil der Versammlung findet im Palaissaal des Hotel Adlon statt, nur wenige Meter von den Büros der Wiese Consult entfernt. Wiese erklärt vor den versammelten Honorarkonsuln aus ganz Deutschland offen, dass er sich als Anwalt der Interessen Russlands versteht. Die Honorarkonsuln finden nichts daran, Wiese an ihre Spitze zu wählen.

***

Der hannoversche Drogerie-Milliardär Dirk Roßmann schreckt Ende 2019 nach eigenen Angaben mitten in der Nacht auf. Halb wach, halb im Schlaf, schwebt ihm der Plot für einen Roman vor Augen: Vier Männer spielen Skat im «Kokenhof» in Großburgwedel nahe Hannover. Ein Drogerie-Milliardär, ein bekannter Hörgerätehersteller, ein Zahnarzt und ein Altkanzler. Der Drogerie-Milliardär Roßmann steckt dem Altkanzler Schröder das Buch einer Naturforscherin über das Leben von Tintenfischen zu. Schröder reicht die Lektüre weiter an Putin, dem er ein Exemplar auf dessen Datscha in Nowo-Ogarjowo übergibt. Der russische Präsident ist inspiriert von dem Werk, gerät ins Grübeln und spricht wenig später mit Xi Jinping und der amerikanischen Regierung über eine vertiefte Zusammenarbeit. Auf einer gemeinsamen «G3»-Konferenz im November 2022 schließen die drei Supermächte ein Bündnis zur Rettung der Welt vor der Klimakatastrophe und streichen dafür ihre Militärbudgets zusammen. Putin erhält den Friedensnobelpreis und bringt zur Verleihung nach Oslo Gerhard Schröder mit, der wiederum Dirk Roßmann mitbringt.

So weit die Fiktion. In der Realität veröffentlicht Roßmann diesen Plot tatsächlich und legt das Buch unter dem Titel «Der neunte Arm des Oktopus» Ende 2020 in allen seinen Drogerien aus. Das Werk führt die Bestsellerliste an und verkauft sich mehr als 400 000-mal. Dirk Roßmann möchte, dass auch Wladimir Putin ein Exemplar erhält. Als sein Freund Gerhard Schröder Ende 2020 wieder zur Aufsichtsratssitzung von Rosneft nach Moskau reist, gibt er ihm ein Exemplar mit und schreibt eine Widmung hinein. Diese lautet sinngemäß: «Ich bin Ihr kleiner Rasputin, Ihr kleiner Wahrsager.»

7 «Er hat uns alle getäuscht»

Nach dem Überfall

Anfang 2022 rückt die SPD erkennbar von Gerhard Schröder ab. Anlass sind Äußerungen des ehemaligen Parteichefs in seinem Podcast mit Béla Anda. Während Russland seine Truppen an der Grenze zur Ukraine massiert, verortet Schröder die eigentliche Gefahr in Kiew. «Ich hoffe sehr, dass man endlich auch das Säbelrasseln in der Ukraine wirklich einstellt», sagt Schröder. «Denn was ich dort vernehmen muss, auch an Schuldzuweisungen an Deutschland, wegen der ja vernünftigen Absage an Waffenlieferungen, das schlägt manchmal doch dem Fass den Boden aus.» Die SPD besteht nun darauf, dass der Altkanzler mit der Partei und ihrer Russlandpolitik nichts mehr zu tun habe. Doch Zweifel an der Distanz der Partei zum Altkanzler werden wach, als ein Treffen der Moskau-Connection bekannt wird. Am 5. Januar setzen sich in Hannover der niedersächsische Bundestagsabgeordnete Johann Saathoff, Parlamentarischer Staatssekretär im Bundesinnenministerium, Matthias Platzeck, Heino Wiese und Martin Schulz, jetzt Leiter der SPD-nahen Friedrich-Ebert-Stiftung, mit Gerhard Schröder zum Mittagessen zusammen. Es ist ein Treffen von drei ehemaligen SPD-Vorsitzenden – Schröder, Platzeck und Schulz –, alle drei haben sich durch ihre besondere Nähe zum Putin-Regime hervorgetan. Saathoff war anderthalb Jahre Beauftragter der Bundesregierung für die zwischengesellschaftliche Zusammenarbeit mit Russland, ist aber in dieser Zeit kaum aufgefallen und hat treu die Nord-Stream-2-Pipeline verteidigt. Saathoff behauptet, dass er Schröder um ein

Treffen gebeten habe, um über die russische Zivilgesellschaft zu sprechen. Für ihn sei es wichtig, möglichst verschiedene Meinungen zu hören. Allerdings ist Saathoff seit dem 8. Dezember 2021 nicht mehr Russland-Beauftragter der neuen Bundesregierung. Warum also trifft er sich dann mit Gazprom-Lobbyist Schröder und dem russischen Honorarkonsul Wiese? Und für die russische Zivilgesellschaft haben sich der Altkanzler und Wiese nie groß interessiert, auch Platzeck und Schulz hielten sich lieber an die offiziellen Verbindungen.

An der Spitze der niedersächsischen SPD glaubt man noch in den letzten Tagen und Stunden vor dem russischen Angriff dennoch fest daran, dass Schröder keine Belastung für die Partei ist. Die Deutschen würden, falls es, womit niemand rechne, zu einem russischen Einmarsch in der Ukraine komme, Schröder sogar dankbar sein. Er könnte dann Vermittlungsgespräche mit seinem persönlichen Freund Wladimir führen. An dieser Sicht irritiert nicht nur die Fehleinschätzung der öffentlichen Meinung zu Schröder in Deutschland, sondern vor allem die Annahme, dass Putin und Schröder auf Augenhöhe miteinander sprechen. Besonders in der hannoverschen SPD ist diese Annahme jedoch tief verankert. Noch Wochen später glauben aktive SPD-Politiker aus Hannover, der in seiner Heimat zunehmend geächtete Altkanzler werde in Moskau mit einem «Husarenstück» die Waffen zum Schweigen bringen. «Gerd zeigt nochmal allen, wie es geht», äußert einer.

Wenige Stunden nach dem russischen Angriff am 24. Februar, einem Donnerstag, gibt Ministerpräsident Weil im Landtag eine Erklärung ab, in der er mit seiner bisherigen Russlandpolitik bricht. Ein Wort der Selbstkritik verliert der SPD-Politiker nicht. Heino Wiese zeigt sich auf Anfrage «ratlos» und kündigt seinen Rücktritt von allen diplomatischen Ämtern an. Gerhard Schröder äußert via LinkedIn, es habe Fehler «auf beiden Seiten» gegeben. Nun müsse darauf geachtet werden, durch Sanktionen «die verbliebenen politischen, wirtschaftlichen und zivilgesellschaftlichen Verbindungen, die zwischen Europa und Russland bestehen, nicht gänzlich zu kappen». Es liege in der Verantwortung Russlands, dass der Krieg «schnellstmöglich beendet» werde. Schröder lässt dabei offen, was er unter unter dieser schillernden Formulierung versteht und ob er zu den bestehenden Verbindungen die kürzlich vollendete Pipeline Nord Stream 2 zählt. Von einem Rückzug von seinen russischen Posten ist nicht die Rede. Vor dem Haus von Gerhard Schröder im Zooviertel werden derweil die Sicherheitsvorkehrungen erhöht, neben den uniformierten Polizisten sind BKA-Beamte in Zivil vor Ort.

Die CDU, die sich nach einem internen Geheiß ihres Bundesvorsitzenden Friedrich Merz zunächst zurückgehalten hat, attackiert Schröder nun hart. Im Rathaus von Hannover wird noch am Donnerstagabend der Antrag gestellt, Schröder die Ehrenbürgerwürde der Landeshauptstadt abzuerkennen, sollte er seine Mandate in Russland nicht niederlegen. Die SPD schäumt, ihr Fraktionsvorsitzender im Rat nennt die Forderung «schändlich», schließlich habe Schröder auch Verdienste. Der innerparteilichen Diskussion hinkt er damit aber schon hinterher. Denn unter den Sozialdemokraten rumort es nun stärker. «Die Situation ist völlig anders», heißt es jetzt. Hektische Telefonate werden geführt, und es reift die Erkenntnis: Schröder ist doch eine Belastung. Der Plan lautet zunächst: Nicht öffentlich draufhauen, sondern versuchen, den ehemaligen Parteichef zur Einsicht zu bewegen. Schröder soll sich von Putin distanzieren und seine Mandate bei Nord Stream und Rosneft niederlegen. Ministerpräsident Stephan Weil und Schröder sollen sich treffen, im Gespräch ist ein Termin am Samstag. Das gewünschte Treffen zwischen Weil und Schröder kommt jedoch nicht zustande. In der niedersächsischen SPD heißt es, dass das Gespräch letztlich von Schröder abgeblockt wurde. Ein ausführlicheres Telefonat kommt offenbar nicht in Frage. Dabei spielt laut übereinstimmenden Quellen auch die Annahme eine Rolle, dass Schröders Gespräche von ausländischen Diensten überwacht würden.

Die SPD bestimmt ihr Verhältnis zu Schröder also ohne Rücksprache mit ihm neu. Am Samstagnachmittag veröffentlichen der niedersächsische SPD-Chef Weil sowie die SPD-Bundesvorsitzenden Saskia Esken und Lars Klingbeil in enger zeitlicher Taktung und offenkundig koordiniert Statements. Schröder müsse «sein Engagement in russischen Energieunternehmen beenden», sagt Weil. Ähnliches fordern die Parteichefs. Auch Manuela Schwesig und andere SPD-Politiker äußern sich in diesem Tenor.

Schröder folgt der Bitte nicht. Am Montag beenden die verbliebenen vier Mitarbeiter des Altkanzlers in Berlin ihre Tätigkeit für Schröder. «Schröder will einfach weitermachen, das kann so nicht stehenbleiben», sagt nun auch der SPD-Fraktionsvorsitzende im Stadtrat von Hannover. Falls Schröder seine Mandate nicht niederlege, werde man darüber nachdenken, ihm die Ehrenbürgerwürde abzuerkennen. «Die Frist läuft bis Ende der Woche.» Die Marktkirche teilt mit, das bereits fertige Kirchenfenster von Markus Lüpertz vorerst nicht einzubauen und die Spendengelder zurückzugeben. Lüpertz äußert sich darüber «tief enttäuscht»; zu Schröder oder dem russischen Angriff möchte er nichts sagen.[1] Wie sich herausstellt, droht die Kirchengemeinde aufgrund des geschlossenen Vertrages auf den Kosten für das Fenster sitzenzubleiben.

Einige Tage später reist Schröder über Istanbul nach Moskau und trifft dort angeblich Wladimir Putin. Nach Angaben der Bundesregierung ist die Reise nicht abgestimmt; sie bleibt ohne erkennbares Ergebnis. Gleiches wird für eine weitere Moskau-Reise des Altkanzlers Ende Juli gelten. Schröders dichtgeknüpftes Netz in seiner Heimatstadt reißt nun an vielen Stellen. Als sich im Rat der Stadt eine Mehrheit für die Aberkennung der Ehrenbürgerwürde abzeichnet, schreibt Schröder am 15. März an den Oberbürgermeister, dass er von sich aus darauf verzichte. Auch bei Hannover 96 kommt Schröder seinem Rauswurf durch Austritt zuvor.[2] Die Loge der «Frogs» wird ebenfalls gekündigt. Die Stadtgesellschaft scheint ihr berühmtes Mitglied auszuspeien. Das stimmt allerdings nur für den öffentlich sichtbaren Bereich. Denn der enge Zirkel um Schröder trifft sich weiter. Auch mehrere reiche Unternehmer aus der Stadt verkehren im Hintergrund weiter mit dem Altkanzler.

Die SPD bekommt derweil zu spüren, dass nicht nur Schröders Rolle, sondern auch die russlandpolitische Vergangenheit anderer Sozialdemokraten hinterfragt wird. Die meisten Sozialdemokraten reagieren darauf gereizt. Doris Schröder-Köpf muss sich von Landtagsvizepräsident Frank Oesterhelweg anhören, dass sie als Migrationsbeauftragte nicht mehr tragbar sei und angesichts ihrer Vergangenheit nicht im Namen des Landes ukrainische Flüchtlinge in Empfang nehmen könne. Schröder-Köpf nennt den CDU-Politiker daraufhin «nicht satisfaktionsfähig». Das Gesicht Putins, «das wir heute sehen, war damals nicht erkennbar», sagt Schröder-Köpf. Derweil wird zunehmend über die höchste Auszeichnung des Landes für ihren Ex-Ehemann debattiert. Der niedersächsische FDP-Fraktionsvorsitzende Stefan Birkner regt an, dem Altkanzler die Landesmedaille abzuerkennen. Doch Ministerpräsident Weil lehnt das ab und vermeidet in seiner Regierungserklärung zum Ukraine-Krieg am 22. März wieder jede Selbstkritik.

Am 20. April veröffentlicht die BILD-Zeitung Fotos, wie Sigmar Gabriel am Morgen von Schröder empfangen wird. Er hält sich gut eineinhalb Stunden in Schröders Haus auf. Gabriel sagt danach, er habe sich von Schröder über die Ergebnisse von dessen Moskau-Reise unterrichten lassen. Die Reise liegt zu diesem

Zeitpunkt allerdings mehr als einen Monat zurück. In Hannover stellen Beobachter die Frage, weshalb es der ebenfalls in der Kritik stehende Gabriel in Kauf nimmt, gemeinsam mit Schröder fotografiert zu werden, statt mit ihm zu telefonieren.

Schröder empfängt in diesen Tagen auch die New York Times. Im Gespräch mit der Korrespondentin Katrin Bennhold nimmt er erstmals Stellung zu seiner Verantwortung. «I don't do mea culpa. It's not my thing», wird Schröder in dem Artikel zitiert.[3]

Für die SPD wird die Lage dadurch noch schwieriger. Die SPD-Bundesvorsitzende Saskia Esken fordert nun den ehemaligen Bundeskanzler auf, die eigene Partei zu verlassen – ein in der Geschichte der Bundesrepublik bisher einmaliger Vorgang. «Ich würde ihm das nahelegen», sagt Saskia Esken im Willy-Brandt-Haus in Berlin. Schröders Verteidigung der Kriegsverbrechen Wladimir Putins sei «schlechterdings absurd». Schröder hatte der New York Times gesagt, Putin habe wohl nicht selbst die Befehle für die grausame Tötung von Dutzenden Zivilisten in Butscha bei Kiew gegeben. Was er nicht sagt: Putin zeichnet die Täter kurze Zeit später mit Orden aus. Schröder teilt der Zeitung mit, er werde seine Ämter nicht abgeben, «zurücktreten» von seinen Aufsichtsratsposten werde er nur, wenn Russland selbst die Lieferungen von Gas und Öl in den Westen einstelle. Der SPD antwortet er hingegen nicht.

Einige Orts- und Kreisverbände der SPD beantragen, Schröder aus der Partei auszuschließen. Die SPD-Spitze bleibt im Kontrast zum Fall von Thilo Sarrazin in der Deckung. Kevin Kühnert bezeichnet Schröder als einen alten Mann, «der nicht mehr alle Tassen im Schrank hat» und dem die Partei keine zusätzliche Bühne gewähren solle. «Ich möchte ihm nicht den Triumph bieten, nicht ausgeschlossen zu werden», sagt der Generalsekretär. Im Mai entscheidet die Ampel-Koalition, Schröder sein Büro im

Bundestag und seine Mitarbeiter zu streichen. Der Altkanzler soll nur seinen Personenschutz behalten und sein Ruhegehalt weiter beziehen. Als Grund wird genannt, dass Schröder seinen Verpflichtungen als ehemaliger Kanzler nicht nachkomme. Somit entfalle der «Grund für die personelle und räumliche Ausstattung des ehemaligen Bundeskanzlers». Schröder gibt am 20. Mai 2022 seinen Posten im Aufsichtsrat des russischen Ölkonzerns Rosneft auf, ebenso Matthias Warnig. Der Schritt ist offenbar eine Reaktion auf die Forderung des Europaparlaments, ihn auf die Sanktionsliste gegen russische Oligarchen zu setzen. Mit dem Ausstieg bei Rosneft steigen auch Schröders Chancen, dass die Partei mit ihm gnädig verfährt. Da der frühere Kanzler Mitglied im Hannoveraner SPD-Ortsverein Oststadt-Zoo ist, obliegt die Entscheidung in erster Instanz der Schiedskommission des SPD-Unterbezirks Hannover. Im August entscheidet sie, dass Schröder bleiben darf. Es sei kein Verstoß gegen die Parteiordnung nachzuweisen, heißt es. Auch für eine Rüge sieht die Kommission keine Grundlage.

Die Aufmerksamkeit für Schröder entlastet die Moskau-Connection der SPD davon, sich der eigenen Verantwortung zu stellen. SPD-Chef Klingbeil sagt im März: «Wenn ich alles rekapituliere, den Georgienkrieg, die Krim-Annexion, die Auftragsmorde, dann muss ich aus heutiger Sicht sagen: Wir hätten die Entwicklung in Russland früher anders bewerten müssen.» Warum es nicht dazu kam, darüber sagt Klingbeil allerdings ebenso wenig etwas wie über seine eigene Rolle, etwa als Mitarbeiter von Schröder und Wiese und im kremlnahen Verein «Deutschland-Russland – Die neue Generation». Ministerpräsidentin Schwesig sieht die Schuld allein bei Putin. «Er hat offensichtlich alle getäuscht», sagt sie Ende März.

Klingbeil nennt allerdings im Oktober 2022 einige Fehler in der Russlandpolitik der SPD: Die Sozialdemokratie habe an einem Bild von Russland festgehalten, das von der Vergangenheit geprägt gewesen sei. Zudem sei verkannt worden, dass das Prinzip des Wandels durch Annäherung nicht funktioniert habe. Drittens habe Deutschland sich mit seiner Energiepolitik abhängig von Russland gemacht. Und schließlich habe man die Interessen ost- und mitteleuropäischer Partner nicht ausreichend berücksichtigt.[4] Im Januar 2023 finden diese Einsichten schließlich Niederschlag in einem Papier der Internationalen Kommission der SPD. Deutschland habe zu lange «ausschließlich auf eine kooperative Zukunft mit Russland gesetzt» und dabei versäumt, «Szenarien für einen anderen Umgang mit Russland zu entwickeln». Berlin habe auf das immer autokratischere und aggressivere Auftreten Russlands nicht ausreichend reagiert. Warum es nicht dazu kam, dazu schweigt sich das Papier allerdings aus. Weder die fatalen Auswirkungen einer falsch verstandenen Ostpolitik, des Pazifismus und des Antiamerikanismus noch die Verbindungen des einstigen Kanzlers Gerhard Schröder und seines von SPD-Politikern geprägten Netzwerks zu Putin werden erwähnt. «Solange sich in Russland nichts fundamental ändert, wird die Sicherheit Europas vor Russland organisiert werden müssen», heißt es in dem Papier.

Anfang April 2022 ruft Frank-Walter Steinmeier Journalisten zu sich ins Schloss Bellevue, um seine Fehler in der Russlandpolitik einzugestehen. Der Bundespräsident fürchtet um sein Amt. Zunächst soll es nur um ein Hintergrundgespräch gehen, doch Steinmeiers Sprecherin gibt dann einige Zitate des Präsidenten frei. «Mein Festhalten an Nord Stream 2, das war eindeutig ein Fehler.» Man habe sich an «Brücken festgehalten, an die Russland nicht mehr geglaubt hat und vor denen unsere Partner uns gewarnt haben», lautet ein anderer Satz. Zwar trage Putin die Verantwortung für den Krieg, doch das heiße nicht, «dass wir nicht einiges zu überdenken haben, wo es unsererseits Fehler gegeben hat». Er hätte nicht gedacht, dass Putin den Ruin seines Landes für seinen imperialen Wahn in Kauf nehmen würde. «Da habe ich mich, wie andere auch, geirrt.» Den Ehrendoktor der Universität Jekaterinburg gibt Steinmeier schon im März 2022 stillschweigend zurück.

Am längsten schweigt Angela Merkel. Als sie sich im Juni im Berliner Ensemble den Fragen des ihr wohlgesonnenen Journalisten Alexander Osang stellt, rechtfertigt sie ihre Ablehnung eines Nato-Beitritts der Ukraine im Jahr 2008. Die sei «kein gefestigtes Land gewesen». Das Abkommen von Minsk habe der Ukraine Zeit zur Erneuerung verschafft; sie habe versucht, Russland im Zaum zu halten. «Diplomatie ist ja nicht, wenn sie nicht gelingt, deshalb falsch gewesen. Ich werde mich deshalb auch nicht entschuldigen.» In einem Interview kurze Zeit später verteidigt sie ihr Festhalten an Nord Stream 2. Die deutsche Wirtschaft habe sich damals für den «leitungsgebundenen Gastransport» aus Russland entschieden, weil das ökonomisch billiger gewesen sei. Es habe sich kein Unternehmen gefunden, das ein LNG-Terminal bauen wollte. Auch in einem großen Porträt nach einem Jahr aus dem Amt, wiederum vom Lieblingsjournalisten Osang verfasst, macht Merkel geltend, sie habe der Ukraine Zeit gekauft, um sich einem russischen Angriff besser widersetzen zu können. Dass Deutschland bei dieser Ertüchtigung keine Rolle spielte, sagt sie nicht. Wolfgang Schäuble äußert Befremden über die Haltung der Kanzlerin a. D. Er findet es bemerkenswert, «dass sie auch jetzt in Bezug auf Russland nicht sagen kann, dass wir Fehler gemacht haben».

Dieses Verhalten ist auch unter den SPD-Politikern verbreitet, die Merkels Sanktionspolitik gegen das Putin-Regime immer bekämpft hatten. Heino Wiese lässt am 23. Mai einen Brief an die anderen niedersächsischen Honorarkonsuln versenden und äußert darin, er würde alles «mit dem gleichen Wissen genauso wieder machen». Die «Mutmaßungen einer ‹Russland-Connection› entbehren jeder Substanz». Der niedersächsische Ministerpräsident Weil meidet nach dem Überfall Russlands auf die Ukraine zunächst erkennbar Dialogformate, in denen seine Russlandpolitik kritisch thematisiert werden könnte. Erst mit einigen Wochen Verzögerung benennt er vorsichtig eigene Fehleinschätzungen. Die Existenz eines moskaufreundlichen Netzes innerhalb seiner Partei bestreitet der SPD-Politiker strikt. Es gebe da in seiner Partei lediglich Gerhard Schröder, sagt Weil im Podcast des Journalisten Tilo Jung. «Das war's. Nix Netzwerk.»

Fazit: Signale der Schwäche

Vierter Stock im Bundestagsgebäude Unter den Linden 50. Das Büro Nummer 4017 ist geschlossen. Auch in den angrenzenden vier Räumen brennt Ende 2022 seit Wochen kein Licht mehr, niemand ist dort mehr tätig. «Kein Zutritt» steht auf einer Tür. Es ist das Büro von «Bundeskanzler a. D. Gerhard Schröder». Mehr als 16 Jahre konnte Schröder über diese Räume verfügen und blickte von seinem Schreibtisch auf die Russische Botschaft gegenüber. Doch der Bundestag hat dem Altkanzler mittlerweile die Räume gestrichen. Schröder ist für viele zur Unperson geworden. Eine Rating-Agentur müsste den Lobbyisten wohl als «Default» bewerten, denn der Wert seines Netzes tendiert gegen null. Er hat sich das selbst zuzuschreiben, weil er sich von seinem Freund Putin nicht distanziert hat, als dieser den Krieg gegen die Ukraine befahl.

Dieser Angriff verursacht unermessliches Leid. Auf beiden Seiten sind Zehntausende Soldaten gefallen. Ukrainische Bürger werden Opfer russischer Bomben und Raketen, werden erschossen, gefoltert, vergewaltigt. Millionen sind geflohen. Die Ukrainer tragen die Hauptlast eines Krieges, dessen Wirkungen in die ganze Welt ausgreifen. Vor allem die Ärmsten leiden unter den gestiegenen Preisen für Energie und Lebensmittel. Deutschland besitzt die wirtschaftliche Kraft, seine Bevölkerung gegen unmittelbare Not abzuschirmen. Spürbar werden die Folgen aber auch hier. Im Portemonnaie des einzelnen Bürgers ebenso wie für den Staat, der Unsummen in den «Doppelwumms» pumpt, zu Mondpreisen Erdgas eingespeichert hat, Milliarden für die Verstaatlichung des Ruhrgas-Nachfolgers Uniper ausgibt und in höchster Eile und unter horrenden Kosten LNG-Terminals baut.

Obwohl Russland seine Lieferungen drastisch reduziert hat, steht das Land zumindest bei der Gasversorgung aber besser da als zunächst befürchtet. Deutschland profitiert dabei insbesondere von den LNG-Terminals, die an den Küsten anderer europäischer Länder schon vor Jahren errichtet wurden.

Hart trifft der Krieg auch manche, die Putin jahrelang verharmlost haben. In den Bilanzen von Unternehmen wie Wintershall oder BASF haben die Abschreibungen auf das Russland-Geschäft sowie die durch Sabotage zerstörten Nord-Stream-Pipelines Spuren hinterlassen. Das Werk des Knauf-Konzerns im ukrainischen Soledar liegt in Trümmern. Wie schrieb Heino Wiese in seinem Business-Ratgeber? Wenn man in Russland den «Totalverlust» seiner Investments erleidet, habe man womöglich «die politische Ebene als essentiellen Aspekt übersehen». Damit hat der frühere SPD-Politiker Recht behalten. Allerdings saßen er selbst und der Rest von Schröders Moskau-Connection einer Fehleinschätzung der politischen Ebene auf. Schröder hätte nach seiner Kanzlerschaft etliche Gelegenheiten gehabt, einen anderen Weg einzuschlagen. Bei den Recherchen für dieses Buch haben die Autoren zwar mehrere Erklärungen dafür vernommen, warum er es nicht getan hat, darunter Trotz, Gier und Starrsinn. Sein Handeln bleibt dennoch ein Rätsel.

Kaum Konsequenzen hat die verfehlte Russlandpolitik hingegen für die anderen Politiker aus Schröders Netzwerk. Keiner von ihnen musste im Jahr 2022 zurücktreten, Steinmeier gilt im Amt des Bundespräsidenten als sakrosankt. Sigmar Gabriel, der als Wirtschaftsminister von 2013 bis 2017 Deutschland mit durchgedrücktem Gaspedal in die Abhängigkeit von russischem Gas gesteuert hat, steht an der Spitze der Atlantikbrücke. All das verwundert. Denn diese Politiker haben den schwersten und folgenreichsten Fehler der bisherigen Außenpolitik der Bundesrepublik Deutschland zu verantworten. Über Jahre haben sie unzählige Warnungen in den Wind geschlagen und bis Februar 2022 jeden Brutalisierungsschub Putins verharmlost und schöngeredet. Deutschlands Ansehen hat dadurch schwer gelitten, gerade bei seinen Nachbarn und engen Verbündeten, und leidet auch weiterhin. Denn in anderen Ländern werden auch die zögerlichen Waffenlieferungen durch die Bundesregierung von Olaf Scholz vor dem Hintergrund der russlandpolitischen Verstrickungen Gerhard Schröders und anderer Sozialdemokraten verstanden und bewertet.

Es gibt in Deutschland jedoch keine Partei, die Interesse an einer kritischen Aufarbeitung der Geschehnisse und an einer vertieften Ursachenforschung hat. Die SPD setzt sich nicht freiwillig auf die Anklagebank. Die CDU hat ebenfalls kein Interesse an einer Aufarbeitung, schließlich stellte sie von 2005 bis 2021 die Kanzlerin. Angela Merkel hat sich über den Charakter Wladimir Putins nie Illusionen gemacht und sich auf nationaler und europäischer Ebene für Sanktionen eingesetzt. Der Abhängigkeit von russischem Erdgas oder dem desolaten Zustand der Bundeswehr hat sie aber nicht entschlossen entgegengewirkt. Auch hat sie angesichts russischer Provokationen und Attacken weiter auf Diplomatie statt auf Härte gesetzt. Merkel ließ zudem die weiterschrödernden SPD-Minister in ihrem Kabinett gewähren. Letztlich hat sie keinen wirklichen Pfadwechsel in der Russlandpolitik vollzogen. Hinzu kommt, dass es in den Reihen der Unionsparteien ebenfalls klebrige Verbindungen nach Russland gab, die einer eigenen Betrachtung wert wären.

Linkspartei und AfD fallen aufgrund ihrer eigenen ideologischen und politischen Verstrickungen mit dem Kreml als Kräfte der Aufklärung aus. Bleiben also die Grünen und die FDP, die all die Jahre einen vergleichsweise klaren russlandpolitischen Blick hatten. Dort, wo diese Parteien in der Opposition sind, tragen sie oft engagiert zur Erhellung bei. Zu nennen sind die Grünen im Schweriner Landtag, wo der einzige Untersuchungsausschuss eingesetzt wurde, sowie die frühere niedersächsische FDP-Fraktion. Auf der Bundesebene hingegen zeigen die beiden Koalitionspartner der SPD nur wenig Willen zur Aufarbeitung. Im Ergebnis lässt im Bundestag eine All-Parteien-Koalition die Vergangenheit lieber ruhen. Das ist ein Versäumnis, denn ein Untersuchungsausschuss hätte andere Möglichkeiten als Journalisten, das Geschehen gründlicher auszuleuchten.

Im Kern geht es um die Frage, wie sich Deutschland und andere europäische Staaten so lange Illusionen über das Machtsystem Wladimir Putins hingeben konnten, obwohl dessen Brutalität und aggressiver Charakter offen zutage traten. Eine wichtige Rolle dabei spielt ein nur wenig ausgeprägtes geostrategisches Denken, das politische, ökonomische, militärische und nachrichtendienstliche Aspekte zusammenführt. Man hätte erkennen müssen, dass die Entwicklungen in Russland in einem inneren Zusammenhang stehen. Dazu gehören die Aufrüstung der Streitkräfte, die imperiale Ideologie im Umfeld Putins, die zunehmende Indoktrination der Bevölkerung, die Ausschaltung von Opposition und freier Presse und nicht zuletzt das Vordringen des Staatskonzerns Gazprom bis tief in die europäische Energieversorgung. Zur Strategie des Kremls zählte es, vermeintlich harmlose Vorposten im Ausland zu schaffen. Das Spektrum reicht im Falle Deutschlands von regimefreundlichen Plattformen wie dem Deutsch-Russischen Forum oder dem Petersburger Dialog über das Trikotsponsoring bei Schalke 04 bis zur Vergabe von Honorarkonsul- und Ehrendoktortiteln.

Auch die Anwerbung von Ex-Politikern wie Gerhard Schröder ist in diesem Kontext zu betrachten. Denn Schröder war nicht der einzige europäische Politiker auf der Payroll Putins, sondern lediglich der prominenteste in einem systematisch geschaffenen Netzwerk von Unterstützern. Aus Sicht des Kremls war der deutsche Kanzler aus vielerlei Gründen die perfekte Wahl: Zwischen Schröder und Putin bestehen zahlreiche biografische und habituelle Ähnlichkeiten, an die der frühere KGB-Mann anknüpfen konnte. Die Vermittlung von Adoptivkindern dürfte die Beziehung des Ehepaars Schröder zu Putin emotional kräftig vertieft haben. Die politische Biografie Schröders ist zudem von einem latenten Antiamerikanismus durchzogen. Diesen Aspekt auf die berechtigte Ablehnung des zweiten Irakkriegs zu beschränken, wäre eine unzulässige Verkürzung.

Schröder hatte im Verlauf seiner Karriere zudem ein bemerkenswert ungetrübtes Verhältnis zu Autokraten. Der Bogen reicht von Fidel Castro und Erich Honecker über Wladimir Putin und Recep Tayyip Erdoğan bis nach Iran, Saudi-Arabien und China. Anfänglich bildeten ideologische Schnittmengen die Brücke, später waren es wohl eher geschäftliche. Die Männer in Schröders persönlichem Umfeld waren aus russischer Sicht vermutlich Teil des Pakets. In Schröders Hannoveraner Herrenrunden hat man traditionell wenig Berührungsängste mit fragwürdigen Partnern. Chauvinismus bildet eine Grundlage dieser Zirkel. Auch daran konnte die russische Seite mit ihrem Männlichkeitskult anschließen.

Auf dieser Grundlage ließen sich rasch vielfältige geschäftliche Kontakte knüpfen. Mit seinem zeitlich beinahe nahtlosen Übergang aus dem Kanzleramt zu Gazprom stand Gerhard Schröder nicht allein. In Schröders eigener Biografie sowie in seinem Umfeld gibt es eine Reihe von Fällen, bei denen sich die Frage stellt, ob Entscheidungen von Amtspersonen mit Einkünften von Privatpersonen verknüpft sind.

In der Zusammenarbeit mit Russland birgt das Thema Korruption eine besondere Brisanz. Im Herrschaftssystem Putins sind weite Teile von Politik und Wirtschaft bis ins Mark korrupt. Die Korruption ist dabei mehr als bloße Vetternwirtschaft, bei der man sich gegenseitig Reichtümer zuschustert. Sie ist integraler Bestandteil der Machtausübung. Das Herrschaftssystem behält die Korruption aber nicht nur bei sich im eigenen Land, sondern es exportiert sie auch in andere Länder, wie man im Umfeld von Gazprom beobachten kann. Es geht also nicht darum, dass sich westliche Unternehmen beim Export ihrer Güter auf Mauscheleien einlassen, um das später als landestypische Gepflogenheit abzutun. In der Zusammenarbeit mit Russland setzt sich die Korruption im heimischen Energiesektor fort und damit nahe am politischen System. Wandel durch Verflechtung hatte SPD-Außenminister Steinmeier seine Strategie genannt. Doch die Verflechtung, die Demokratie in Russland ermöglichen sollte, führte dazu, dass Teile der deutschen Politik- und Wirtschaftselite manipuliert wurden. Eine wahrhaft perverse Umkehr von Ziel und Resultat.

Teil des Pakets war für Putin sicher Schröders fortwährende Macht in der SPD. Den Beteuerungen führender Sozialdemokraten, dass der ehemalige Parteichef nach seiner Amtszeit als Kanzler keinen großen Einfluss mehr gehabt habe, aufgrund der Hartz-IV-Reformen geradezu verhasst gewesen sei, sollte man keinen Glauben schenken. Für einen Teil der Mitgliederschaft und SPD-Funktionäre im Land mag das zutreffen. Es gilt sicherlich nicht für die Führungsebene der Bundes-SPD, wo die beiden Schröder-Vertrauten Frank-Walter Steinmeier und Sigmar Gabriel aus Niedersachsen den größten Einfluss hatten und auch dessen Russlandpolitik fortsetzten. Daneben gibt es eine lange Liste von Mandatsträgern und Parteimitarbeitern, die zum erweiterten Schröder-Netz zählen. Ob in Hannover, Berlin oder Schwerin, Schröder hatte überall Leute. Seine innerparteiliche Macht endete nicht mit der Kanzlerschaft, sondern warf einen langen Schatten.

Neben solchen personellen Kontinuitäten aus der Schröder-

Zeit gibt es noch einen zweiten Grund für die besondere Anfälligkeit der SPD, wenn es um übergroße Nähe zu Moskau geht. Die deutsche Sozialdemokratie ist zwar seit Jahrzehnten eine antikommunistische Partei. Aber wer in den 1970er Jahren bei den Jusos aktiv war oder in Göttingen studierte, hat von dieser Abgrenzung mit hoher Wahrscheinlichkeit weniger mitbekommen als nötig. Auch wies die sozialdemokratische Entspannungspolitik besonders in ihrer zweiten Phase keine so stabile Westbindung auf, wie gerne behauptet wird. Untergründig schimmert das alte Anliegen durch, Deutschland möge einen eigenen, dritten Weg zwischen West und Ost einschlagen und den Handlungsspielraum gegenüber Washington und den anderen Westmächten durch eine Annäherung an Moskau erweitern. Putin spekulierte auf seine Chance, Deutschland über den Umweg der SPD aus der westlichen Phalanx herauszulösen und mit ihm über die Köpfe der Osteuropäer hinweg Geschäfte zu machen.

Die später zu einem sozialdemokratischen Mythos aufgepumpte Entspannungspolitik hat verhindert, dass man die Absichten Putins innerparteilich durchschaute. Man erging sich in den hochgradig moralisierten Hülsen von «Frieden» und «Abrüstung» und verschloss die Augen vor der Aufrüstung und massiven Gewaltanwendung durch Putins Regime. Möglicherweise hat die fortwährende Beschwörung von Willy Brandt und Egon Bahr sogar den Handelnden selbst die freie Sicht vernebelt. Eine konsequente Historisierung dieses Erbes ist dringend angezeigt.

Die Frage nach der Lauterkeit der Maximen ist von außen naturgemäß schwer zu beantworten. Man wird innerhalb des Schröder-Netzes differenzieren müssen. Bei Politikern wie Frank-Walter Steinmeier, Manuela Schwesig oder Stephan Weil haben sich keine Anhaltspunkte dafür gefunden, dass bei ihnen eigene pekuniäre Interessen eine Rolle spielten. Bei Schröder selbst, bei Heino Wiese und bei Sigmar Gabriel ergibt sich in der Gesamtschau hingegen ein anderer Eindruck. Dieser äußere Eindruck muss allerdings nicht der subjektiven Erfahrung entsprechen. Es ist nicht auszuschließen, dass auch diese Personen ihr Handeln als Beitrag zur Völkerverständigung verstanden. Dass man den sozialdemokratischen Mythos der Entspannungspolitik politisch und auch finanziell ausbeutet, heißt nicht, dass man nicht zugleich an ihn glaubt. Gelingen kann das aber nur, wenn man die entgegenstehenden Darlegungen der Osteuropäer, von russischen Menschenrechtlern und Wissenschaftlern und auch von westlichen Journalisten und Fachleuten systematisch ausblendet. Das Umfeld Schröders hat solche Perspektiven weggebissen, wo es nur konnte.

Anders gelagert ist die Frage nach dem objektiven Schaden, den Schröder und sein Umfeld politisch angerichtet haben. Diese Frage darf keinesfalls verwechselt werden mit den Schäden durch den russischen Angriffskrieg, für den allein die Moskauer Regierung die Verantwortung trägt. Zu berücksichtigen ist ferner der Einwand, dass eine Betrachtung ex post nicht als Maßstab dienen darf und man eine Handlung bloß an dem Wissen messen soll, das zu ihrem Zeitpunkt zur Verfügung steht. Das in Rechnung gestellt: Insbesondere die Sozialdemokraten Schröder, Steinmeier und Gabriel haben die von Anfang an erkennbare und danach stetig anschwellende Aggressivität Russlands gegenüber dem Westen und Deutschland verkannt, verharmlost, streckenweise sogar negiert. Tschetschenien, Georgien, die Krim, die Morde – Warnzeichen gab es viele. Selbst wenn man zugesteht, dass auch Kanzlerin Merkel darauf nicht hinreichend reagiert hat, so ist ebenso klar, dass die CDU-Politikerin die Sanktionen gegen Russland nicht nur gegenüber einigen EU-Staaten mühsam durchsetzen musste, sondern zudem innenpolitisch gegen SPD-Politiker aus Schröders Umfeld, die ihr beständig in den Rücken fielen. Deren Äußerungen sandten an Wladimir Putin ein Zeichen der Schwäche, schürten Zweifel an der Standfestigkeit und Verankerung der Mittelmacht Deutschland im westlichen Lager und dürften im Kreml die Hoffnung bestärkt haben, dass weitergehende russische Aggressionen mehr oder weniger folgenlos bleiben.

Solche Zeichen der Schwäche sandten aber nicht nur die Worte der Bundesregierung aus, sondern auch ihre Handlungen auf zwei zentralen Feldern. Für die unzureichende Ausstattung der Bundeswehr tragen sicherlich die Unionsparteien und ihre Verteidigungsminister eine Verantwortung. Doch auch hier waren es SPD-Politiker, nicht zuletzt solche aus dem Umfeld Schröders, die das Zwei-Prozent-Ziel politisch verleumdet haben und dabei auf ihren üblichen Antiamerikanismus setzten. Wenn nun behauptet wird, durch Vermittlung des Minsker Abkommens habe man ein Zeitfenster erkauft, die Ukraine wehrfähig zu machen, so trifft das zu. Allerdings hat Deutschland zu dieser Wehrfähigkeit selbst wenig beigetragen.

Das andere Feld ist die Energiepolitik. Hier lautet der Einwand, dass der ökonomische Wiederaufstieg und die Wettbewerbsfähigkeit Deutschlands maßgeblich billiges Gas aus Russland zur Grundlage gehabt hätten. Das ist nicht ganz falsch, allerdings war der Preisabstand zwischen russischem Gas und anderen Lieferanten nicht so groß, wie oft suggeriert wird, zumal wenn man sich die Vertragskonditionen genauer ansieht. Es geht auch gar nicht um eine plumpe Alternative «billiges Russengas aus der Röhre versus teures Fracking-Gas aus Amerika». Der entscheidende Punkt ist die Diversifikation der Bezugsquellen und vor allem die Fähigkeit, den Ausfall eines Lieferanten kompensieren zu können. Diese Eventualität hatten die deutsche Politik und die deutsche Wirtschaft jahrzehntelang im Blick gehabt, bis zur Kanzlerschaft Schröders und seiner Nachfolgerin Merkel. Besonders in der Amtszeit von Sigmar Gabriel im Wirtschaftsministerium wurde die Abhängigkeit von russischem Gas auf abenteuerliche Weise ausgeweitet, und die alte 30-Prozent-Regel der deutschen Gaswirtschaft geriet völlig aus dem Blick.

Der naheliegende Einwand besteht darin, dieses Defizit der EU anzulasten, die in ebendieser Zeit eine Liberalisierung der Energiemärkte durchsetzte. Dabei werden jedoch gleich mehrere Aspekte verkannt: Brüssel hatte die energiepolitische Gefahr durch Gazprom weitaus präziser im Blick als Berlin, das seinen Einfluss bei der Erarbeitung europäischer Normen wie bei deren nationaler Implementierung oft zugunsten Russlands nutzte. Die Behauptung, dass die EU den Bau von LNG-Terminals mit staatlicher Hilfe an der deutschen Küste wettbewerbsrechtlich verhindert hätte, wird schon dadurch widerlegt, dass die Bundesregierung ebendies den Amerikanern 2020 im Tausch gegen die Fertigstellung von Nord Stream 2 angeboten hat.

Deutschland hätte also eine ganze Reihe von Vorkehrungen gegen die Abhängigkeit treffen können: den Bau eigener LNG-Terminals als strategisches Investment, die Erschließung weiterer inländischer Erdgasvorkommen und die Verhinderung des Verkaufs deutscher Gasspeicher in russische Hände. Nichts davon ist geschehen. Jeder dieser Schritte hätte politische Durchsetzungskraft erfordert, die weder Merkel noch Gabriel oder Altmaier aufbrachten. Stattdessen wurde die Mär von der Interdependenz der deutsch-russischen Energiebeziehungen verbreitet. Russland sei genauso abhängig vom Kauf seiner Energie durch Deutschland und andere europäische Staaten wie jene vom Bezug russischer Energie. Dass Putin von Anfang an Energie als Mittel des geopolitischen Einflusses, ja als Waffe betrachtet hat, wurde von der deutschen Politik unter Führung der SPD wie von der deutschen Wirtschaft bestritten.

Die energiepolitische Bedeutung von Nord Stream 2 wird in der Debatte oft überschätzt, denn die zusätzlichen Lieferkapazitäten durch die Pipeline hätten den Gasimport aus Russland vermutlich nur geringfügig gesteigert. Das Ziel Moskaus bestand eher darin, den Lieferweg zu verlagern – noch stärker weg vom kontinentalen Transit durch Polen und die Ukraine und stattdessen auf den Seeweg. Damit hätte man sich Durchleitungsgebühren erspart, was sicherlich auch ein Grund dafür war, dass Kiew und Warschau Nord Stream 2 bekämpften. Das Hauptargument der Ukraine und Polens, dass der Kreml die Ostsee-Pipeline vorwiegend aus geopolitischen Gründen bauen ließ und weniger aus energieökonomischen, trifft gleichwohl zu. Alles andere erklärt weder die Kosten noch die Konflikte, die Moskau für dieses Projekt in Kauf nahm. Nord Stream 2 war für die Russen ein Vehikel, die Ukraine und die östlichen EU-Staaten zu schwächen, zu umgehen und wehrloser zu machen. Diesen Aspekt hat die Bundesregierung in Abrede gestellt und von einem privatwirtschaftlichen Projekt gesprochen. Damit hat sie es dem Putin-Regime ermöglicht, Nord Stream 2 für die Spaltung der EU zu nutzen und einen Keil zwischen Deutschland und die USA zu treiben. Die amerikanischen Sanktionen gegen die Pipeline waren sicherlich übergriffig. Die Schweriner Klimastiftung war allerdings eine nicht minder dreiste Antwort. Auch im Streit um Nord Stream 2 hat Deutschland Moskau signalisiert, dass der Westen und die EU nicht geschlossen sind und man bereit ist, sich über die Köpfe der Osteuropäer hinweg mit Russland zu verständigen. Es war ein weiteres Signal der Schwäche. Auch daran hatte die Moskau-Connection in der SPD einen bedeutenden Anteil, denn ohne das Wirken von Schröder, Gabriel und Schwesig wäre Nord Stream wahrscheinlich nicht bis zum letztmöglichen Punkt weiterverfolgt worden.

Das Ziel Putins war es, den demokratischen Westen dauerhaft

zu schwächen und zu spalten und die alte, von den USA dominierte Ordnung zu zerstören. Deutschland war dabei ein besonders lohnendes Ziel, weil es eine russlandfreundliche Haltung in den politischen und wirtschaftlichen Eliten gab. Da lag es nahe, Deutschland einerseits von russischer Energie abhängig zu machen und gleichzeitig in Propaganda und die politische Unterwanderung zu investieren. Dass Deutschland auf diese aggressive Politik lange nur mit Angeboten der Kooperation und Diplomatie reagiert hat, hat den Kreml ermuntert, weiter aggressiv vorzugehen. Dafür, dass Deutschland blind war gegenüber dieser Bedrohung, die für die Ukraine in einem schrecklichen Krieg endete, trägt Schröders Moskau-Connection eine bleibende Verantwortung.

Dank

Die Verbindungen von Gerhard Schröder und wichtigen Sozialdemokraten sowie Wirtschaftsleuten zum Putin-Regime haben uns schon lange beschäftigt. Um ein Netzwerk zu beleuchten, bedarf es des Austausches mit vielen Akteuren, Beobachtern und Fachleuten. Ihnen allen gilt unser Dank, auch wenn sie hier nicht namentlich gewürdigt werden können. Stellvertretend für viele Kolleginnen und Kollegen der FAZ, mit denen wir gemeinsam recherchiert haben oder die uns unterstützt haben, seien Eckart Lohse, Rainer Schmidt, Maria Leutner, Oliver Schlüter, Timo Frasch, Friedrich Schmidt, Reinhard Veser, Justus Bender, Stefan Dietrich und Robert von Lucius genannt. Auch dem Hannoveraner Journalisten Klaus Wallbaum sei gedankt. Unser Lektor Matthias Hansl hat dieses Buch von Anfang an mit großem Interesse und Leidenschaft für die Sache begleitet. Ihm und allen anderen Mitarbeitern des Verlags möchten wir ausdrücklich danken. Besonderer Dank gilt unseren Familien, insbesondere unseren Ehefrauen Claudia Bingener und Christiane Golz-Wehner für ihre vielfältige Unterstützung und Geduld an von Arbeit geprägten Abenden, Wochenenden und Urlaubstagen sowie Senta Bingener für ihre Ermutigung zu dem Projekt. Gedankt sei auch Berthold Kohler, Herausgeber der FAZ, der es uns ermöglicht hat, dieses Buch zu verfassen.

Literatur

Anda, Béla/Kleine, Rolf: Gerhard Schröder. Eine Biographie. München, erweiterte und akt. Neuausgabe 2002

Balser, Markus/Ritzer, Uwe: Lobbykratie. Wie die Wirtschaft sich Einfluss, Mehrheiten, Gesetze kauft. Vollst. aktual. Taschenbuchausgabe, München 2018

Bleidick, Dieter: Die Ruhrgas 1926 bis 2013. Aufstieg und Ende eines Marktführers (Schriftenreihe zur Zeitschrift für Unternehmensgeschichte, Bd. 30). Berlin 2018

Eppler, Erhard: Links leben. Erinnerungen eines Wertkonservativen. Berlin 2015

Fritsch, Rüdiger von: Russlands Weg. Als Botschafter in Moskau. Berlin 2020

Grinin, Wladimir: Russlands Botschafter: Meine Jahre in Berlin. Berlin 2020

Hachmeister, Lutz: Hannover. Ein deutsches Machtzentrum. 2. Aufl. München 2016

Hickmann, Christoph/Sturm, Daniel Friedrich: Sigmar Gabriel. Patron und Provokateur. München 2016

Hogrefe, Jürgen: Gerhard Schröder. Ein Porträt, Berlin 2002

Hovsgaard, Jens: Gier, Gas und Geld. Wie Deutschland mit Nord Stream Europas Zukunft riskiert. Berlin, München, Zürich, Wien 2019

Kryschtanowskaja, Olga: Anatomie der russischen Elite. Die Militarisierung Russlands unter Putin. Köln 2005

Löer, Wigbert/Schröm, Oliver: Geld. Macht. Politik. Das Beziehungskonto von Carsten Maschmeyer, Gerhard Schröder und Christian Wulff. München 2014

Lütjen, Torben/Geiges, Lars: Frank-Walter Steinmeier. Die Biografie. Freiburg im Breisgau 2017

Rieger, Helmut: Alles hat seine Zeit. Niedersachsen wird fünfzig. Hannover 1995

Rossmann, Dirk: Der neunte Arm des Oktopus, Köln 2020

Schöllgen, Gregor: Gerhard Schröder. Die Biographie. München 2015

Schöllgen, Gregor/Schröder, Gerhard: Letzte Chance. Warum wir jetzt eine neue Weltordnung brauchen. München 2021

Schröder, Gerhard: Entscheidungen. Mein Leben in der Politik. 2. Aufl. Hamburg 2006

Schröder, Gerhard: Klare Worte. Im Gespräch mit Georg Meck über Mut, Macht und unsere Zukunft. Freiburg 2014

Spanger, Hans-Joachim: Paradoxe Kontinuitäten. Die deutsche Russlandpolitik und die koalitionären Farbenlehren. Frankfurt am Main 2004 (HSFK-Report 12/2005)

Urban, Thomas: Verstellter Blick. Die deutsche Ostpolitik. Berlin 2022

Wehner, Markus: Putins Kalter Krieg. Wie Russland den Westen vor sich hertreibt. München 2016

Winkler, Heinrich August: Nationalstaat wider Willen. Interventionen zur deutschen und europäischen Politik. München 2022

Anmerkungen

1 Hannover

1 https://daserste.ndr.de/panorama/archiv/2011/Maschmeyer-bestreitet-anonyme-Parteispende,schroeder237.html
2 Löer/Schröm, S. 32 ff.
3 Dagmar von Taube: «My castle is your home.» AWD-Gründer Carsten Maschmeyer kommt von ganz unten. Heute sitzt er mit den Reichen und Mächtigen an einem Tisch. Ein Expertengespräch über Freundschaft, Welt am Sonntag, 10.10.2010
4 Löer/Schröm, S. 137
5 Schöllgen, S. 884
6 Hickmann/Sturm, S. 242
7 Hubert Gude: «Gabriel wollte mehr», Focus, 14.2.2005

2 Moskau

1 Olga Kryschtanowskaja: Anatomie der russischen Elite. Köln 2005
2 Hubertus Knabe: Eine gute Schule für das Leben. FAZ, 04.10.2022
3 Gustav Gressel: Russia's quiet military revolution, and what it means for Europe. European Council on Foreign Relations, October 2015
4 Siehe Hannes Adomeit: Russlands imperialer Irrweg. Osteuropa 2015/3, S. 67–93; Pavel Lokshin: Putins wahre Militärmacht. Welt, 30.04.2021

3 Entspannungspolitik

1 Winkler, S. 218–219; Urban, S. 21. Das Zitat von Herbert Wehner nach Winklers Beitrag: Verfehlte Russlandpolitik. Als die SPD konservativ wurde. Spiegel, 12.06.2022
2 Zitiert nach Wolfgang Schmidt: Willy Brandts Ostpolitik 1955–1990 – Ein kurzer Blick zurück. Vortrag bei der Veranstaltung «Das (wieder) umstrittene Erbe von Willy Brandts Ostpolitik. Noch immer eine deutsche Erfolgsgeschichte oder doch ein historischer Irrweg?» am 24. Oktober 2022 in Berlin
3 Eckart Lohse/Markus Wehner: Die Russland-Versteher. Frankfurter Allgemeine Sonntagszeitung (FAS), 20.05.2007

4 Pipelinegeschäfte

1 Bleidick, S. 38 ff.
2 Spiegel, «Das Russengas ist sicher» (4/1981) https://www.spiegel.de/wirtschaft/das-russengas-ist-sicher-a-869109dc-0002-0001-0000-000014318619
3 Siehe auch: Udo Leuschner: Der ‹Gaskrieg› zwischen Ruhrgas und BASF https://www.udo-leuschner.de/basiswissen/SB100-002.htm
4 https://www.bgr.bund.de/DE/Themen/Energie/Downloads/bgr_literaturstudie_methanemissionen_2020.pdf;jsessionid=04855EF6ACBC14324D01EDA70923834C.1_cid292?__blob=publicationFile&v=2
5 https://www.ifw-kiel.de/fileadmin/Dateiverwaltung/IfW-Publications/-ifw/Kiel_Policy_Brief/2022/KPB_163.pdf Die Zahlenangaben schwanken je nach herangezogener Statistik, deuten jedoch übereinstimmend in die beschriebene Richtung.

5 Illusion einer Partnerschaft

1 Der Russland-Deutsche. Focus, 05.05.2014; Ulrike Porsche: Orkantief Gerhard. Stern, 24.02.2022
2 Wortprotokoll der Rede Putins am 25. September 2001 im Bundestag. https://www.bundestag.de/parlament/geschichte/gastredner/putin/putin_wort-244966
3 Alexander Rahr: Putin nutzt die Chance zur Allianz mit dem Westen. Welt am Sonntag, 07.10.2001
4 Spanger, S. 25–28
5 Bleidick, S. 441
6 Martin Hellwig: Gazprom, ein Sündenfall und die Folgen. FAZ, 29.04.2022
7 Zitiert nach Hellwig, Gazprom
8 Zitiert nach Elisabeth Niejahr: Die Frau im Kanzleramt. Die Zeit, 01.09.2005. Zur Adoption äußerte sich Schröder-Köpf etwa in der Zeitschrift Bunte, 08.09.2005.
9 «Zwölfzweiundzwanzig – Zu Gast bei Ingo Kahle», Inforadio des RBB, 14.10.2006
10 Rede BM Steinmeier beim Treffen des bilateralen Lenkungsausschusses des Petersburger Dialogs, 3. Juli 2008. https://politische-reden.eu/AA/t/261.html
11 «Wir wollen kein neues Wettrüsten». FAS, 18.03.2007, S. 13
12 Günter Bannas: Führt Schröder Steinmeier die Hand? FAZ, 16.03.2007
13 Union erbost über Schröders Attacke auf Merkel. Der Spiegel, 20.11.2007. https://www.spiegel.de/politik/deutschland/grosse-koalition-union-erbost-ueber-schroeders-attacke-auf-merkel-a-518354.html

14 Andreas Rinke: «Ich hatte keine Kenntnis von dem Vorgang». Interview mit Gerhard Schröder. Handelsblatt, 02.04.2006. https://www.handelsblatt.com/politik/deutschland/interview-mit-alt-bundeskanzler-schroeder-ich-hatte-keine-kenntnis-von-dem-vorgang/2636358.html

15 Schöllgen, S. 877

16 Andreas Mihm: «BASF und Eon von Schröders Benennung überrascht». FAZ, 19.12.2005

17 Welt, 08.04.2010. Siehe zu dem Abschnitt: Dirk Bande/Florian Flade/Uwe Müller/Eduard Steiner/Daniel Wetzel: Die Schlüsselperson. Welt, 03.08.2014

18 https://www.spiegel.de/wirtschaft/giftiger-cocktail-a-0d479906-0002-0001-0000-000059403043 / https://www.spiegel.de/wirtschaft/geheimdienste-stasi-vorwuerfe-gegen-gasprom-manager-a-390920.html

19 Michaela Wiegel: Moskaus helfende Hand. FAZ, 01.04.2017; Friedrich Schmidt: Hauptsache, Einfluss. FAZ, 15.02.2017

20 Sven Becker/Jürgen Dahlkamp/Gunther Latsch/Walter Mayr/Jörg Schmitt: Besondere Verdienste. Spiegel, 13.06.2015

21 https://www.politico.com/story/2018/02/23/paul-manafort-mueller-probe-washington-lobbying-ukraine-austria-423439

22 https://www.derstandard.at/story/2000081597020/gusenbauer-dementiert-bericht-ueber-diskretes-lobbying-in-ukraine

23 Hovsgaard, S. 68

24 Hovsgaard, S. 71 ff.

25 Folker Dries: Schröder berät Investmentbank Rothschild. FAZ, 24.3.2006

26 Balser/Ritzer, S. 155

27 Sigi Schritt, Putins Mann in Niedersachsen: «In Russland laufen die Uhren anders». Interview mit Heino Wiese, 17.12.2020. https://www.kreiszeitung.de/lokales/diepholz/weyhe-ort54198/putin-schroeder-und-voelkerverstaendigung-90136079.html

28 Balser/Ritzer, S. 153

29 Balser/Ritzer, S. 164

30 Reinhard Bingener/Timo Frasch: Im Garten Eden der Diplomatie. FAS, 09.01.2022. Die meisten Äußerungen Wieses stammen aus der Recherche für diesen Text.

31 https://www.tagesspiegel.de/politik/vernetzt-mit-dem-kreml-5165059.html / https://www.wiwo.de/unternehmen/industrie/ex-wirtschaftsminister-michael-glos-wird-berater-und-lobbyist-fuer-gipshersteller-knauf/8380996.html / https://www.boersennews.de/nachrichten/artikel/dgap-news-nanohale-ag-deutsch-/182559/

32 Balser/Ritzer, S. 162

33 Balser/Ritzer, S. 166

34 Friederike Haupt: Reden ist Silber. FAS, 19.06.2022. Zum Hundebiss: 60 überraschende Fakten über Angela Merkel. https://www.stern.de/politik/deutschland/happy-birthday--kanzlerin--60-ueberraschende-fakten-ueber-angela-merkel-3943640.html

35 Robin Alexander: Mißfelder wehrt sich gegen neue Vorwürfe. Welt, 06.05.2014

36 Impuls. Magazin der Deutsch-Russischen Außenhandelskammer 2/2011, S. 51. Siehe auch Hans-Martin Tillack: Mißfelders Moskau-Connection. Stern, 05.05.2014. https://www.stern.de/politik/deutschland/putin-versteher-in-der-cdu-missfelders-moskau-connection-3677328.html

37 Philipp Mißfelder: Kooperation statt Konfrontation. Souverän, März 2015, S. 8. https://www.senioren-union.de/sites/www.neu.senioren-union.de/files/downloads/souveraen_01-2015.pdf

38 Eine Lösung nach Schweizer Vorbild? Souverän, März 2015, S. 6. https://www.senioren-union.de/sites/www.neu.senioren-union.de/files/downloads/souveraen_01-2015.pdf. Ein deutscher Oberstleutnant – als Spion für den russischen Geheimdienst. Der Spiegel, 09.08.2022. https://www.spiegel.de/politik/deutschland/anklage-wegen-agententaetigkeit-fuer-russland-reserveoffizier-aus-nrw-kommt-vor-gericht-a-80dd0a00-eb6e-42ad-a96b-25cfa6b84906; FAZ, 19.11.2022

39 Alkohol-Rückfall bei CDU-Politiker Schockenhoff. Bild, 06.10.2014. Zu Mißfelders dubiosen Einnahmen siehe auch Peter Carstens: The Russian Ambassador. FAS, 29.06.2014

40 Die Veranstaltung unter https://www.youtube.com/watch?v=NjZoaJk3FVo

41 Arrogante Vertreter des Kremls. Leserbrief von Alexandra Gräfin Lambsdorff. FAZ, 26.11.2022

42 Interview mit der Zeitschrift Cicero im Januar 2008. «Seid fair mit Russland.» https://www.cicero.de/weltbuhne/seid-fair-mit-russland/38454. Siehe auch: https://russische-botschaft.ru/de/2008/01/29/seid-fair-mit-russland/

43 In BamS spricht Garri Kasparow aus, was er bei «Christiansen» nicht sagen konnte. Bild am Sonntag, 17.12.2006

44 «Mach es gut, Philipp. Du wirst fehlen!» Bild, 14.07.2015. https://www.bild.de/politik/inland/philipp-missfelder/nachruf-philipp-missfelder-41784048.bild.html

45 Brief von Christoph von Oldenburg am 4. November 2011 an Dr. Olga Gulina vom 4.11.2014. http://s442148b119db1ea0.jimcontent.com/download/version/1429598507/module/9957309293/name/Dankesbrief_Gulina.pdf. Siehe dazu: Konrad Schuller: Lars Klingbeil und die Russland-Connection. https://www.faz.net/aktuell/politik/inland/kuenftiger-spd-chef-lars-

klingbeils-verhaeltnis-zu-russland-17654335.html?premium; Claudia von Salzen: Vernetzt mit dem Kreml. Tagesspiegel, 20.05.2014. https://www.tagesspiegel.de/politik/vernetzt-mit-dem-kreml-5165059.html

6 Toxische Beziehung

1 Dagmar von Taube: «My castle is your home». Welt am Sonntag, 10.10.2010. https://www.welt.de/print/wams/wirtschaft/article181416956/My-castle-is-your-home.html
2 Löer/Schröm, S. 273
3 Burkhard Ewert: Immer wieder Russland. Was Stephan Weil nach Moskau treibt. Neue Osnabrücker Zeitung, 05.12.2018. https://www.noz.de/deutschland-welt/politik/artikel/immer-wieder-russland-was-stephan-weil-nach-moskau-treibt-23017142
4 Marie Katharina Wagner: «Es geht ja nicht um irgendwen». FAS, 06.01.2013
5 Reinhard Bingener/Justus Bender: Hannover-Moskau. FAS, 13.3.2022
6 Friedrich Schmidt: Ohne Russland geht es nicht. FAZ, 14.02.2014. https://www.faz.net/aktuell/politik/steinmeier-in-moskau-ohne-russland-geht-es-nicht-12802265.html?printPagedArticle=true#pageIndex_
7 Lütjen/Geiges, S. 211–212
8 Erhard Eppler: Links leben. Erinnerungen eines Wertkonservativen. S. 296–305
9 Festrede von Bundesminister Sigmar Gabriel. 17. März 2016. https://www.deutsch-russisches-forum.de/festrede-von-bundesminister-sigmar-gabriel/1510
10 https://www.derstandard.de/story/2000139330667/joschka-fischer-putin-hatte-bei-gas-willige-helfer-im-westen
11 Siehe die Beiträge von Udo Leuschner, v. a. https://www.udo-leuschner.de/energie-chronik/141201d1.htm
12 https://www.ifw-kiel.de/fileadmin/Dateiverwaltung/IfW-Publications/-ifw/Kiel_Policy_Brief/2022/KPB_163.pdf. Die Daten variieren je nach Quelle, deuten aber jeweils in gleiche Richtung.
13 Deutscher Bundestag Drucksache 19/283. https://dserver.bundestag.de/btd/19/002/1900283.pdf
14 Gesine Dornblüth/Sebastian Engelbrecht: Der Tiergartenmord. Ein Verbrechen im Auftrag des Kreml? Deutschlandfunk, 06.10.2020. https://www.deutschlandfunk.de/der-tiergartenmord-ein-verbrechen-im-auftrag-des-kreml-100.html
15 Deutscher Bundestag. Plenarprotokoll 19/159. 159. Sitzung vom 13. Mai 2020. https://dserver.bundestag.de/btp/19/19159.pdf
16 Reinhard Bingener/Justus Bender: Hannover-Moskau. FAS, 13.03.2022

17 Grinin, S. 178

18 Schöllgen, S. 887, 933, 936

19 https://www.welt.de/politik/deutschland/article238691303/Gerhard-Schroeder-sein-Historiker-und-der-Textilunternehmer.html

20 Balser/Ritzer, S. 170

21 Daniel Friedrich Sturm: Maas-Kritiker sind plötzlich handzahm. Welt, 29.05.2018

22 Holger Stark: Das Milliardenangebot. Die Zeit, 17.09.2020

23 Dirk Banse/Alexej Hock/Matthias Kamann/Uwe Müller: Läuft bei uns. Welt am Sonntag, 01.05.2022

24 Stephan Lebert/Martin Machowecz: «Ich sehe das ja heute auch kritisch». Erstmals spricht Mecklenburg-Vorpommerns Ministerpräsidentin Manuela Schwesig ausführlich über ihre Russlandpolitik und eigene Fehler. Die Zeit, 09.06.2022. https://www.zeit.de/2022/24/manuela-schwesig-russland-krieg-nord-stream-2

25 https://klaus-goehrmann.de/ehrungen.html

7 «Er hat uns alle getäuscht»

1 https://www.haz.de/lokales/hannover/fenster-fuer-hannovers-marktkirche-markus-luepertz-zum-einbaustopp-MGCB4WDQI36ECMVLG2YZ4XFMK4.html

2 https://www.sportbuzzer.de/artikel/loge-gekuendigt-altkanzler-gerhard-schroeder-will-nicht-mehr-zu-hannover-96/

3 https://www.nytimes.com/2022/04/23/world/europe/schroder-germany-russia-gas-ukraine-war-energy.html

4 «Wir haben die Brutalität von Putin verdrängt». Der Spiegel, 12.03.2022; Klingbeil: Falsche Russlandpolitik. FAZ, 20.10.2022

Register

Abramowitsch, Roman 46
Adenauer, Konrad 27, 75
Ahmadinedschad, Mahmud 26
Albrecht, Ernst 16
Alexij II. 94
Almatow, Sakir 25
Altmaier, Peter 85, 202, 239, 246, 251, 283
al-Assad, Baschar 54
Anda, Béla 29 f., 228, 264
Andres, Gerd 26
Andropow, Juri 96
Anschlag, Andreas 217
Anschlag, Heidrun 216 f.
Backhaus, Till 251
Badin, Dmitri 206
Bahr, Egon 18 f., 58–61, 63, 66, 68–71, 76, 111 f., 119, 187, 243, 280
Balser, Markus 139 f., 231
Barley, Katharina 210
Bartsch, Dietmar 154
Baselitz, Georg 256
Beck, Kurt 119–121
Beck, Marieluise 151
Beckmann, Reinhold 99
Behmer, Philipp 84
Benneter, Klaus Uwe 13, 64, 123
Bennhold, Katrin 269
Beresowski, Boris 47, 57
Berger, Roland 25
Bergmann, Burckhard 77 f., 81, 104, 138, 140, 195 f.
Beurden, Ben van 202
Biden, Joe 255
Birkner, Stefan 21, 268
Birthler, Marianne 204
Bismarck, Konstantin von 162
Bissinger, Manfred 29 f., 228
Blauwhoff, Peter 202
Brandt, Willy 16 f., 58–61, 63, 65, 68, 76, 110 f., 161, 168, 221, 238, 280
Bush, George W. 96, 100 f., 145 f.
Büchele, Wolfgang 190, 235
Bütikofer, Reinhard 200
Castro, Fidel 17, 278
Çavuşoğlu, Mevlüt 235
Changoschwili, Selimchan 218
Chirac, Jaques 101
Chodorkowski, Michail 48, 120
Chotulew, Ivan 225
Christiansen, Sabine 160
Claassen, Utz 22, 139, 227
Clinton, Hillary 206
Cordes, Eckhard 190
Dalai Lama 119
Deripaska, Oleg 131
Dohnanyi, Klaus von 76, 114, 187
Dzierżyński, Feliks 254
Ebert, Steffen 249, 252
Ederer, Markus 112
Eppler, Erhard 65, 187
Erdoğan, Recep Tayyip 139, 193, 235, 278
Eremenko, Oleg 253 f.
Erler, Gernot 180
Ernst, Klaus 245
Esken, Saskia 267, 269
Euler-Rolle, Matthias 259
Fabius, Laurent 179
Fahimi, Yasmin 234

Faymann, Werner 132, 259
Felgentreu, Fritz 204, 238
Fillon, François 130
Fischer, Helene 167
Fischer, Joschka 94 f., 111, 118, 191 f.
Fischer, Peter 19
Fleischhauer, Ingeborg 38
Franke, Egon 11 f.
Freier, Bernd 229 f.
Freier, Christian 230
Frenzel, Michael 22–24, 30 f., 142, 222, 226
Friedman, Michel 160
Fritsch, Rüdiger von 202
Fromberg, Götz von 22, 24, 31, 134
G., Ralph 151
Gabriel, Sigmar 13, 21, 31, 34–36, 139, 176, 181, 188–190, 193–195, 197, 200 f., 203 f., 210, 224–227, 230–232, 235 f., 238 f., 248, 259, 260, 268 f., 275, 279, 281, 283 f.
Gauck, Joachim 204
Gauweiler, Peter 153
Gehry, Frank O. 134
Gerassimow, Waleri 207
Gergijew, Waleri 161
Geue, Heiko 249–251
Glogowski, Gerhard 34, 225
Glos, Michael 138, 161, 164
Glotz, Peter 68
Goehrmann, Klaus 261
Gorbatschow, Michail 38, 67, 87
Gornig, Hans-Joachim 127 f., 173
Grass, Günter 29
Gräfin Lambsdorff, Alexandra 156
Grinin, Wladimir 149, 157, 223–225
Großmann, Anne-Marie 162 f.
Großmann, Jürgen 162
Gusenbauer, Alfred 131 f., 214
Gussinski, Wladimir 47, 92, 94
Guttenberg, Karl-Theodor zu 162
Hampel, Hiltrud «Hillu» 16 f.
Hanebuth, Frank 22
Harms, Michael 245
Hartz, Peter 22, 31, 35
Hellwig, Martin 104 f.
Heusgen, Christoph 115, 146, 186, 203
Hindenburg, Paul von 32
Hoffmann, Martin 157
Hogrefe, Jürgen 227 f.
Hollande, François 183
Honecker, Erich 17, 66 f., 278
Hoyer, Werner 163
Høvsgaard, Jens 133
Immendorff, Jörg 256
Jagau, Hauke 224
Jakunin, Wladimir 132, 213 f.,
Janukowitsch, Viktor 102, 132, 177, 179 f.
Jaruzelski, Wojciech 62
Jauch, Günther 160
Jelzin, Boris 43, 47, 49 f., 91 f., 94, 113
Jewtuschenkow, Wladimir 120
Johannes Paul II. 62, 131
Jong-il, Kim 158
Jung, Tilo 273
Juschenkow, Sergei 50
Juschtschenko, Viktor 103, 115
Jussofow, Igor 248
Jussofow, Witali 248
Kasparow, Garri 112, 160
Katharina, die Große 143
Kauder, Volker 149
Kennedy, John F. 75
Kern, Christian 132
Kisseljow, Dmitri 210
Klaus, Václav 214
Klingbeil, Lars 21, 150, 164 f., 267, 270
Kneissl, Karin 131
Knieps, Franz 26
Kohl, Helmut 18, 26, 91, 94, 103
Kopf, Hinrich Wilhelm 16

Kosak, Dmitri 169
Kotenjow, Wladimir 158–163
Kotenjow (junior), Wladimir 163
Kotenjowa, Marija 159, 164
Kouchner, Bernard 117
Kowtun, Dmitri 56
Kudrin, Alexei 55
Kujat, Harald 214
Knauf, Nikolaus 138, 191
Kraft, Hannelore 170
Krampitz, Sigrid 20, 134
Kramp-Karrenbauer, Annegret 242
Krassikow, Wadim 218
Kreher, Hans-Uve 127
Kronacher, Michael 21
Krone-Schmalz, Gabriele 160
Kryschtanowskaja, Olga 43
Kudrjawzew, Konstantin 243
Kühnert, Kevin 269
Lafontaine, Oskar 18, 26 f., 66, 68 f.
Lammert, Norbert 204
Lanz, Markus 194
Laschet, Armin 152 f.
Lau, Jörg 141
Lawrow, Sergei 118, 137, 178 f., 182, 209, 236 f.
Leandros, Vicky 164
Lehmann, Lutz 35 f., 259
Leinemann, Jürgen 12, 17, 142, 228
Leuschner, Sigrid 171 f.
Leyen, Ursula von der 163, 234
Liesen, Klaus 80, 83
Lindenberg, Udo 108
Lindner, Christian 234
Lindner, Walter 204
Lipponen, Paavo 133
Litwinenko, Alexander 56 f.
Löer, Wigbert 29
Luft, Christa 125
Lugowoi, Andrej 56 f.
Lukaschenko, Alexander 87, 158, 241
Lüpertz, Markus 256–258, 267
Maas, Heiko 137, 236–239, 242, 246
Mach, Bruno 128
Macron, Emmanuel 130
Maizière, Lothar de 157, 183
Manafort, Paul 132
Mangold, Klaus 99, 127, 133 f., 138, 148, 190
Martynow, Viktor 164
Maschmeyer, Carsten 22, 26–29, 31 f., 122, 167
Mathiopoulos, Margarita 161
Meckel, Markus 70
Medwedjew, Dmitri 45, 52 f., 111, 116, 147, 150, 163, 240
Mehren, Mario 201, 204
Meine, Klaus 24, 169, 226
Melnyk, Andrij 228
Merkel, Angela 8, 85, 109, 111 f., 115 f., 119, 124, 142–147, 154, 175 f., 180–189, 201–205, 209, 220 f., 231, 235, 239, 241, 248, 251, 272, 276, 281, 283
Merkel, Ulrich 143
Merz, Friedrich 266
Mestrallet, Gérard 202
Mielke, Erich 44, 125
Miller, Alexei 45 f., 126, 200 f., 204
Mißfelder, Philipp 148–152, 164 f.
Mnuchin, Steven 246
Modrow, Hans 125
Momper, Walter 158
Mordaschow, Alexei 24, 30, 138, 150
Müller, Werner 105 f.
Münchhausen, Natalia von 157
Müntefering, Franz 121
Nahles, Andrea 142, 236–238
Nasarbajew, Nursultan 132
Naumann, Michael 142
Nawalny, Alexei 46, 231, 240–244
Nawalnaja, Julia 241
Netschajew, Sergei 253

Neuber, Friedel 23
Niinistö, Sauli 241
Nikitina, Irina 164
Obama, Barack 147
Oertzen, Peter von 12
Oesterhelweg, Frank 268
Oldenburg, Christoph von 165
Oppermann, Thomas 13, 25, 248
Osang, Alexander 272
Owen, Sir Robert 57
Palmer, Hartmut 141 f.
Papenburg, Günter 23 f., 30, 167, 222–224, 226
Patruschew, Nikolai 49, 243
Pegel, Christian 249 f., 252
Persson, Göran 133
Pestowa-Kotenjowa, Olga 163
Peter, der Große 39, 158
Pfeiffer, Joachim 203
Pflüger, Friedbert 161
Pistorius, Boris 225
Platzeck, Matthias 70 f., 110, 140, 154–159, 199, 210, 214, 231, 253, 264 f.
Plasberg, Frank 160
Pofalla, Ronald 153, 183, 214
Polenz, Ruprecht 148
Politkowskaja, Anna 57
Pompeo, Mike 246
Poroschenko, Petro 147, 183 f., 239
Prigoschin, Jewgeni 212 f.
Prümm, Axel J. 27
Putin, Wladimir *passim*
Putina, Ljudmila 93 f., 126, 173
Putina, Marija 164
Raabe, Nico 162
Rafsandschani, Akbar Haschemi 167
Rahr, Alexander 97
Rappe, Hermann 34
Ramsauer, Peter 154
Rau, Johannes 23
Rauch, Neo 257
Reagan, Ronald 67, 78
Rexrodt, Günter 82
Richter, Gerhard 257
Riester, Walter 26
Ritzer, Uwe 139 f., 231
Rodionov, Ivan 160
Röller, Lars-Hendrik 146, 203
Röller, Wolfgang 125
Roßmann, Dirk 262 f.
Roth, Michael 236, 238
Röttgen, Norbert 148, 200
Rupp, Rainer 253
Rutz, Michael 153
Rürup, Bert 29 f.
Saakaschwili, Micheil 116 f.
Saathoff, Johann 264 f.
Samii, Madjid 24–26, 167, 226
Sarkozy, Nicolas 146
Sarrazin, Thilo 269
Sawtschuk, Ljudmila 211
Schahrudi, Mahmud Haschemi 25
Scharnagl, Wilfried 153
Schächter, Markus 167
Schäfer, Klaus 202
Schäuble, Wolfgang 272
Scheibe, Reinhard 257
Schelling, Hans Jörg 131
Scherf, Gundbert 163
Schewtschenko, Viktor 158
Schlegel, Robert 164
Schmalstieg, Herbert 12 f., 108
Schmatko, Sergei 141
Schmid, Nils 238 f.
Schmid, Walter 112
Schmidt, Helmut 14 f., 63, 65 f., 78, 187
Schmidt, Ulla 26
Schmidt, Wolfgang 67
Schmoldt, Hubertus 34
Schockenhoff, Andreas 148, 151 f., 178
Scholz, Olaf 7, 164, 236–238, 246, 276

Schöllgen, Gregor 29, 69, 122, 228–230
Schröder, Fritz 12
Schröder, Gerhard *passim*
Schröder, Hans-Reiner 159
Schröder-Köpf, Doris 108 f., 156, 171–176, 221, 225, 268
Schröm, Oliver 29
Schtschekotschichin, Juri 50
Schulz, Martin 69, 232–235, 264 f.
Schulze, Peter W. 214
Schumacher, Kurt 11
Schuster, Frank 163
Schüssel, Wolfgang 131
Schwesig, Manuela 189, 238, 247–254, 267, 270, 280, 284
Schwimmer, Walter 214
Seehofer, Horst 153 f.
Seele, Rainer 138, 201, 224, 256
Šefčovič, Maroš 203
Selenskyj, Wolodymyr 147
Sellering, Erwin 148, 231, 249, 251
Setschin, Igor 48, 126, 148
Sikorski, Radoslaw 179
Silberberg, Reinhard 201
Skripal, Sergei 152, 219, 236 f., 240 f.
Skuratow, Juri 92
Söder, Markus 154
Stalin, Josef 43, 71, 96
Steinbrück, Peer 176, 249
Steinlein, Stephan 202
Steinmeier, Frank-Walter 19–21, 28, 110–119, 121, 124, 146, 151, 156, 176–182, 184–189, 198, 201, 204, 226 f., 231, 235 f., 238 f., 244 f., 249, 271 f., 275, 279–281
Stoiber, Edmund 153, 161
Strauß, Franz Josef 65
Strehober, Felix 127
Struck, Peter 69
Strunz, Thomas 35
Stüdemann, Dietmar 115
Tacke, Alfred 19 f., 106
Tarasjuk, Borys 115
Thierse, Wolfgang 58
Tiessen, Ties 248
Tillack, Hans-Martin 229
Tilly, Ulrich 26
Tischendorf, Falk 248 f.
Tokarew, Nikolai 45
Tönnies, Clemens 196, 227 f., 260
Trepaschkin, Michail 50
Trump, Donald 132, 206, 233, 237, 246 f., 250
Tschemesow, Sergei 45
Vassiliadis, Michael 34, 234
Voscherau, Eggert 113 f., 159, 192
Voscherau, Henning 114, 148, 164, 192
Wagenknecht, Sahra 154
Waldenfels, Maximilian von 162
Waldenfels, Georg von 162
Walesa, Lech 63
Warnig, Matthias 124–127, 146, 148, 198, 201 f., 247–250, 260, 270
Warnig, Stefan 124
Weber, Manfred 200
Weil, Stephan 13, 21, 167–172, 174, 194, 223–226, 238, 242, 265–268, 273, 280
Westerwelle, Guido 161, 178
Westhoff, Peter 202
Wieczorek-Zeul, Heidemarie 68
Wiedeking, Wendelin 159
Wilhelmy, Frank 142
Winkler, Heinrich August 64
Wiese, Heino 20 f., 24, 26, 30, 36, 134–142, 149 f., 165–169, 174, 222–226, 230–232, 236 f., 243, 253, 259, 261 f., 264 f., 270, 272, 275, 281
Woidke, Dietmar 156, 238
Wolbergs, Joachim 249

Wolf, Markus «Mischa» 158
Wolf, Sigi 131
Wolodin, Wjatscheslaw 212
Wulff, Christian 162, 168
Wulff, Otto 150
Wurst, Conchita 213
Yücel, Deniz 235
Zypries, Brigitte 19–21, 176, 204

Europäisches Nordmeer
ISLAND
FINN
SCHWEDEN
NORWEGEN
Oslo
Stockholm
Nordsee
Nord Stream
1
2
Ostsee
DÄNEMARK
Kopenhagen
IRLAND
GROSSBRITANNIEN
NIEDER-LANDE
Bacton Gas Terminal
Lubmin
NEL
Nordal
Amsterdam
Rehden
Bernau
Berlin
Jamal
Wa
London
Opal
POLE
Brüssel
BELGIEN
Olbernhau
Atlantischer Ozean
Prag
DEUTSCHLAND
Tran
Paris
Wien
ÖSTERREICH
UN
FRANKREICH
SCHWEIZ
ITALIEN
Adria
PORTUGAL
Madrid
Rom
ALE
Lissabon
SPANIEN
Mittelmeer
MALTA
ALGERIEN
TUNESIEN
MAROKKO
Tripolis
Pipeline in Betrieb
Pipeline geplant oder eingestellt
Unterwassergaspipeline außer Betrieb
LNG-Terminals in Betrieb
LIBYEN

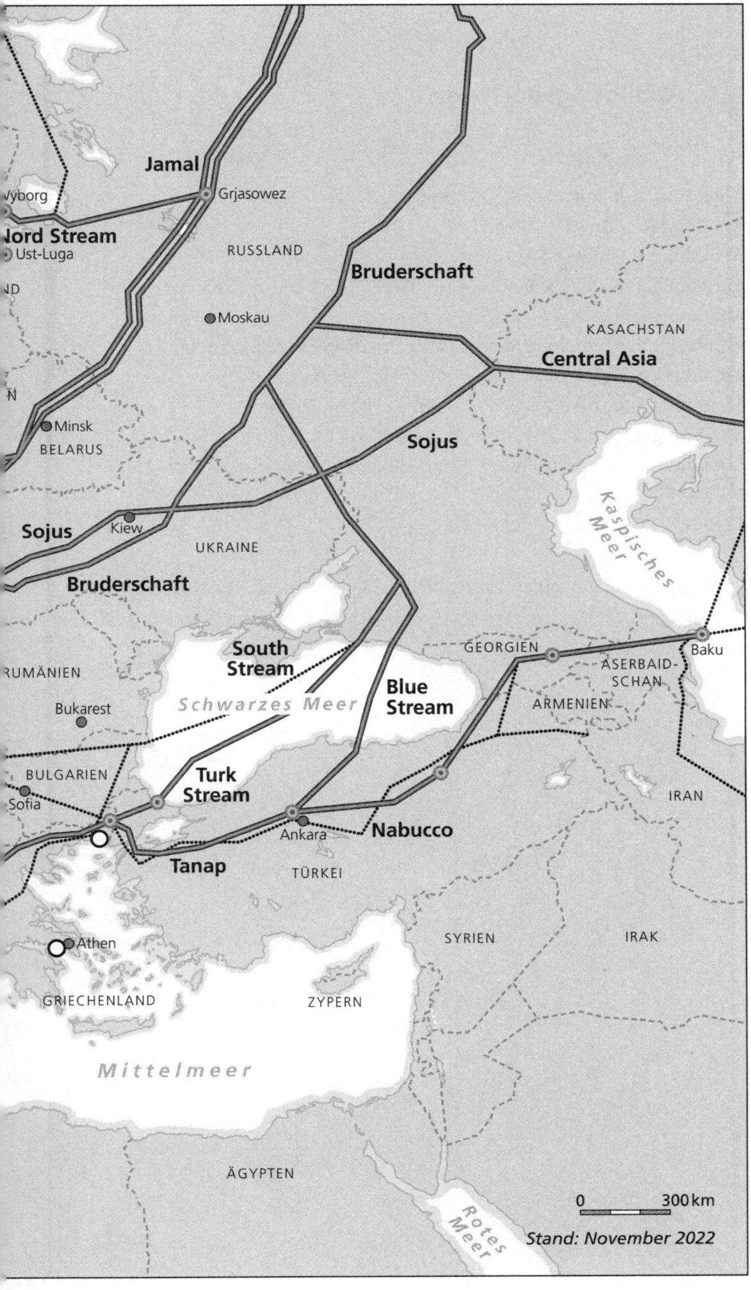
Jamal
Grjasowez
yborg
lord Stream
Ust-Luga
RUSSLAND
Bruderschaft
ID
Moskau
KASACHSTAN
Central Asia
N
Minsk
BELARUS
Sojus
Kaspisches Meer
Sojus
Kiew
UKRAINE
Bruderschaft
South Stream
GEORGIEN
Baku
RUMÄNIEN
ASERBAID-SCHAN
Blue Stream
Schwarzes Meer
ARMENIEN
Bukarest
BULGARIEN
Turk Stream
Sofia
IRAN
Nabucco
Ankara
Tanap
TÜRKEI
SYRIEN
IRAK
Athen
GRIECHENLAND
ZYPERN
Mittelmeer
ÄGYPTEN
0
300 km
Rotes Meer
Stand: November 2022

Abbildungsnachweis

Abbildung 1: Armin Smailovic / Agentur Focus
Abbildung 2: ddp / Udo Weger
Abbildung 3: Chicago Sun-Times, 1982
Abbildung 4: picture alliance / Associated Press | Denis Grishkin
Abbildung 5: Bunte vom 18. Oktober 2007
Abbildung 6: Munich Security Conference (MSC) | Marc Müller
Abbildung 7: picture alliance / photothek | Thomas Imo
Abbildung 8: picture alliance / dpa/dpaweb | Wolfgang Weihs
Abbildung 9: picture alliance / dpa | Friedemann Kohler
Abbildung 10: picture alliance / Foto Huebner | Foto Huebner

Karte: © Peter Palm, Berlin

Leider war es in einzelnen Fällen nicht möglich, Rechteinhaber zu ermitteln. Der Verlag C.H.Beck ist bereit, berechtigte Ansprüche im üblichen Maße zu vergüten.